江西省红壤土壤侵蚀与防治技术研究

方少文　杨　洁　主编

黄河水利出版社
·郑州·

内 容 提 要

本书为江西省水土保持科学研究所建所20年来发表的论文选集,从所发表的200余篇文章中优选汇编出版。论文主题主要包括三大部分:红壤侵蚀机理研究、红壤水土流失监测技术研究、红壤水土流失治理技术与对策研究。可供关注南方红壤区乃至全国水土流失灾害的人士,从事水土保持与生态环境建设的科技人员、管理干部,以及农、林、水利高等院校相关专业的师生参阅。

图书在版编目(CIP)数据

江西省红壤土壤侵蚀与防治技术研究/方少文,杨洁主编. —郑州:黄河水利出版社,2010.12

ISBN 978-7-80734-963-1

Ⅰ.①江… Ⅱ.①方…②杨… Ⅲ.①红壤-土壤侵蚀-防治-江西省-文集 Ⅳ.①S157-53

中国版本图书馆CIP数据核字(2010)第251399号

组稿编辑:岳德军 电话:0371-66022217 E-mail:dejunyue@163.com

出 版 社:黄河水利出版社

地址:河南省郑州市顺河路黄委会综合楼14层 邮政编码:450003

发行单位:黄河水利出版社

发行部电话:0371-66026940、66020550、66028024、66022620(传真)

E-mail:hhslcbs@126.com

承印单位:黄河水利委员会印刷厂

开本:787 mm×1 092 mm 1/16

印张:17.25

字数:396千字 印数:1—1 500

版次:2010年12月第1版 印次:2010年12月第1次印刷

定价:49.00元

《江西省红壤土壤侵蚀与防治技术研究》

编委会

前　言

江西省是我国南方水土流失严重的省份之一。全省水土流失面积高达3.35万km^2，在南方红壤区8省中，仅次于湖北、湖南居第3位；水土流失面积占全省国土面积的20.1%，在南方红壤区8省中，仅次于湖北居第2位；强度及强度以上的水土流失面积为1.08万km^2，在南方红壤区8省中居第1位。严重的水土流失，给江西省经济社会的发展和生态安全及人民群众的生产、生活带来多方面的危害。

水土资源的重要性、水土流失的广泛性和水土流失危害的严重性，充分反映了水土流失是当前中国和江西省的突出环境问题。正是基于此，我国著名环保专家、原全国人大环境与资源保护委员会主任委员曲格平多次强调："在我国众多环境问题中，水土流失是头号环境问题。"

面对江西省严重的水土流失问题，江西省水土保持科学研究所自建所以来，响应国家号召，对江西红壤区土壤侵蚀规律和水土流失防治技术进行了系统的研究和成果总结，为江西省的水土流失综合整治工作提供了强有力的技术支撑。

借江西省水土保持科学研究所恢复重建20周年之际，对水保所20多年来开展的土壤侵蚀规律和水土流失防治技术研究成果论文进行汇总和整理，从中精选出部分论文汇编成此书。本书主体内容包括：红壤侵蚀机理研究、红壤水土流失监测技术研究和红壤水土流失治理技术与对策研究等三部分。各部分内容全面，结构严谨，条理清晰，观点新颖，科学性、理论性、学术性和实用性强，对研究红壤区土壤侵蚀规律和防治技术研究具有很好的借鉴和参考价值。本书主要以红壤区土壤侵蚀研究为主，借此抛砖引玉，和全国同行共同探讨研究土壤侵蚀机理和防治技术，推动水土保持科技事业发展，进一步提升水土保持科技贡献率，为我国的水土流失治理出谋划策。

最后，借本书出版之际，对所有支持、关心、帮助该书出版的领导、专家和同志们表示衷心的感谢。在此特别感谢被编入本书的文章作者，对他们的科研精神和对水保事业的贡献，表示由衷的敬意。

由于本书涉及内容时间跨度较大，编写人员知识范围总是有所局限，因此本书难免存在错误及不妥之处，敬请读者批评指正。

编　者

2010年12月

目　录

一、红壤侵蚀机理研究

二、红壤水土流失监测技术研究

三、红壤水土流失治理技术与对策研究

一、红壤侵蚀机理研究

红壤坡地侵蚀性降雨及降雨动能分析

郑海金[1] 杨 洁[1] 左长清[2] 喻荣岗[1] 张华明[1] 张 龙[1]

（1. 江西省水土保持科学研究所，南昌 330029；
2. 水利部水土保持生态工程技术研究中心，北京 100044）

降雨是引起土壤侵蚀的重要影响因子[1-5]，但并不是所有的降雨事件都能够引起土壤侵蚀，能够导致土壤侵蚀的那部分降雨事件被称为侵蚀性降雨。将发生侵蚀和不发生侵蚀的降雨区分开来的临界降雨参数值，称为侵蚀性降雨标准。侵蚀性降雨标准的确定及侵蚀性降雨特征分析对降雨侵蚀力的研究和土壤侵蚀预测预报具有重要意义。降雨动能(E)是衡量雨滴击溅作用的最好指标[6]，通常降雨动能计算由动能与雨强的统计关系间接计算，这也是计算降雨动能的基本方法。由于 E 值的计算需要完整的降雨过程资料，并且计算极其烦琐复杂，因此对降雨动能的简便算法进行研究极为迫切。然而，目前针对红壤坡地，对侵蚀性降雨标准、侵蚀性降雨和降雨动能特征以及降雨动能简易估算进行系统研究的报道还较为鲜见。

本文利用红壤中心区域——江西省水土保持生态科技园 2001～2005 年的降雨和泥沙观测数据，探讨红壤坡地侵蚀性降雨标准，分析侵蚀性降雨和降雨动能的时间变异特征，并探讨基于降雨量的降雨动能简易算法，为进一步研究降雨侵蚀力和土壤侵蚀预测预报奠定基础。

1 研究区概况

试验布设在江西省水土保持生态科技园(115°23′～115°53′E，29°10′～29°35′N)内，地处鄱阳湖水系博阳河西岸，属亚热带季风区，成土母质为第四纪红壤，地貌类型为浅丘岗地，海拔为 30～100 m，坡度 <25°，是我国红壤的中心区域，具有典型的代表意义[7]。

2 研究方法

2.1 试验设施

在坡度为 12°的红壤坡地布设一标准径流小区，其水平投影面积 100 m^2，即 5 m×20 m，小区处理为全园裸露。另外，按照气象观测要求，建立标准气象站 1 个，内有 2 套虹吸式自记雨量计，用于观测各种与试验有关的降雨等气象因素。

2.2 研究方法

小区管理方法按《水土保持试验规范》(SD 239—87)部颁标准进行，其观测内容包括降雨量、降雨历时、降雨场次和产沙量等项目，观测期为 2001 年 1 月～2005 年 12 月。

计算侵蚀性降雨的临界雨量和临界雨强采用的是目前较为成熟的 80% 经验频率统

计分析方法[5,8]。以裸露小区发生轻微及其以上等级侵蚀的降雨(雨前至少24 h没有降雨)作为统计样本,5年观测期总计得到43个样本。采用80%经验频率法,从点绘的雨量、平均雨强P－Ⅲ型频率曲线上查取。

计算降雨动能采用降雨动能公式:

当 $i_m \leqslant 76$ mm/h时,$e_m = 0.119 + 0.0873\lg(i_m)$;

当 $i_m > 76$ mm/h时,$e_m = 0.283$;$E = \sum e_m \cdot P_m$[9]

式中:e_m 为一次降雨过程中某一时段的单位降雨动能,MJ/(hm² · mm);i_m 为相应于某一时段的雨强,mm/h;P_m 为对应时段的降雨量,mm;m 为按雨强划分的降雨时段;E 为一次降雨总动能,MJ/hm²。

摘录降雨过程资料时,降雨间歇时间在2 h以内的算做一次降雨,否则按两次降雨对待。

3 结果与讨论

3.1 侵蚀性降雨标准及其特征

3.1.1 侵蚀性降雨标准

使用80%经验频率的分析方法求得红壤坡地侵蚀性降雨的基本雨量标准值为9.97 mm,基本雨强标准是0.756 mm/h($n=43$)。随后进行检验,以引起土壤流失的所有降雨为统计分析样本,按雨量(雨强)大小降序排列,并将大于某一雨量(P)或雨强(I)产生的土壤侵蚀量逐个累加,得到N个土壤侵蚀量(Q)和总侵蚀量(q),然后求出大于某一雨量(P)或雨强(I)的侵蚀累计百分比(P_Q),点绘 $P \sim P_Q$ 及 $I \sim P_Q$ 关系曲线。令 $P=9.97$ mm,$I=0.756$ mm/h,分别在 $P \sim P_Q$ 及 $I \sim P_Q$ 关系曲线查得 P_Q 值均为99.9%,这说明雨量≥9.97 mm、雨强≥0.756 mm/h的降雨所引起的土壤流失量占总流失量的99.9%。因此,本文中所采用的侵蚀性降雨指标为雨量9.97 mm、雨强0.756 mm/h。

3.1.2 侵蚀性降雨分布特征

根据上述确定的侵蚀性降雨标准,分析试验区2001～2005年的侵蚀性降雨特征。由表1可知,试验区共发生侵蚀性降雨190场,历时2 360.2 h,降雨总量5 699.7 mm,平均雨强2.415 mm/h。这5年的侵蚀性降雨量依次为830.7、1 485.1、1 151.9、988.8、1 243.2 mm。2002年全年侵蚀性降雨量最多,占5年总量的26.06%;2001年降雨最少,占总量的14.57%;其余3年降雨颇为接近,占总量的20%左右。从5年的统计结果看,试验区雨水资源丰富,年际侵蚀性降雨量分配不甚均匀,也说明年际间有丰水和枯水之分。另外,将降雨和侵蚀性降雨数据进行比较分析可知,试验区发生侵蚀性降雨的场次并不多,共计190场,仅占总降雨场次(735场)的25.85%,说明3/4的降雨并没有产生土壤侵蚀。但侵蚀性降雨雨量大,为5 699.7 mm,占观测期总降雨量(7 259.1 mm)的78.52%;且强度高,是总降雨平均雨强(1.486 mm/h)的1.63倍。

从2001～2005年侵蚀性降雨统计资料的年内季节分布来看(见表2),年内侵蚀性降雨的突出特点是季节性分配不均。秋、冬季节的侵蚀性降雨场次、降雨历时、降雨量和降雨强度均明显低于春、夏季节。在春、夏两季的降雨特征值中,侵蚀性降雨场次、降雨量、降雨历时以春季为高,夏季次之,但降雨强度则相反,夏季大于春季,说明春季多以淅淅沥沥、绵绵细雨为主,而夏季多现疾风暴雨,其原因主要是夏季受亚热带季风影响,多见强度大、历时短的雷雨和暴雨。所以,春、夏季是洪涝灾害多发季节,也是水土流失发生的主要季节。

表1 试验区侵蚀性降雨年度分布情况

指标	2001	2002	2003	2004	2005	观测期
侵蚀性降雨场次(次)	33	49	37	32	39	190
占总降雨场次(%)	17.37	25.79	19.47	16.84	20.53	100.00
侵蚀性降雨量(mm)	830.7	1 485.1	1 151.9	988.8	1 243.2	5 699.7
占总降雨量(%)	14.57	26.06	20.21	17.35	21.81	100.00
侵蚀性降雨历时(h)	416.9	637.5	443.5	363.9	498.4	2 360.2
占总降雨历时(%)	17.66	27.01	18.79	15.42	21.12	100.00
侵蚀性降雨平均雨强(mm/h)	1.993	2.330	2.597	2.717	2.494	2.415

表2 试验区侵蚀性降雨季节分配

指标	春	夏	秋	冬	观测期
场次(次)	75	66	23	26	190
占总场次(%)	39.47	34.74	12.11	13.68	100.00
雨量(mm)	2 189.6	1 997.2	926.5	586.4	5 699.7
占总雨量(%)	38.42	35.04	16.26	10.29	100.00
历时(h)	862.1	635.15	442.12	420.85	2 360.2
占总历时(%)	36.53	26.91	18.73	17.83	100.00
平均雨强(mm/h)	2.540	3.144	2.096	1.393	2.415

进一步分析侵蚀性降雨月分布动态规律,侵蚀性降雨年内月分布不均(见表3),特征曲线呈双峰型,侵蚀性降雨量第一峰值在4月,第二峰值在8月,10月、12月及次年1月侵蚀性降雨量显著减小。试验区侵蚀性降雨过程主要集中在汛期4~9月,这6个月的雨量依次为956、938、747.8、555.7、693.7、355.8 mm,占全期总雨量的16.77%、16.46%、13.12%、9.75%、12.17%、6.24%。总之,研究区年内有雨季和旱季之分。

以上分析是5年观测数据的总量分布情况,仅表示总体趋势。就某一年度的动态分布情况,则根据当年的降雨略有不同。

表3 试验区侵蚀性降雨月际分配

指标	1月	2月	3月	4月	5月	6月	7月	8月	9月	10月	11月	12月	观测期
侵蚀性降雨场次(场)	8	13	15	31	29	27	19	20	5	9	9	5	190
占总降雨场次(%)	4.21	6.84	7.89	16.32	15.26	14.21	10.00	10.53	2.63	4.74	4.74	2.63	100.00
侵蚀性降雨量(mm)	168	305.6	295.6	956	938	747.8	555.7	693.7	355.8	208.7	362	112.8	5 699.7

续表 3

指标	1月	2月	3月	4月	5月	6月	7月	8月	9月	10月	11月	12月	观测期
占总降雨量(%)	2.95	5.36	5.19	16.77	16.46	13.12	9.75	12.17	6.24	3.66	6.35	1.98	100.00
侵蚀性降雨历时(h)	117.2	223.5	163	345.4	353.8	295.5	157	182.7	87.8	134.5	219.8	80.2	2 360.2
占总降雨历时(%)	4.97	9.47	6.91	14.63	14.99	12.52	6.65	7.74	3.72	5.70	9.31	3.40	100.00
平均雨强(mm/h)	1.433	1.367	1.813	2.768	2.651	2.531	3.539	3.979	4.052	1.552	1.647	1.406	2.415

3.2 降雨动能特征及其简易估算

3.2.1 降雨动能特征

从试验区降雨侵蚀动能的年度分布来看(见图1),除2002年达到273.97 MJ/hm^2,2001年达到149.10 MJ/hm^{2}两个极端外,其他各年的降雨侵蚀动能都相差不大,基本为185.48～236.84 MJ/hm^2。与侵蚀性降雨一样,试验区降雨侵蚀动能季节分配不均,春、夏两季降雨侵蚀动能为774.09 MJ/hm^2,占全期总侵蚀动能的73.04%,而秋、冬两季降雨侵蚀动能仅占总量的26.96%。从5年的降雨侵蚀动能月际变化看出(见图2),试验区降雨侵蚀动能的产生主要集中在4～9月,这6个月的总降雨侵蚀动能分别为176.55、174.44、137.69、101.16、132.66、76.27 MJ/hm^2,分别占总降雨侵蚀动能的16.66%、16.46%、12.99%、9.54%、12.52%、7.20%,这也和侵蚀性降雨分布的规律相一致。另外,观测中发现,降雨动能受降雨强度的影响较大。一次长历时、小强度降雨的总动能几乎可以与另一次短历时、大雨强降雨的总动能相同。如2004年5月14日至16日一场历时1 573 min、雨强2.31 mm/h的降雨总动能为1 112.75 J/m^2,而2002年4月5日一场历时320 min、雨强8.93 mm/h的降雨总动能为1 131.43 J/m^2,前次降雨的历时是后次降雨的近5倍,但由于后次降雨的雨强为前次降雨的近4倍,从而导致两次降雨的总动能几乎相同,两次总动能仅相差18.68 J/m^2。

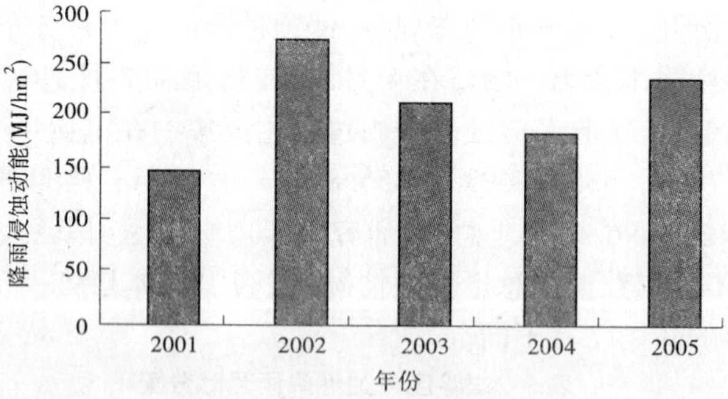

图1 试验区观测期内降雨侵蚀动能年度分配图

3.2.2 降雨动能简易估算

由于E值的计算需要降雨过程,而降雨过程要从自记雨量纸上查得,分析自记雨量纸是一件极费时间的事,因此需建立E值简易算法。将次降雨动能与该次降雨的雨量(P)进行相关分析,确定次降雨动能与次降雨量相关性极为显著(相关系数为0.972),并对次降雨动能和次降雨量进行回归分析(见图3),得出:

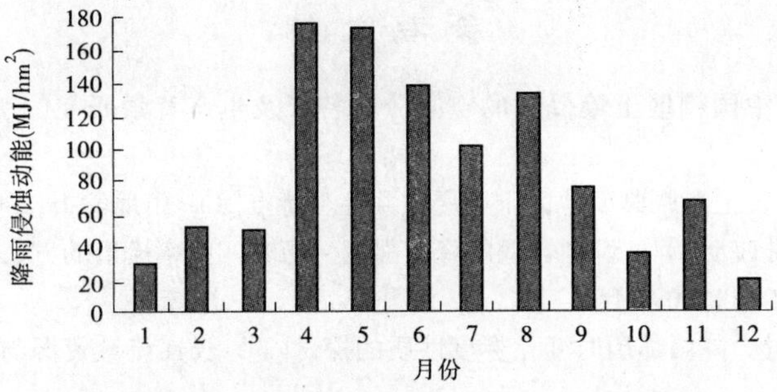

图 2　试验区观测期内降雨侵蚀动能月际分配图

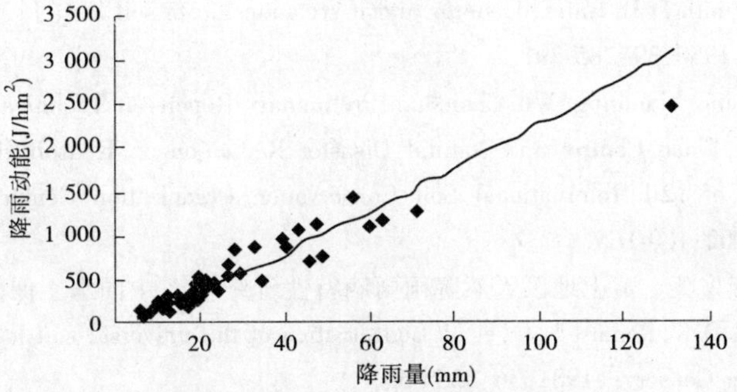

图 3　降雨动能与降雨量回归曲线

$$E = 11.263\,98P^{1.141\,11}$$

式中：E 为次侵蚀性降雨总动能，J/m^2；P 为次侵蚀性降雨量，mm。该方程的判定系数（即拟合优度）为 0.945，F = 1 147.7，sig. F < 0.01，表明从统计意义上讲，该式可作为本试验区次降雨动能 E 值的简便算式。对于缺乏降雨过程记录的地方，可采取上述简易公式计算 E 值。

4　结论与建议

（1）采用 80% 经验频率法，根据长期定位观测资料得出红壤坡地侵蚀性降雨的临界雨量和临界雨强，分别是 9.97 mm、0.756 mm/h。

（2）试验区在 5 年的观测期内，侵蚀性降雨场次仅占总降雨场次的 25.85%，但侵蚀性降雨雨量大，占观测期总降雨量（7 259.1 mm）的 78.52%；且强度高，是总降雨平均雨强（2.415 mm/h）的 1.63 倍。试验区年际侵蚀性降雨量分配不甚均匀，季节分配也不均，其年内分布主要集中在汛期（4 ~ 9 月），占全年的 74.51%。

（3）与侵蚀性降雨一样，降雨侵蚀动能季节分配不均，春、夏两季降雨侵蚀动能占全期总侵蚀动能的 73.04%，而秋、冬两季降雨侵蚀动能仅占总量的 26.96%；降雨侵蚀动能的产生主要集中在 4 ~ 9 月，占全年的 75.37%；受降雨强度的影响较大，一次长历时、小强度降雨的总动能几乎可以与另一次短历时、大雨强降雨的总动能相同。

（4）对次降雨动能和次降雨量进行回归分析，得出 $E = 11.263\,98P^{1.141\,11}$ 关系式，可作为试验区降雨动能的简易估算式。

参 考 文 献

[1] 田光进,张增祥. 中国耕地土壤侵蚀的空间分布特征及生态背景研究[J]. 中国水土保持,2002(7):28-29.

[2] 王占礼,邵明安. 黄土高原典型地区土壤侵蚀共性与特点[J]. 山地学报,2001(1):1-8.

[3] 陆宝宏,汤有光,陆晓明,等. 识别合适的降雨强度－历时－频率模型的方法[J]. 河海大学学报:自然科学版,2001,29(4):109-115.

[4] 常福宣,丁晶,姚健. 降雨随历时变化标度性质的探讨[J]. 长江流域资源与环境,2002,11(1):79-83.

[5] 王万忠,焦菊英. 中国的土壤侵蚀因子定量评价研究[J]. 水土保持通报,1996,16(5):12-20.

[6] Wischmeier W H,Smith D D. Rainfall energy and it srelationship to soil loss[J]. Transactions,American-Geophysical Union,1958,39:285-291.

[7] Zuo Changqing,Zhang Xianming,Wu Chaichun. Preliminary Report on Technical Research for Soil and Water Conservation,Flood Control and Natural Disaster Reduction on Redsoil Hilly and Sloping Lands[C]//Proceedings of 12th International Soil Conservation Organization Conference,Beijing:Tsinghua University Press,2002:160-165.

[8] 江忠善,宋文经,李秀英. 黄土地区天然降雨雨滴特性研究[J]. 中国水土保持,1983(3):32-36.

[9] Foster G R,McCool D K,Renard K G,et al. Conservation of the universal soil loss equation to SI metric units[J]. Soil Water Conserv.,1981,36:355-359.

南方红壤区百喜草及其枯落物对降雨径流分配的影响

汪邦稳 杨 洁 汤崇军 郑海金 宋月君

(江西省水土保持科学研究所,南昌 330029)

植被对降雨径流的影响研究,一直被国内外学者所关注。目前,从坡面到流域,从草类到乔木,从同种植物到不同植被组合,都已被国内外学者广泛研究[1-6]。研究的内容主要有地表径流、壤中流等,研究的方法主要有试验流域对比法、室内模拟法和水文模型法[7-11]。百喜草(*Paspalum notatum*)为禾本科黍亚科雀稗属多年生匍匐草本植物,原产南美洲,其品种优良,用途广泛,已在世界各地广泛引种。目前,我国已在甘肃、江西、福建、广东等地引种栽培,其中在南方各省引种的效果良好,并且不少学者对百喜草的生态效益、经济效益做了初步的研究[12,13],但由于缺乏长期观测资料,南方红壤区的百喜草对降雨径流分配的影响鲜见报道,为此,本文利用江西水土保持生态科技园的百喜草径流小区,对南方红壤区的百喜草及其枯落物对降雨径流的垂直分配的影响进行研究和分析,为百喜草在红壤地区水土保持中的广泛应用提供科学依据。

1 研究地区概况

研究区设在江西水土保持生态科技园内(115°42′~115°43′E,29°16′~29°17′N),属亚热带季风区,雨热基本同期。年均降水量1 350.9 mm,多年平均气温16.7 ℃,年日照时间1 650~2 100 h,多年平均无霜期249 d。研究区是我国红壤分布的中心区域,地形条件在红壤丘陵区具有代表性。地貌类型为浅丘岗地,土壤成土母质主要是第四纪红黏土红壤。由于长期不合理的采伐利用,原生植被不断减少,现存植被主要是处于不同逆行演替阶段的次生群落,如荒草、灌木和沙地植被,以及人工营造或自然恢复的湿地松、杉木等次生林。研究小区选择在山坡的中下部,坡面土层厚度大于1.5 m,土壤pH值为5.0,有机质含量为1.55%,全氮含量为0.08%,全磷含量为0.07%,全钾含量为1.7%,C/N含量比为7.5,具有酸、黏、板、瘦等不良特性。

2 研究方法

2.1 试验小区设置

选择一块地形、土壤等条件基本一致,坡度14°的坡地,面积225 m^2(15 m×15 m),按每层约40 cm,分3层从上到下将原土块取出,分别堆放,待全部取完土后,将试验小区的周围(高出地表30 cm)及底部采用钢筋混凝土浇筑,坡脚修筑挡土墙,下垫面再抹水泥浆并填约5 cm厚的砂粒,然后将土块按原样回填至1.10 m深,形成一个封闭的土壤水分渗漏装置(Lysimeter),设置3个处理小区,小区面积均为75 m^2(5 m×15 m)。3个小区分别是百喜草覆盖(种植百喜草,覆盖度100%),用A表示;百喜草敷盖(将百喜草刈割后敷盖于地表,敷盖度100%,厚度约5 cm),用B表示;对照处理(地表裸露),用C表示。各处理小区的挡土墙上从上至下均设置4个出水口,最上部为地表径流出水口,用塑胶管连接到径流池。径流池根据当地可能发生的最大暴雨和径流量设计成Ⅰ号、Ⅱ号、Ⅲ号3个池,每池均按110 m×110 m×112 m方柱形构筑,Ⅰ、Ⅱ两池在墙壁两侧装有五分法60°"V"型三角分流堰,池壁均安装有搪瓷水尺,能直接读出地表径流量。另外3个出水口分别在地表以下30、60、105 cm处,用塑胶管连接到静水池,并用自记水位计及20°"V"型三角堰量计渗流量。地下径流为地表以下30、60 cm处的壤中流和105 cm处的基流量之和。工程完工后,沉降1年再进行观测。

2.2　研究方法

采用虹吸式雨量计记录降雨量和降雨历时数据,采用径流池长期连续观测地表径流量、壤中流和基流量;利用数理统计和SPSS软件对各处理降雨径流的垂直空间分配进行分析。

3　结果与分析

2005年科技园的年降水量为1 550.9 mm,其中,4、5、6、7、8、9月的降雨量之和占总降雨量的64.2%。3个处理小区的径流组成情况可见表1。表1中,各处理小区号后面的0、1、2、3分别代表该小区的地表径流、地下30 cm、地下60 cm处的壤中流和地下105 cm处的基流,例如,A0为A处理的地表径流,A1为A处理的地下30 cm处的壤中流,A2为A处理的地下60 cm处的壤中流,A3为A处理的基流。

3.1　各处理小区地表径流和地下径流的总体分配情况

A、B、C各处理的总径流深分别为855.13、1 157.25、855.47 mm,其中,地表径流深分别为24.53、30.45、235.28 mm,地下总径流深分别为830.60、1 126.9、620.19 mm。C处理的地表径流系数、地下径流系数、总径流系数分别是A处理的9.60、0.75、1.004倍,是B处理的7.74、0.55、0.74倍。可见,A处理的地表径流系数、总径流系数最小,B处理的地下径流系数、总径流系数最大。

从各处理的地表径流深和地下径流深分别占总径流深的比例分析,A处理的年地表、地下径流深分别占年总径流深的2.87%和97.13%;B处理的年地表、地下径流深分别占年总径流深的2.63%和97.37%;C处理的年地表、地下径流深分别占年总径流深的27.5%和73.5%。可见,A、B各处理的年总径流深中,分别有97.13%和97.37%是以地下径流的形式流出的,只产生很小一部分地表径流。2005年,A、B各处理的年地表径流深与C处理相比,分别减小89.57%和87.06%,而年地下径流深却分别增大33.93%和84.70%。

从上面的分析中可以得出,A、B处理能够显著减小降雨产生的地表径流和增加降雨产生的地下径流;同时,对地表径流的调控上,A、B处理无明显差异,而在调控地下径流上,B处理的调节增加地下水的能力是A处理的1.36倍。

3.2　各处理小区壤中流和基流的分配情况

根据表1数据分析,地下30 cm处的壤中流径流深A1、B1、C1分别为31.14、50.64、

表1 2005年各处理月降雨分布和各处理的坡面径流组成情况

月份		1		2		3		4		5		6		7		8		9		10		11		12	
降雨量（mm）		76.7		152.9		84.6		115.8		160.6		207.3		160		98.1		253.4		54.4		170.8		16.3	
处理		径流深（mm）	径流系数（%）	径流深（mm）	径流系数（%）	径流深（mm）	径流系数（%）	径流深（mm）	径流系数（%）	径流深（mm）	径流系数（%）	径流深（mm）	径流系数（%）	径流深（mm）	径流系数（%）	径流深（mm）	径流系数（%）	径流深（mm）	径流系数（%）	径流深（mm）	径流系数（%）	径流深（mm）	径流系数（%）	径流深（mm）	径流系数（%）
A处理	A0	0.88	1.14	2.06	1.35	0.72	0.86	0.96	0.83	2.69	1.66	3.09	1.49	2.74	1.71	1.53	1.56	6.28	2.47	0.27	0.5	3.29	1.92	0	0
	A1	1.25	1.63	3.44	2.25	1.34	1.59	1.69	1.46	4.44	2.76	6.39	3.08	3.69	2.31	0.58	0.59	5.35	2.11	0.06	0.12	2.91	1.7	0	0
	A2	1.16	1.52	2.66	1.74	1.25	1.48	1.47	1.27	2.51	1.56	2.93	1.42	2.03	1.27	0	0	4.43	1.75	0	0	2.6	1.52	0	0
	A3	30.2	39.37	133.2	87.17	50.29	59.45	52.51	45.35	100.5	62.6	98.67	47.59	60.04	37.52	0.91	0.93	175.7	69.34	0	0	72.75	42.6	3.51	21.55
小计		33.49	43.66	141.4	92.51	53.6	63.38	56.63	48.91	110.1	68.56	111.1	53.58	68.5	42.81	3.02	3.08	191.8	75.67	0.33	0.62	81.55	45.82	3.51	21.55
B处理	B0	1.27	1.65	2.75	1.8	1.1	1.3	1.61	1.39	3.04	1.89	3.97	1.91	3.46	2.16	1.87	1.91	7.6	3	0.38	0.7	3.41	2	0	0
	B1	2.43	3.17	5.27	3.45	2.72	3.21	2.79	2.41	5.35	3.33	9.96	4.81	4.82	3.01	2.12	2.16	8.65	3.41	1.13	2.07	5.38	3.15	0.02	0.14
	B2	0.92	1.18	2.15	1.4	1.12	1.33	1.12	0.97	2.13	1.32	2.33	1.12	2	1.25	0.57	0.58	3.3	1.3	0.14	0.26	2.95	1.73	0	0
	B3	60.1	78.3	149.4	97.7	61.5	72.7	77.6	67	130	80.9	140.5	67.8	108.5	67.8	54.8	55.9	141.7	55.9	10.3	19	117.1	68.58	5.95	36.5
小计		64.72	84.3	159.6	104.4	66.44	78.54	83.12	71.77	140.5	87.44	156.8	75.64	118.8	74.22	59.36	60.55	161.3	63.61	11.95	22.03	128.8	75.46	5.97	36.64
C处理	C0	2.66	3.47	16.94	11.08	9.07	10.72	16.12	13.91	46.36	28.87	47.87	23.09	26.04	16.28	11.69	11.91	24.12	9.58	2.41	4.44	32.01	18.74	0	0
	C1	0.36	0.48	0.86	0.56	0.16	0.19	0.08	0.07	0.13	0.08	0.03	0.01	0.3	0.19	0	0	0.4	0.16	0	0	0.21	0.12	0	0
	C2	0.87	1.14	1.69	1.1	0.37	0.44	0.27	0.24	0.5	0.31	0.43	0.21	0.76	0.48	0	0	1.1	0.44	0	0	0.36	0.21	0	0
	C3	26.9	35.1	119.1	77.9	34.2	40.4	44.5	38.4	58.9	36.7	51	24.6	84.4	52.8	14.2	14.4	121.8	48.1	0.52	0.96	52.7	30.8	3.05	18.7
小计		30.79	40.19	138.6	90.64	43.8	51.75	60.97	52.62	105.9	65.96	99.33	47.91	111.5	69.75	25.89	26.31	147.4	58.3	2.93	5.4	85.3	49.9	3.05	18.7

2.53 mm；B1 的径流系数是 A1 的 1.63 倍，C1 的径流系数是 A1 的 0.08 倍，是 B1 的 0.05 倍。可见 A1 的径流系数最大，C1 的径流系数最小；与 C1 相比，A1、B1 的径流系数显著增加，这说明种植百喜草及其枯落物敷盖地表能够明显增加地下 30 cm 的壤中流；同时，B1 的径流系数比 A1 大。地下 60 cm 处壤中流的径流 A2、B2、C2 分别为 21.04、18.72、6.34 mm；C2 的径流系数是 B2 的 0.34 倍，是 A2 的 0.30 倍。可见地下 60 cm 处的径流系数是 A2 最大，C2 最小；与 C2 相比，A2、B2 的径流系数显著增加；同时，A2 的径流系数比 B2 增加 12.4%。地下 105 cm 处的基流径流深 A3、B3、C3 分别为 778.42、1 057.54、611.26 mm；C3 的径流系数是 A3 的 0.79 倍，是 B3 的 0.58 倍。可见 B3 的径流系数最大，C3 的径流系数最小。通过对各处理的壤中流进行单因素方差分析得出：A1 与 B1、A2 与 B2 差异不明显；而 A1、B1 分别与 C1，以及 A2、B2 分别与 C2 有显著性差异。因此可以看出，与 C 处理相比，A、B 各处理不同深度的壤中流都有明显的增加。所以，种植百喜草和枯落物覆盖能够明显增加地下不同深度的壤中流，改善地下水资源分配，有效涵养降雨径流。

由于 A、B、C 各处理是全封闭的径流小区，在地下 110 cm 处是钢筋混凝土封底，所以把 105 cm 处的径流视作基流。对各处理不同深度的壤中流和基流分别占各处理总地下径流比例分析，A1、A2、A3 分别占总地下径流的 3.75%、2.53%、93.72%，B1、B2、B3 分别占总地下径流的 4.49%、1.66%、93.85%，C1、C2、C3 分别占总地下径流的 0.41%、1.03%、98.57%。从分析的数据可以看出，A、B 处理的 30、60 cm 处的壤中流占总地下径流的比例分别比 C 处理相应的壤中流高，说明 A、B 处理对地下 30、60 cm 处的壤中流影响显著；从分析的数据还可以看出，A、B 处理的地下 30 cm 处的壤中流占总地下径流的比例要高于地下 60 cm 处的壤中流占总地下径流的比例，而 C 处理的地下 30 cm 处的壤中流占总地下径流的比例要小于地下 60 cm 处的壤中流占总地下径流的比例，表明 A、B 处理对地下 30 cm 处径流的影响要比对地下 60 cm 处径流的影响要大。这说明种植百喜草及其枯落物覆盖对壤中流有明显的影响，并且影响的大小随着深度的增加而减小。

通过以上对各处理地表径流、不同深度的壤中流和基流分析，可以看出，种植百喜草及其枯落物敷盖处理能够有效调节降雨径流在地表和土壤中的垂直空间分配，通过种植百喜草以及百喜草枯落物的覆盖处理，一方面减少了地表径流量，增加了地下径流量，增强了土壤涵养水源的能力；另一方面改善了降雨径流的空间分配，主要表现在降低了地表径流百分比，增加了壤中流的百分比，优化了不同深度壤中流和基流占总径流的比例，改善了降雨在地表和土壤中的垂直空间分配。

3.3　地表径流、不同深度的壤中流以及基流与降雨量的关系

借助 SPSS 软件分析各处理地表径流和不同深度的壤中流以及基流与降雨的相关性得出，在双尾显著性 t 检验下，在 0.01 的置信水平上，除 C 处理的地下 30 cm（C1）和 60 cm（C2）处的壤中流与降雨量的相关性不显著外，其他各处理的地表径流和不同深度的壤中流以及基流与降雨量皮尔逊相关系数（表 2）达到极显著水平。这正是说明了 A、B 处理改变了降雨对地下 30 cm 和 60 cm 处壤中流的影响，使得降雨能够很好地转为地下径流。从不同深度的壤中流、基流以及降雨量的月分配曲线（图 1）也能看出，除 C 处理的 30 cm 处壤中流（C1）和 60 cm 处的壤中流（C2）与降雨量月分配曲线不太一致外，其他壤

中流和基流的月分配曲线与降雨月分配曲线具有较好的一致性，尤其在9月和11月分配曲线一致性非常显著，这是因为9月以后地表蒸散下降，在A、B处理条件下，降水大部分都转化成为地下径流所致。

表2 降雨与径流的皮尔逊相关系数

	径流 A0	径流 A1	径流 A2	径流 A3	径流 B0	径流 B1
降雨	0.946**	0.926**	0.939**	0.878**	0.952**	0.949**
	径流 B2	径流 B3	径流 C0	径流 C1	径流 C2	径流 C3
降雨	0.945**	0.918**	0.783**	0.363**	0.529**	0.808**

注：**表示相关系数在0.01的置信水平上显著（双尾检验）。

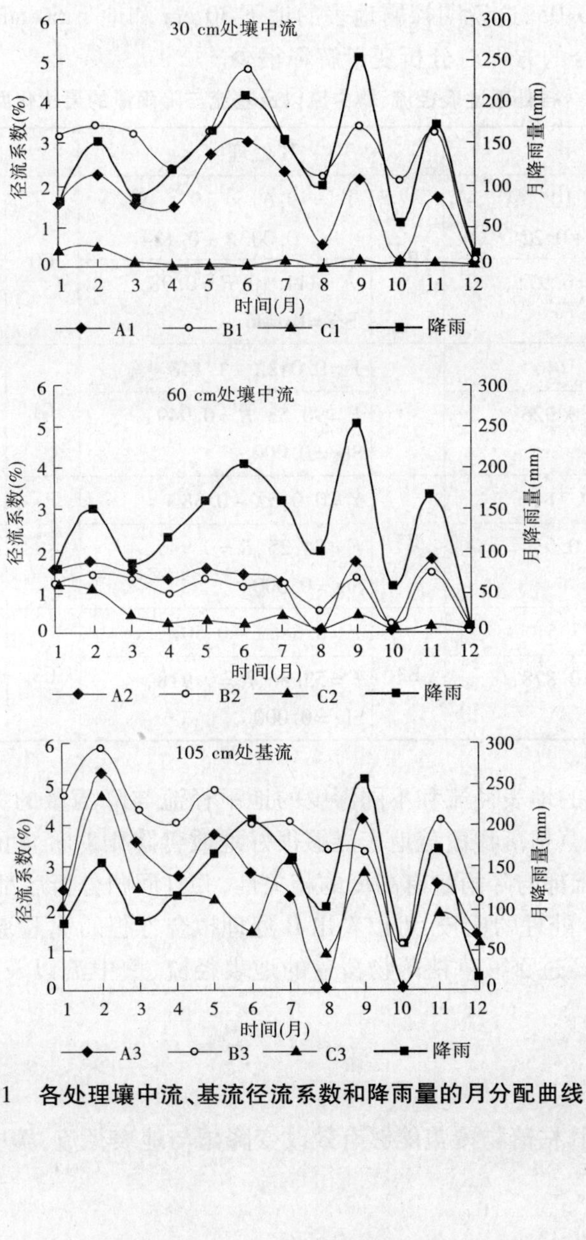

图1 各处理壤中流、基流径流系数和降雨量的月分配曲线

为了进一步分析各处理地表径流、壤中流以及基流与降雨的关系，借助 SPSS 软件对各处理的地表径流、壤中流及基流与降雨量进行回归分析，然后根据方程拟合的 F 检验值、复相关系数(R)和回归系数的显著性水平，从回归得到的一次、二次、三次方程中选择最优的拟合方程，得出结果见表 3。从表中可以看出，除 A、B 处理的地表径流是二次方程外，其他的都是一次方程，这说明了与裸露地表相比，栽植百喜草和百喜草枯落物覆盖能够有效地影响降雨形成的地表径流。在拟合的方程中，A、B 处理各水平的 F 检验值、复相关系数 R、回归系数的显著性水平都比 C 处理的要大，都超过了 95% 的置信度，说明 A、B 处理各水平拟合的方程有效，分析的变量因素很大一部分能被拟合的方程解释；在拟合的方程中，B 处理的各水平最好，说明 B 处理各水平的径流与降雨量的关系最密切。在 C 处理中，除地表径流(C0)和地下 105 cm 处的基流(C3)的回归系数显著性水平小于 0.05 外，C1、C2 都大于 0.05，这说明裸露地表的地下 30 cm 和地下 60 cm 处的壤中流受降雨量影响很小，回归拟合的方程对分析变量解释很少。

表 3　各处理地表径流、壤中流以及基流与降雨量的最优化回归方程

A 处理		B 处理		C 处理	
A0	$Y = 8.26 \times 10^{-5} X^2 + 0.002X + 0.22$	B0	$Y = 9.6 \times 10^{-5} X^2 + 0.003X + 0.124$	C0	$Y = 0.188X - 4.725$
	$F = 74.04, R = 0.971$, Sig = 0.016		$F = 111.10, R = 0.98$, Sig = 0.006		$F = 15.84, R = 0.783$, Sig = 0.003
A1	$Y = 0.029X - 1.146$	B1	$Y = 0.042X - 1.148$	C1	$Y = 0.001X + 0.038$
	$F = 60.22, R = 0.926$, Sig = 0.000		$F = 90.53, R = 0.949$, Sig = 0.000		$F = 1.513, R = 0.363$, Sig = 0.247
A2	$Y = 0.019X - 0.714$	B2	$Y = 0.015X - 0.383$	C2	$Y = 0.004X - 0.018$
	$F = 75.18, R = 0.939$, Sig = 0.000		$F = 84.25, R = 0.945$, Sig = 0.000		$F = 3.882, R = 0.529$, Sig = 0.077
A3	$Y = 0.715X - 27.51$	B3	$Y = 0.686X - 0.507$	C3	$Y = 0.484X - 11.612$
	$F = 33.81, R = 0.878$, Sig = 0.000		$F = 53.56, R = 0.918$, Sig = 0.000		$F = 18.79, R = 0.808$, Sig = 0.001

通过对各处理的地表径流和不同深度的地下径流与降雨量的关系分析可以得知，种植百喜草以及百喜草枯落物覆盖地表能够很好地改善降雨对径流的影响，无论是地表径流、壤中流还是基流都与降雨量有高度的相关性，并且回归分析后都能得到高度拟合的线性方程。通过 A、B 处理的比较，可以看出 B 处理拟合方程的 F 检验值、复相关系数 R 都比 A 处理高，说明经过百喜草枯落物覆盖的地表径流、壤中流以及基流与降雨量的关系更强。

4　结论与讨论

(1)百喜草及其枯落物覆盖能够有效改变降雨与地表径流、壤中流的关系，能够显著增强降雨量对地表径流和壤中流的影响。这是因为百喜草地上部分的叶、匍匐茎及其枯落物覆盖具有减小雨滴击溅、削减大部分降雨动能的功能,削弱了降雨强度对径流的影响;同时,百喜草及其枯落物增加了地表粗糙度,从而阻缓了地表径流的产生,延长了径流的汇流和入渗时间。因此,增强了降雨量对地表径流和壤中流的影响。

(2)百喜草及其枯落物覆盖能够有效改善降雨径流的垂直空间分配,使得地表径流减少,壤中流和基流显著增加。这是因为百喜草及其枯落物覆盖增加了地表粗糙度,增大了地表的曼宁粗糙系数,减缓了径流的速度,增大了降雨径流与土壤的接触面,延长了降雨径流的入渗时间;同时,百喜草根系发达,且新陈代谢快,一方面叶茎的生长和蒸腾作用消耗了土壤中的水分,另一方面腐烂的根系能增加土壤有机质含量,改善土壤的团聚体结构,从而增加了径流的渗透量,因此表现出巨大的调节降水、涵养水源的功能。

参考文献

[1] 李香云,王玉杰. 缙云山两种植被类型对坡面产流的影响[J]. 北京林业大学学报,2003,25(5):81-84.

[2] 苗白岭,梁存柱,王炜,等. 植被退化对典型草原地表径流的影响[J]. 水土保持学报,2008,22(2):10-14.

[3] 秦富仓. 黄土地区流域森林植被格局对侵蚀产沙过程的调控研究[D]. 北京:北京林业大学,2006.

[4] 王栋. 长江三峡库区不同植被类型对降雨产流影响的研究:以重庆缙云山为例[D]. 北京:北京林业大学,2007.

[5] 张建军,毕华兴,张宝颖. 坡面水土保持林地地表径流挟沙能力研究[J]. 北京林业大学学报,2003,25(5):25-28.

[6] 钟祥浩,程根伟. 森林植被变化对洪水的影响分析:以长江上游典型小流域和洪水事件为例[J]. 山地学报,2001,19(5):413-417.

[7] Huang M B, Zhang L, Gallichand J. Runoff responses to afforestation in a watershed of the Loess Plateau, China[J]. Hydrological Processes, 2003, 17:2599-2609.

[8] Brown A E, Zhang L, McMahon T A, et al. A review of paired catchment studies for determining changes in water yield resulting from alterations in vegetation[J]. Journal of hydrology, 2005, 310:28-61.

[9] Rachman A, Anderson S H, Gantzer C J, et al. Soil hydraulic properties influenced by stiffstemmed grass hedge systems[J]. Soil Science Society of America Journal, 2004, 68:1386-1393.

[10] White L W, Vieter B, Armand D, et al. Estimation of optimal parameters for a surface hydrology model [J]. Advances in Water Resources, 2003(26):337-348.

[11] 范世香,程银才,高雁,等. 考虑森林植被影响的小流域降雨径流模型[J]. 生态学报,2008,28(5):2372-2379.

[12] 程冬兵,左长清,蔡崇法. 不同下垫面每次降雨水土流失特征及影响因素分析[J]. 草业学报,2007,16(5):84-89.

[13] 王昭艳,左长清,杨洁,等. 第四纪红壤侵蚀区优良水土保持草本植物的选择与评价[J]. 草业科学,2008,25(5):87-91.

红壤坡地水土保持措施减流减沙效果研究

武　艺[1]　杨　洁[1,2]　汪邦稳[1]　郑海金[1]

(1. 江西省水土保持科学研究所,南昌　330029;
2. 江西农业大学,南昌　330045)

红壤是我国南部的地带性土壤,广泛分布于15个省(区),总面积达200余万 km^2,是我国重要的土壤资源。江西省是我国红壤的中心区域,在全省16.69万 km^2 的总土地面积中,红壤坡地占了54.78%。随着人口的增长和需求的不断增加,人们对土地资源的开发利用逐渐向山丘区拓展,目前红壤坡地已成为人类活动最为频繁的区域之一,同时也是水土流失的主要发生地之一。

江西省属亚热带湿润季风气候区,四季分明,气候温和,光热充足,雨量充沛,为植被生长提供了良好的水分资源。然而降雨也是我国南方红壤坡地土壤侵蚀的主要外营力,降雨对土壤的侵蚀主要表现为分散和冲刷,而且冲刷强度远远大于分散强度,从某种意义上说,降雨产生的地表径流对土壤的冲刷作用是土壤侵蚀的主导因子。研究红壤坡地不同水土保持措施的减流减沙规律,探索减少径流冲刷、防止水土流失的有效途径,提出并完善南方红壤坡地控制水土流失的技术体系,具有极其重要的理论价值和生产实践意义。为此,我们采用标准径流场实测方法,研究了不同水土保持措施的减流减沙效益,旨在为红壤坡地水土保持防护体系的构建提供科学依据和理论支撑。

1　研究区概况

试验地设在江西水土保持生态科技园,位于江西省北部的德安县燕沟小流域内(115°42′~115°43′E、29°16′~29°17′N)。多年平均降水量为1 469 mm,多年平均气温16.7 ℃,年日照时数1 700~2 100 h,无霜期245~260 d。土壤为第四季红壤,成土母质主要是泥质岩类风化物,土壤呈酸性至微酸性。地带性植被类型主要有针叶林、山地针叶林和常绿阔叶林等。

2　试验设计与方法

2.1　试验设计

在试验区内坡向相同、坡度12°的地方,布设8个5 m×20 m(水平投影面积)标准径流试验小区,小区径流和泥沙可通过径流槽进入径流池,具体布设见表1。

2.2　观测内容

对气象、降雨、地表径流等进行了5年的定位观测,方法如下:

(1)气象。观测项目有风速、气温、地温、湿度、气压、水面蒸发、日照等,均按国家正规气象台站要求的常规气象要素观测方法进行观测。

表1 不同水土保持措施标准径流小区试验设计

类别	处理号	措施
覆盖组	1	百喜草全园覆盖,植被覆盖度100%,植被结构为果树-草
	2	百喜草带状覆盖,带宽1.0 m,带状间隔111 m,最大植被覆盖度80%,植被结构为果树-草
果园清耕组	3	柑橘清耕区,及时清除地面杂草,植被覆盖度20%,植被结构为果树
耕作组	4	横坡间种、套种黄豆和萝卜,每年4月中旬至8月中旬种植黄豆,8月中旬至次年3月中旬种植萝卜,植被结构为果树-经济作物
	5	纵坡间种、套种黄豆和萝卜,每年4月中旬至8月中旬种植黄豆,8月中旬至次年3月中旬种植萝卜,植被结构为果树-经济作物
梯田组	6	标准水平梯田,梯壁植百喜草,梯面植被结构为果树
	7	水平梯田,柑橘清耕,及时清除梯面和梯壁杂草,梯壁不植草,梯面植被结构为果树
对照组	8	全园裸露,植被覆盖度0,以供对照

(2)降雨。建立固定雨量点,采用虹吸式雨量计记录大气降水过程,以便求出降雨量、降雨强度等。

(3)径流、泥沙测定。在降雨产流停止后,将径流池内泥水充分搅拌,分上、中、下三层取样,测得径流量和泥沙量。

(4)观测结果采用方差分析和多重比较进行定量分析。

3 结果与分析

3.1 降雨特征分析

观测期间(2001年1月~2005年12月)共降雨735场次,历时4 885.8 h,降雨总量为7 259.1 mm,平均雨强1.486 mm/h。从5年的统计结果(见表2)可以看出,研究区雨水资源丰富,年际间降雨量分配不均,有丰水年和枯水年之分。

表2 2001~2005年降雨资料统计

年度	降水指标						
	降雨次数		降雨量		降雨历时		平均雨强 (mm/h)
	次	%	mm	%	h	%	
2001	117	15.92	1 164.3	16.04	1 020.8	20.89	1.414
2002	154	20.95	1 808.5	24.91	1 187.6	24.31	1.523
2003	150	20.41	1 433	19.74	828	16.95	1.731
2004	146	19.86	1 302.4	17.94	845.6	17.31	1.54
2005	168	22.86	1 550.9	21.36	1 003.8	20.54	1.545
合计	735	100	7 259.1	100	4 885.8	100	1.486

3.2　减流效果分析

3.2.1　地表径流分析

2001～2005年实测各小区的地表总径流情况(见表3):产流190次,产流总量第8号小区最大,为259.56 m^3,第1号小区最小,为7.12 m^3;各小区年平均产流由大到小的顺序为8>3>5>7>4>6>2>1,表明草类植被覆盖的减流效果最好。1号小区地表植被为柑橘+百喜草全园覆盖,5年共产生径流7.12 m^3,7号小区地表植被组成为柑橘清耕,近地面无草类植被覆盖,其总径流量为70.10 m^3,是第1号小区的近10倍,8号小区的径流量是1号小区的36倍多;2号小区植被组成与1号小区相同,区别在于2号小区覆盖度比1号小区少20个百分点,其产流量也略高,由此可见,近地面植被对地表径流影响较大;4、5号小区均为柑橘间种农作物,但因耕作方式不同,其减流效果也不同,5号小区(顺坡耕作)总径流量是4号小区(等高耕作)的1.6倍多,这是因为等高耕作增加了地面糙度,降低了地表水流流速,增加了土壤入渗;6、7号小区是梯田组,7号小区(梯面、梯壁裸露)产流是6号小区(梯面裸露,梯壁植草)的近2.5倍,说明其他条件相同的情况下,梯壁植草可减少地表径流。

表3　各小区径流量年度分配　(单位:m^3)

年度	各小区径流量							
	1	2	3	4	5	6	7	8
2001	1.60	1.01	21.60	5.88	6.22	3.45	7.82	29.08
2002	3.13	3.51	68.20	20.74	48.32	5.84	16.71	74.06
2003	1.14	1.36	34.36	3.95	4.67	5.71	11.03	47.06
2004	0.34	1.12	37.06	28.43	27.40	6.66	11.95	50.07
2005	0.91	1.12	43.41	5.04	18.32	6.78	22.59	59.29
合计	7.12	8.12	204.62	64.05	104.94	28.43	70.10	259.56
平均	1.42	1.62	40.92	12.81	20.99	5.69	14.02	51.91

3.2.2　减流效果比较

以完全裸露的8号小区的径流量为对照,各小区2001～2005年平均减少径流的效果见表4。

表4　各小区减少降雨径流的效果

项目	小区						
	1	2	3	4	5	6	7
年均减少径流(m^3)	50.49	50.29	10.99	39.1	30.92	46.22	37.89
年均减流效果(%)	97.3	96.9	21.2	75.3	59.6	89	73

从表4中可以看出,各小区减少降雨径流效果的大小顺序依次为1>2>6>4>7>5>3;第1、2号小区减少降雨径流的效果最为显著,减流率均达到95%以上,除第3号小

区外,其他小区减少降雨径流的效果都在50%以上;从总体上分析,不同处理类型减少降雨径流的效果依次为柑橘 + 百喜草 > 柑橘 + 梯田 > 柑橘 + 耕作 > 柑橘清耕。显然,多种水土保持措施组合减少降雨径流的效果要明显优于单一水土保持措施。

为了分析不同处理减少降雨径流效果的差异是否显著,借助 SPSS 软件,在置信区间为95%的情况下对各处理进行多重比较检验,结果表明,第1、2号小区之间没有显著性差异,但它们与第3、5、8号小区都存在显著性差异,这说明在减少降雨径流的效果上,第1、2号小区较柑橘清耕、柑橘 + 顺坡耕作、全园裸露处理小区明显为好;柑橘清耕处理与完全裸露的对照小区没有显著性差异,与其他各处理都存在显著性差异;柑橘 + 横坡耕作对减少降雨径流的效果较柑橘 + 顺坡耕作更好;柑橘 + 梯田处理在减少降雨径流方面效果明显。这表明不同水土保持措施类型减少降雨径流的效果差异显著,而相同的措施、不同的实施方式虽然存在差异,但差异不显著。

3.3 减沙效果分析

3.3.1 泥沙流失量分析

2001 ~ 2005 年各小区产沙观测结果见表5。从表5可以看出,第8号小区产生的泥沙量为3 316.33 kg,居各小区产沙量之首,各小区产沙量由大到小排序为8 > 3 > 5 > 4 > 7 > 6 > 2 > 1,说明近地面草被覆盖度越高,减沙效果越好,1、2号小区减沙效率接近100%;3号小区地表只有柑橘树,近地面无草类覆盖,其减沙效果远不如1、2号小区,减沙率为38%;不同耕作方式,减沙效果不同,4号小区的减沙效果比5号小区好,表明横坡耕作能有效防止土壤侵蚀;与对照相比,6、7号小区的减沙率达88%以上,可见水土保持坡面工程能改变坡面小地形,削减径流冲刷动力,减少坡面土壤侵蚀,有效保护土地资源;对比6、7号小区,7号小区的产沙量是6号的32倍多,说明梯壁植草减沙效果明显。

表5 各小区泥沙量年度分配 (单位:kg)

年度	各小区泥沙量							
	1	2	3	4	5	6	7	8
2001	0.90	0.98	828.46	14.82	15.60	1.87	55.12	858.52
2002	1.29	1.08	658.09	295.27	719.04	2.27	104.31	898.00
2003	0.56	0.47	228.35	16.73	20.69	2.26	75.02	392.97
2004	0.22	0.52	248.12	312.83	367.36	3.64	107.29	573.27
2005	0.42	0.53	90.57	4.74	34.38	2.11	51.06	593.58
合计	3.39	3.57	2 053.59	644.39	1 157.07	12.14	392.80	3 316.33
平均	0.68	0.71	410.72	128.88	231.41	2.43	78.56	663.27

3.3.2 减沙效果分析

以完全裸露的第8号处理小区的泥沙量为对照,分析各小区2001 ~ 2005 年平均减少泥沙的效果,结果见表6。

表6 各小区减沙效果

项目	小区						
	1	2	3	4	5	6	7
年均减少泥沙(kg)	662.59	662.56	252.55	534.39	431.86	660.84	584.71
年均减沙效率(%)	99.90	99.89	38.08	80.57	65.11	99.63	88.16

从表6可以看出,第1、2、6号小区的减沙效率都在99%以上,第1号小区的减沙效果最好;第3号小区的减沙效率最差,只达到38.08%。结合各小区的水保措施,从总体上来分析,不同处理类型减少泥沙的效果依次为柑橘+百喜草>柑橘+梯田>柑橘+耕作>柑橘清耕。显然,多种水土保持措施的组合减沙效果要明显优于单一水土保持措施。

为了分析各处理在减少泥沙效果上有没有差异性,借助SPSS软件对观测数据进行了多重比较分析,结果表明:①第1、2、4、6、7号小区间差异不显著,但它们都与第3和第8号小区存在显著性差异。这说明具有水土保持措施的各小区(第3、5号除外)的减沙效果非常明显。②柑橘清耕处理,虽然没有其他水土保持处理减沙效果明显,但与完全裸露的相比,其减沙效益还是非常显著的。

经过以上分析可知,与裸露小区相比,具有水土保持措施的各小区的减沙效果显著,多结构的水土保持措施减沙效益要明显优于单一的水土保持措施。

4 小结

(1)地面植被尤其是近地表植被的覆盖有着极其显著的减流减沙作用,果树+草类覆盖达80%以上时,其减流减沙效率可达95%以上;如果地表只有果树而无其他灌草类植被,减流效果仅21%。因此,只有当不同层次的植被优化配置时,才能达到最佳的减流减沙效果。

(2)传统的果园顺坡间作能在一定程度上减流减沙,但采用等高横坡间作的减流减沙作用更为明显。因此,在江西红壤坡地果园开发建设中应注意推行横坡间作,以减少水土流失。

(3)试验结果表明,在江西红壤坡耕地上实施坡面水保工程是十分必要的,坡面构筑梯田的减流减沙效果明显;梯壁植草可显著提高减流减沙效率。

总之,水土保持植物措施、耕作措施和工程措施均能有效地减流减沙,多种水土保持措施有效组合是保护水土资源的最佳方法。

水土保持综合措施对红壤坡地养分流失作用过程研究

张展羽[1] 左长清[1,3] 刘玉含[2] 张靖宇[3]

(1. 河海大学农业工程学院,南京 210098;2. 中国水电顾问集团北京勘测设计研究院,北京 100024;3. 江西省水土保持科学研究所,南昌 330029)

红壤广泛分布在中国南方地区,约占全国土地面积的22.7%,是中国经济及粮食作物的重要生产基地。由于自然和人为因素影响,该地区水土流失现象较严重,土壤养分流失导致土地退化和环境污染。从20世纪60年代开始,国外学者San Gupta M B、Ahuja L R、Fraser A I等就已经对土壤产流产沙及其引起的养分流失规律做了大量研究工作[1-5],国内对于土壤养分流失规律的研究起步较晚,许多学者研究人工降雨条件下黄土区和紫色岩土区水土流失问题[6-10],马琨等采用人工模拟降雨装置对红壤坡地养分流失特征进行了试验研究,水建国等采用除草剂调控方式分析不同自然植被管理措施对红壤丘陵果园水土流失的影响,取得了大量有价值的成果[11-13]。总体上,在研究发育于第四纪黏土的红壤坡地方面,尤其在研究天然降雨下的养分流失规律方面报道较少,这对该区域降雨引起的侵蚀危害,尤其是对土壤质量的持续下降、侵蚀径流和泥沙携带的养分导致水环境的污染和水体质量恶化等问题,难以作出确切的评价。本文通过野外小区试验,研究不同生态措施红壤坡地天然降雨下的养分流失状况,以期选择适宜的生态治理措施,为提高土壤质量、解决农业生产与环境问题提供参考。

1 材料和方法

1.1 试验小区概况

试验小区设置在江西省水土保持生态科技园内。科技园地处鄱阳湖水系博阳河西岸,位于东经115°42′38″~115°43′06″,北纬29°16′37″~29°17′40″,属亚热带季风区,多年平均降水量1 350 mm,多年平均气温16.7 ℃,年日照时数1 650~2 100 h,多年平均无霜期为249 d。科技园区是中国红壤的中心区域,地形条件在江西省和南方红壤丘陵区具有典型代表性。试验小区选择在山坡的中下部,坡面土层厚度在0.5~1.5 m,土壤pH值为5.0,有机质含量为1.55 g/kg,全氮含量为0.08 g/kg,全磷含量为0.07 g/kg,碳、氮质量之比值为7.5,各项速效养分低,具有酸、黏、板、瘦等不良特性。

1.2 试验设计

试验小区是5 m×20 m的标准径流试验小区,其水平投影面积约为100 m^2,坡度均为12°。除对照区外,每个小区栽植柑橘12株(树龄6年)。小区管理方法均按部颁标准《水土保持试验规范》(SD 239—1987)进行。试验小区生态措施见表1。另外,园区内还设置气象观测站1座。试验设计安排时间为2年,共测得46场天然降雨试验数据,本文选取了3场具有代表性的典型性降雨类型(见表2)来研究不同处理的养分流失规律。

表1　试验小区生态措施

措施	耕作处理
CK	全园裸露区,以供对照
Ⅰ	横坡间种大豆(春季播种)和萝卜(秋季播种)的坡地果园
Ⅱ	前埂后沟梯壁植百喜草梯田果园
Ⅲ	梯壁植百喜草的标准水平梯田果园

表2　典型降雨特征

降雨日期	降雨类型	降雨量(mm)	降雨历时(min)	降雨属性
2006-06-24	大雨	22.9	80	连续性短历时
2007-03-17	中雨	12.1	530	间隙性长历时
2007-03-07	小雨	5	400	间隙性长历时

注:根据12 h降雨量分类0.2~5.0 mm为小雨,5~15 mm为中雨,15~30 mm为大雨。

样品选取:①土样每个点取土样300 g,每个小区S形取5个点,共取土样60个,用四分法取混合样的1/4,用保鲜袋装样,测定雨前表土总氮、总磷;②水样以3 h降雨历时每20 min取样为例,每次取水样500 mL,共取水样108个。测定总氮、总磷和泥沙含量。

2　结果分析

2.1　连续性短历时大雨型下的养分流失规律

2.1.1　养分流失过程

2006年6月24日(大雨型)降雨、径流和产沙过程如图1所示,各处理地表径流中的总氮浓度变化过程如图2(a)所示。从图中可看出,大雨型条件下不同生态措施小区径流过程和产沙过程有明显差异。对照区最大径流速率为0.34 mm/min,3个生态措施小区最大径流速率为0.06 mm/min,产沙过程和径流过程类似。生态措施具有明显的截流减沙效应。由于径流和泥沙运移的联合作用,径流中总氮含量随时间和径流量而变化。产流初期,养分浓度较高,各处理总氮初始浓度分别为:CK 1.12 mg/L,措施Ⅰ0.38 mg/L,措施Ⅱ0.27 mg/L,措施Ⅲ0.64 mg/L;产流后期总氮浓度分别稳定在0.88、0.31、0.33、0.40 mg/L左右。各处理产流初期,径流携带来自表层疏松肥沃的土壤,土壤中总氮含量较高,径流中的总氮浓度自然要高些,产流后期,径流中的总氮浓度基本稳定,这与马琨、傅涛等[11,14,15]在人工降雨条件下所得的结论基本一致。不同处理之间总氮含量在产流初期的差异显然与地表总氮,尤其是与有效氮含量有关。不同的地表植被和下垫面条件对径流中的全氮含量也有显著影响,如裸露对照处理表土全氮和有效氮含量均最低,但产流初期径流中的全氮含量却最高。裸露对照处理坡地产流初期径流中的总氮含量最高,这一部分养分的流失直接导致裸露坡地有效养分的衰减,并造成河流湖泊的污染,危害较大,所以裸露坡地径流携带的养分流失不容忽视。而措施Ⅰ、措施Ⅱ和措施Ⅲ产流初期径流中总氮含量分别是裸露对照坡地的34%、24%和57%,说明这3种生态措施均能有效控制全氮的流失。

各处理地表径流中的总磷浓度变化过程见图2(b),从中可以看出,径流中总磷含量随时间和径流量而变化,变化规律与总氮基本一致,不同的是径流中的初始总磷浓度要小于初始总氮浓度,这可能与土壤表层总氮含量较高而总磷含量较低有关。各处理总磷初始浓度分别为:CK 0.112 mg/L,措施Ⅰ0.019 mg/L,措施Ⅱ0.009 mg/L,措施Ⅲ0.014 mg/L,后期分别稳定在0.057、0.019、0.009、0.024 mg/L左右。

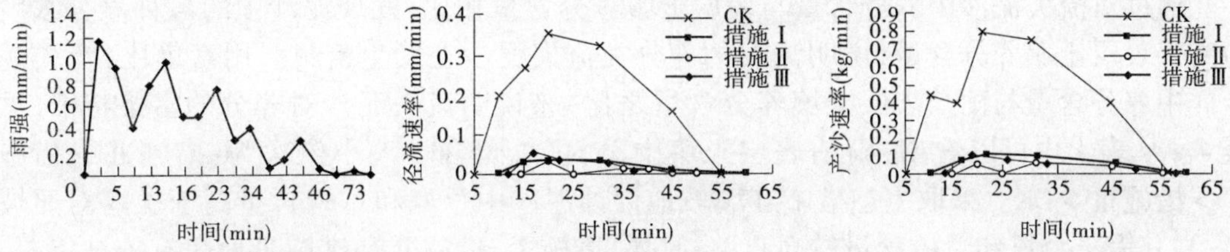

(a)降雨过程 (b)径流过程 (c)产沙过程

图1 大雨型降雨、径流和产沙过程

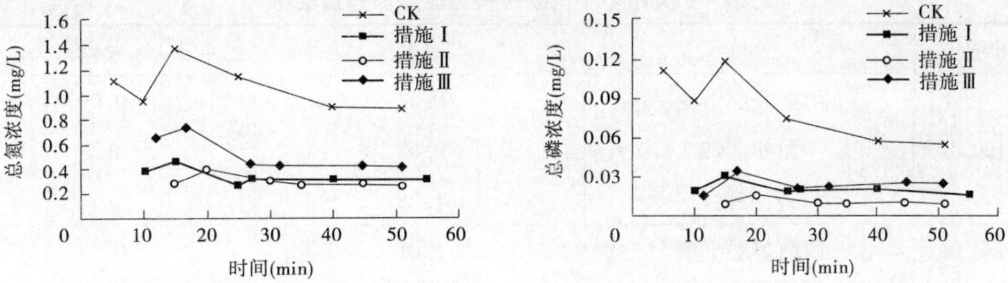

(a)总氮浓度随时间的变化过程 (b)总磷浓度随时间的变化过程

图2 大雨型各处理径流中总氮、总磷浓度随时间的变化过程

2.1.2 养分流失量

表3是大雨型不同处理的养分流失总量。从表3可以看出,E_S/E_R的变化范围为2.211~5.875,均大于1,因此大雨型下不同处理养分流失量均以泥沙携带为主。在采取生态措施的红壤坡地中,以总氮的流失最严重。CK由于泥沙流失量大,流失泥沙中土壤颗粒表面吸附的养分总量也大,致使养分流失总量远远大于采取生态措施红壤坡地;措施Ⅱ的各项养分流失量都是最小的,其总氮、总磷的流失量分别占裸露对照CK流失量的2.10%和3.18%;措施Ⅰ的总氮、总磷流失量分别占裸露对照的CK流失量的3.14%和4.63%;措施Ⅲ的总氮、总磷流失量分别占裸露对照的CK流失量的2.81%和4.25%。可见,不同生态措施均能较好地控制红壤坡地养分流失,其中前埂后沟梯壁植百喜草的梯田果园效果最好,其次为梯壁植百喜草的标准水平梯田果园与横坡间种黄豆和萝卜的坡地果园。

表3 大雨型不同处理养分流失总量 （单位：mg）

措施	总氮流失量				总磷流失量			
	泥沙携带 E_S	径流携带 E_R	E_S/E_R	总流失量	泥沙携带 E_S	径流携带 E_R	E_S/E_R	总流失量
CK	2 118.123	875	2.421	2 993.123	311.471	60.894	5.115	372.364
Ⅰ	70.142	24.35	2.881	94.492	14.71	2.504	5.875	17.214
Ⅱ	53.24	10.365	5.137	63.605	9.954	1.902	5.234	11.856
Ⅲ	58.369	26.401	2.211	84.77	13.421	2.386	5.625	15.808

2.1.3 侵蚀泥沙的养分富集特性

通过对流失泥沙中养分含量与表层土壤养分含量相比，发现泥沙中的各种养分浓度均高于表层土壤养分含量，说明流失的养分在流失泥沙上发生富集。用富集比（流失泥沙样中养分含量与雨前表层土壤养分含量之比）来说明流失泥沙对养分的富集特征，见表4。从表4中可以看出，雨前表层土壤中总氮、总磷含量大小依次为：措施Ⅱ＞措施Ⅰ＞措施Ⅲ＞CK。采取生态措施红壤坡地侵蚀泥沙中总氮和总磷含量高于裸露对照坡地，与其表土总氮和总磷含量较高有关；此外，措施Ⅰ、措施Ⅱ和措施Ⅲ地表有植被覆盖，在侵蚀过程中侵蚀泥沙主要是养分含量较高的细小土粒，可能也是侵蚀泥沙中总氮和总磷含量较高的原因之一。

表4 大雨型不同处理侵蚀泥沙养分富集比 （单位：g/kg）

处理	项目	总氮	总磷
CK	雨前表层土壤	0.53	0.09
	泥沙携带	0.68	0.1
	富集化	1.28	1.11
Ⅰ	雨前表层土壤	1.01	0.28
	泥沙携带	1.38	0.29
	富集化	1.37	1.04
Ⅱ	雨前表层土壤	1.02	0.31
	泥沙携带	1.97	0.37
	富集化	1.93	1.19
Ⅲ	雨前表层土壤	0.83	0.25
	泥沙携带	1.21	0.28
	富集化	1.46	1.12

由表4可知，泥沙养分含量普遍高于原表土养分含量，其中总氮的富集比以措施Ⅱ最高，裸露对照CK最低；总磷的富集比措施Ⅱ最高，措施Ⅰ最低，措施Ⅲ与CK接近。总体来看，措施Ⅱ养分富集比较高，裸露对照CK养分富集比则较低。而从不同形态养分富集

比来看,总氮、总磷的平均富集比分别为1.51、1.12,总氮富集比要明显高于总磷的富集比,这与第四纪红壤黏土富氮缺磷的性质有关。采取生态措施红壤坡地土壤养分富集比较高,可能是因为由于地表植被覆盖,地表径流速度较缓,土壤结构不易破坏,较大的土壤颗粒难以剥离运移,径流泥沙以养分含量较高的表层细小颗粒为主,从而出现养分富集现象。

2.2 间隙性长历时中雨型下的养分流失规律

2.2.1 养分流失过程

2007年3月17日降雨、径流和产沙过程如图3所示,从图3(b)、(c)中可以看出,由于降雨产流的不连续性导致养分流失出现了不连续性。中雨型下各处理径流中总氮、总磷含量随时间的变化趋势与大雨型下的基本一致,都在产流初期较高,随着产流量的增加而增大,后期均匀稳定。

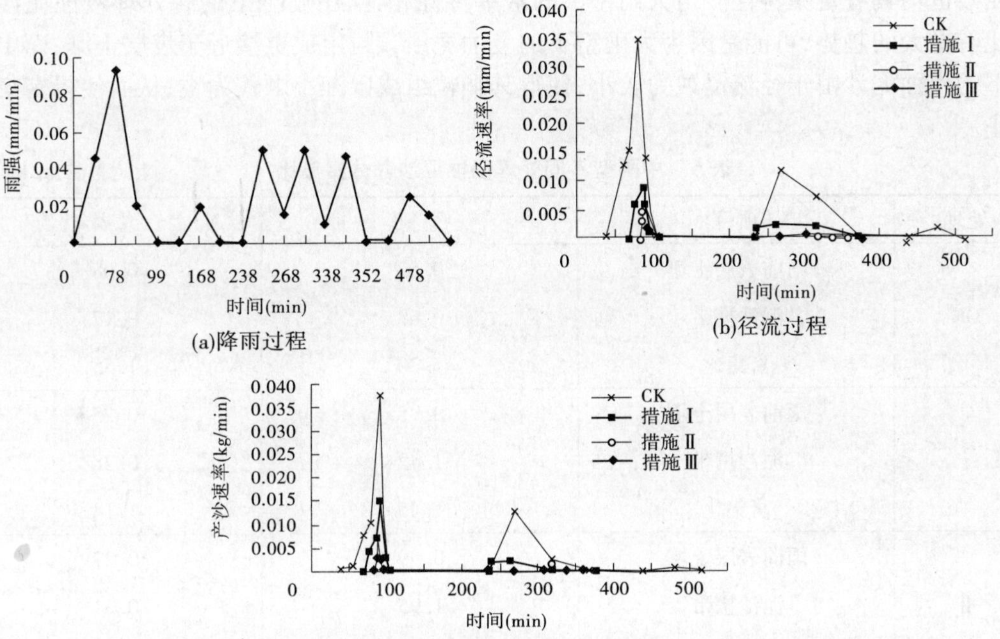

(a)降雨过程 (b)径流过程 (c)产沙过程

图3 中雨型降雨、径流和产沙过程

2.2.2 养分流失量

表5是该次降雨下不同处理的养分流失总量。从表5可以看出,E_S/E_R 的变化范围为1.546~5.510,均大于1,因此中雨型下不同处理养分流失量仍以泥沙携带为主;但与大雨型相比,E_S/E_R 有减少的趋势,尤其是对照处理减少较大。这是因为小雨强时,径流携带泥沙能力较弱,泥沙含量较小,从而减少了泥沙携带的养分流失量。总体上,采取生态措施坡地控制养分流失的效果较好,其中前埂后沟梯壁植百喜草的梯田果园效果最好,其次为梯壁植百喜草的标准水平梯田果园和横坡间种农作物的坡地果园。

表5 中雨型不同处理养分流失总量 （单位:mg）

措施	总氮流失量				总磷流失量			
	泥沙携带 E_S	径流携带 E_R	E_S/E_R	总流失量	泥沙携带 E_S	径流携带 E_R	E_S/E_R	总流失量
CK	143.517	92.831	1.546	236.348	26.207	5.231	5.010	31.438
Ⅰ	32.582	11.239	2.899	43.821	6.535	1.199	5.450	7.734
Ⅱ	11.678	2.280	5.122	13.958	1.848	0.353	5.234	2.201
Ⅲ	9.622	4.528	2.125	14.150	2.893	0.525	5.510	3.418

2.2.3 侵蚀泥沙的养分富集特性

中雨型下不同处理侵蚀泥沙中养分富集比见表6，从中可以看出，中雨型下各处理侵蚀泥沙也均具有富集特性。与大雨型下的富集特性相比，中雨型下的各处理侵蚀泥沙富集比有增大的趋势，可能是因为大雨型下的侵蚀泥沙颗粒组成更接近于表层土壤，而中雨型下的侵蚀泥沙由于径流侵蚀力较小，使得其颗粒组成以细小颗粒为主，从而使得富集比较小。

表6 中雨型不同处理侵蚀泥沙养分富集比 （单位:g/kg）

处理	项目	总氮	总磷
CK	雨前表层土壤	0.52	0.08
	泥沙携带	0.68	0.12
	富集化	1.30	1.55
Ⅰ	雨前表层土壤	0.98	0.25
	泥沙携带	1.42	0.28
	富集化	1.45	1.14
Ⅱ	雨前表层土壤	0.99	0.27
	泥沙携带	1.95	0.31
	富集化	1.97	1.14
Ⅲ	雨前表层土壤	0.81	0.23
	泥沙携带	1.20	0.26
	富集化	1.48	1.57

2.3 间隙性长历时小雨型下的养分流失规律

2.3.1 养分流失过程

由于小雨型下各处理的产流缓慢，产流量很小，难以分时段分析养分流失的过程变化规律，对于小雨型下的养分流失过程进行研究，仅对养分流失总量进行了分析。

2.3.2 养分流失量

小雨型各处理的养分流失总量见表7，从中可以看出，径流携带养分流失的比重在总养分流失量中比重进一步增加，说明不能忽视小雨强下径流携带养分流失的途径；不同处理养分流失总量进一步减少，但减幅趋缓。不同生态治理措施中，仍以前埂后沟梯壁植百喜草的梯田果园效果最好，其次为梯壁植百喜草的标准水平梯田果园和横坡间种农作物的坡地果园。

表7　小雨型不同处理养分流失总量　（单位：mg）

措施	总氮流失量				总磷流失量			
	泥沙携带 E_S	径流携带 E_R	E_S/E_R	总流失量	泥沙携带 E_S	径流携带 E_R	E_S/E_R	总流失量
CK	94.430	62.454	1.512	156.884	18.130	3.626	5.000	21.756
Ⅰ	16.557	5.892	2.810	22.449	3.603	0.673	5.352	4.277
Ⅱ	7.557	1.512	5.011	9.089	1.239	0.240	5.164	1.479
Ⅲ	7.055	3.358	2.101	10.413	2.171	0.395	5.496	2.566

2.3.3　侵蚀泥沙的养分富集特性

小雨型下各处理侵蚀泥沙也同样具有富集特性。

与大雨型和中雨型下的富集特性相比，小雨型下的各处理侵蚀泥沙富集特性也进一步增大，但增幅趋于平缓。

3　结论

（1）不同雨型下采取生态措施能对整个径流过程中的总氮和总磷浓度起到明显的控制作用，其中以前埂后沟梯壁植百喜草梯田果园的控制效果最好，3种雨型下其总氮、总磷的流失量分别占裸露对照CK流失量的2.10%和3.18%、5.9%和7.0%、5.8%和6.8%；不同雨型下各处理径流中氮和磷的流失主要集中在径流初期，后期均匀稳定。研究结果还表明，不同处理之间，径流中总氮和总磷含量在产流初期的差异不仅与各处理雨前表层土壤中氮、磷含量有关，而且与地表植被和下垫面条件也密切相关。

（2）养分流失均以侵蚀泥沙携带养分流失为主，但随着雨型的减小，径流携带养分流失量占养分总流失量的比例会增大。以CK小区为例，大、中、小降雨类型径流携带养分流失量占养分总流失量的比例分别为27.8%、36.6%和37.0%，所以不能忽略径流携带的养分流失；而在控制养分流失能力方面，以前埂后沟梯壁植百喜草的梯田果园最好，其次为梯壁植百喜草的标准水平梯田果园和横坡间种农作物的坡地果园，最后为裸露对照坡地。

（3）各处理侵蚀泥沙均有养分富集现象，而且随着雨型的减小而增大；总氮的富集比以措施Ⅱ最高，裸露对照CK最低；总磷的富集比以措施Ⅱ最高，措施Ⅰ最低，措施Ⅲ与CK相当。总体来看，措施Ⅱ养分富集比较高，对照处理养分富集比则较低；总氮富集比要明显高于总磷的富集比，这与第四纪红壤黏土富氮缺磷的性质有关。

参考文献

[1] San Gupta M B, Cornfield A H. Phosphorus in calcareoussoils: IV. Nature of and factors influencing the fix-

ation ofadded phosphate[J]. J Sci Food Agric, 1963, 14: 873-877.

[2] A huja L R, Sharpley A N. The depth of rain fall – runoff – soil interactions as determined by 32P[J]. Water Resour Res. 1981, 17: 967-974.

[3] Fraser A I, Harrod T R, Haygarth P M. The effect of rain fall intensity on soil erosion and particulatePhosphorus transfer from arable soils[J]. Water Science And Technology, 1999, 39(12): 41-45.

[4] Waddell J T, Guptal S C, Moncrief J F, et al. Irrigation and nitrogen – management impacts on nitrate leaching under management impacts on nitrate leaching under potato[J]. J Environ Qual, 2000, 29(1): 251-261.

[5] Bouraoui F, Dillaha T A. ANSWERS2000: Non – point source nutrient planning model[J]. J Envir Engrg ASCE, 2000, 122(11): 1045-1055.

[6] 张兴昌,邵明安. 水蚀条件下土壤氮素径流流失的影响因素[A]//邵明安. 土壤物理与生态环境建设研究文集[C]. 西安:陕西科学技术出版社,2001:253-262.

[7] 张亚丽,张兴昌,邵明安,等. 降雨强度对黄土坡面矿质氮素流失的影响[J]. 农业工程学报,2004,20(3):55-58.

[8] 王辉,王全九,邵明安. 人工降雨条件下黄土坡面养分随径流迁移试验[J]. 农业工程学报,2006,22(6):39-44.

[9] 张兴昌,邵明安. 坡地土壤氮素与降雨、径流的相互作用机理及模型[J]. 地理科学进展,2000,19(2):128-133.

[10] 邵明安,张兴昌. 坡面土壤养分与降雨、径流的相互作用机理及模型[J]. 世界科技研究与发展,2001,23(2):7-12.

[11] 马琨,王兆骞,陈欣,等. 不同雨强条件下红壤坡地养分流失特征研究[J]. 水土保持学报,2002,16(3):16-19.

[12] Tian G, Wang F, Chen Y. Effect of different vegetation systems on soil erosion and soil nutrients in red soil region of southeastern china[J]. Pedosphere, 2003, 13(2): 121-128.

[13] 水建国,柳俊,廖根清,等. 不同自然植被管理措施对红壤丘陵果园水土流失的影响[J]. 农业工程学报,2003,19(6):42-46.

[14] 傅涛. 三峡库区坡面水土流失机理与预测评价建模[D]. 重庆:西南农业大学,2002.

[15] 王晓龙,李辉信,胡峰,等. 红壤小流域不同土地利用方式下土壤 N,P 流失特征研究[J]. 水土保持学报,2005,19(5):31-34.

赣北第四纪红壤坡地土壤侵蚀规律研究

喻荣岗　胡建民　左长清　谢颂华　王昭艳

（江西省水土保持科学研究所，南昌　330029）

气候与土壤侵蚀的关系极为密切，降雨是气候因子中与土壤侵蚀关系最为密切的一个因子[1]。在土壤侵蚀的发生发展过程中，降雨是水力侵蚀的基础，是水土流失的源动力。降雨因子与土壤侵蚀量的回归关系，国内的一些研究成果基本围绕着降雨量、降雨强度、降雨历时等3个降雨特征值展开的。如吴发启等[2]对黄土高原缓坡耕地降雨量与土壤侵蚀量的回归分析结果表明，次降雨量与土壤侵蚀量呈 $M_s = aP^b$，且 $b > 1$ 的幂函数关系；万廷朝[3]对黄丘五副区的研究结果表明，降雨量与土壤侵蚀量的关系是 $M_s = a + bP$，且 $0 < b < 1$；姚治君等[4]在云南玉龙山东南坡研究结果表明，降雨量与土壤侵蚀量的关系是 $M_s = a + bP$，且 $0 < b < 1$，最大1 h雨强与土壤侵蚀量的关系是 $M_s = a + bP$，且 $0 < b < 1$；林昌虎[5]在贵州砂页岩山地上研究降雨量与土壤侵蚀量的关系时发现，在地面覆盖度较低的条件下，降雨量与土壤侵蚀量也呈线性关系。可见降雨因子与土壤侵蚀量的关系是比较复杂的，它与研究边界条件密切相关。赣北地区属于中亚热带暖湿季风气候，降雨有自身的特点，在赣北特定土壤和土地利用条件下，降雨因子与土壤侵蚀量的关系必定有其内在规律。本文对江西水土保持生态科技园的16个径流观测场的资料进行回归分析，以探讨该区域降雨因子与土壤侵蚀量的关系。

1　试验区概况与试验设计

1.1　试验区概况

试验布设在位于南方典型的第四纪红壤侵蚀区的江西水土保持生态科技园内，属中亚热带暖湿季风气候，多年平均降水量1 340 mm，土壤为第四纪红色黏土母质发育的侵蚀性红壤，土壤侵蚀以水力侵蚀为主。

1.2　试验设计

在同一坡面上布设16个径流试验小区，第1～15小区坡度12°，第18小区坡度14°，所有小区投影坡长20 m，水平投影面积100 m^2，小区下面筑有矩形集水槽，承接小区径流及泥沙，并引入径流池。除对照区外，每个小区栽植2年生柑橘12株，15个小区共分4个区组，即裸露对照区组（4、18小区），牧草区组（1、2、3、5、6、7小区），耕作措施区组（8、9、10小区）及梯田区组（11～15小区）。试验小区设计及处理情况见表1。

表 1 试验小区设计及处理情况

区组名称	小区名称	措施类型	坡面(台面)植被结构	侵蚀程度
裸露对照区组	第 4 小区	全园裸露区,以供对照		极强度
	第 18 小区	全园裸露区,以供对照		极强度
牧草区组	第 1 小区	百喜草全园覆盖	果树 - 草	无明显
	第 2 小区	百喜草带状覆盖	果树 - 草	无明显
	第 3 小区	百喜草带状覆盖,套种黄豆或萝卜	果树 - 草 - 作物	无明显
	第 5 小区	阔叶雀稗全园覆盖	果树 - 草	无明显
	第 6 小区	狗牙根带状覆盖	果树 - 草	无明显
	第 7 小区	狗牙根全园覆盖	果树 - 草	无明显
耕作措施区组	第 8 小区	横坡间种,套种黄豆和萝卜	果树 - 作物	轻度
	第 9 小区	纵坡间种,套种黄豆和萝卜	果树 - 作物	中度
	第 10 小区	果树清耕区	果树	强度
梯田区组	第 11 小区	水平梯田区,前埂后沟,梯壁植百喜草	果树	无明显
	第 12 小区	标准水平梯田,梯壁植百喜草	果树	无明显
	第 13 小区	水平梯田,柑橘清耕,梯壁不植草	果树	轻度
	第 14 小区	内斜式梯田,梯壁植百喜草	果树	无明显
	第 15 小区	外斜式梯田,梯壁植百喜草	果树	无明显

2 结果与分析

据科技园气象站实测资料,观测期间(2001 年 1 月 1 日 ~2002 年 12 月 31 日)共降雨 271 次,降雨总量 2 971. 2 mm,各径流小区因为下垫面不同,实际观测到侵蚀性降雨场次略有变化,幅度范围为 74 ~77 次。本文应用 SPSS11. 0 版软件提供的 10 种数学模型的拟合分析功能,对 16 个小区 2001 ~2002 年的侵蚀性降雨资料与土壤侵蚀量进行相关显著性分析以及最优回归方程的研究。

2.1 土壤侵蚀量与降雨量、降雨强度和降雨历时等单因子的关系研究

从气象学角度来看,降雨主要由降雨量、降雨强度、降雨历时等特征值来反映。本文分别用降雨量、降雨强度、降雨历时等 3 个降雨特征值与土壤侵蚀量进行了相关显著性分析和最优回归模型的研究,研究结果见表 2 和表 3。

研究中发现,除降雨历时与土壤侵蚀量散点图零乱,两者相关性差,无法拟合出具有代表性曲线及方程外,降雨量、降雨强度均与土壤侵蚀量有着很好的相关性,并且达到显著性标准,均能拟合出表征它们之间发展趋势的曲线及方程,见图 1。

表 2　土壤侵蚀量(A)与降雨量(P)的关系

区组名称	小区名称	样本数	拟合方程	相关系数(R_1)
裸露对照区组	第 4 小区	71	$A=0.000\,7P^{2.287\,6}$	0.651
	第 18 小区	68	$A=0.000\,3P^{2.865\,4}$	0.733
牧草区组	第 1 小区	62	$A=0.000\,8P^{0.982\,2}$	0.856
	第 2 小区	70	$A=0.001\,5P^{0.742}$	0.686
	第 3 小区	60	$A=0.001\,1P^{0.876}$	0.727
	第 5 小区	64	$A=0.001\,3P^{0.994\,8}$	0.678
	第 6 小区	72	$A=0.001\,3P^{0.855\,1}$	0.669
	第 7 小区	73	$A=0.001\,7P^{0.822\,3}$	0.681
耕作措施区组	第 8 小区	75	$A=0.000\,3P^{1.898\,3}$	0.668
	第 9 小区	68	$A=0.000\,3P^{1.984\,6}$	0.736
	第 10 小区	74	$A=0.000\,4P^{2.338\,4}$	0.664
梯田区组	第 11 小区	61	$A=0.001\,5P^{0.838\,6}$	0.691
	第 12 小区	71	$A=0.001\,4P^{0.897\,3}$	0.661
	第 13 小区	70	$A=0.000\,4P^{1.858}$	0.732
	第 14 小区	73	$A=0.001\,4P^{0.950\,1}$	0.694
	第 15 小区	74	$A=0.000\,9P^{0.963\,3}$	0.692

表 3　土壤侵蚀量(A)与雨强(I)的关系

区组名称	小区名称	样本数	拟合方程	相关系数(R_2)
裸露对照区组	第 4 小区	71	$A=0.003\,8I^{1.539\,9}$	0.777
	第 18 小区	63	$A=0.439\,0I^{2.516\,7}$	0.602
牧草区组	第 1 小区	60	$A=0.014\,3I^{0.704\,3}$	0.600
	第 2 小区	60	$A=0.011\,3I^{0.719\,8}$	0.602
	第 3 小区	51	$A=0.010\,6I^{0.752\,6}$	0.639
	第 5 小区	52	$A=0.021\,0I^{0.962\,0}$	0.624
	第 6 小区	47	$A=0.013\,2I^{0.038\,8}$	0.906
	第 7 小区	63	$A=0.016\,0I^{0.697\,2}$	0.657
耕作措施区组	第 8 小区	69	$A=0.085\,3I^{1.537\,1}$	0.601
	第 9 小区	62	$A=0.094\,9I^{2.077\,6}$	0.640
	第 10 小区	74	$A=0.490\,2I^{1.778\,2}$	0.620

续表 3

区组名称	小区名称	样本数	拟合方程	相关系数(R_2)
梯田区组	第 11 小区	55	$A=0.012\,9I^{0.695\,5}$	0.626
	第 12 小区	66	$A=0.015\,4I^{0.522\,5}$	0.604
	第 13 小区	75	$A=0.085\,8I^{1.931\,4}$	0.737
	第 14 小区	68	$A=0.022\,0I^{0.701\,9}$	0.601
	第 15 小区	70	$A=0.016\,7I^{0.879\,1}$	0.648

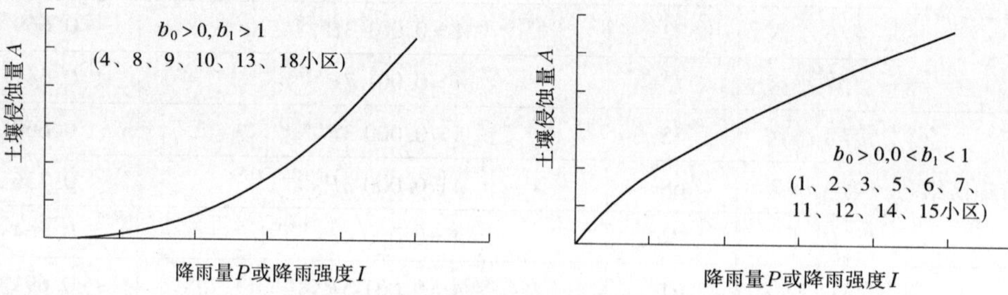

图 1　土壤侵蚀量随降雨量或降雨强度变化

根据表 2、表 3 显示的研究结果,降雨量、降雨强度与土壤侵蚀量拟合的曲线最优回归方程都为幂函数方程,其中:降雨量(P)与土壤侵蚀量(A)拟合曲线的最优回归方程为 $A=b_0(P^{b_1})$,降雨强度(I)与土壤侵蚀量(A)拟合曲线的最优回归方程为 $A=b_0(I^{b_1})$,b_0、b_1 为常数,随下垫面不同而改变。研究还发现拟合曲线的最优回归方程都是增函数,土壤侵蚀量会随着降雨量、降雨强度增大而增大,但是单位降雨量、单位降雨强度与它们引起的土壤侵蚀量的变化量表现出来的关系却非常复杂。一是随着降雨量、降雨强度逐步增大,单位降雨量及单位降雨强度引起的土壤侵蚀量的变化量也逐步增大。如轻度及轻度以上侵蚀小区,即第 4、8、9、10、13、18 小区,其降雨量、降雨强度均与土壤侵蚀量成幂函数曲线关系,并且幂函数方程中,$b_0>0$、$b_1>1$,是一个曲率凹向上的曲线,单位降雨量及单位降雨强度所引起的土壤侵蚀量的变化量会随着降雨量、降雨强度的增大而增大。二是随着降雨量、降雨强度逐步增大,单位降雨量及单位降雨强度引起的土壤侵蚀量的变化量会逐渐减小,如其他 10 个无明显侵蚀小区,其降雨量、降雨强度与土壤侵蚀量之间同样遵守幂函数变化规律,且有 $b_0>0$、$0<b_1<1$ 的变化特征,是一曲率凸向上的曲线,单位降雨量及单位降雨强度所引起的土壤侵蚀量的变化量会随着降雨量、降雨强度的增大而减小,上述两类径流观测小区明显呈现相反的变化规律。出现类似的情况,可能与下垫面因素(如植被覆盖度、耕作方式及利用类型、土壤理化性状、工程措施等)相互影响有关。

通过表 2 和表 3 的相关系数 R 比较可以看出,16 个小区中有 13 个小区,降雨量与土壤侵蚀量的相关性比降雨强度与土壤侵蚀量的相关性更强。因此,仅从降雨量和降雨强度两个单因子来看,降雨量对土壤侵蚀的影响程度优于降雨强度。左长清[6]在风化花岗岩侵蚀区的试验研究结果,也说明了降雨量较降雨强度对土壤侵蚀的影响相对要大。

2.2 土壤侵蚀量与降雨量、降雨强度、降雨历时的复合因子关系研究

研究过程中发现，由于降雨历时与土壤侵蚀量的相关性差，无论降雨历时与降雨量、降雨强度两因子如何复合或三因子进行效应叠加都不能得到与土壤侵蚀量的良好相关性，拟合出具有研究意义的曲线及方程；降雨量、降雨强度两因子因与土壤侵蚀量有着很好的相关性，两者的复合因子也与土壤侵蚀量有着很强的相关性和共线性，尤其是两者的乘积关系与土壤侵蚀量相关性达到显著性标准。拟合曲线的最优回归方程呈现出降雨量、降雨强度与土壤侵蚀量的拟合曲线类似的规律，也为幂函数方程：$A=b_0(PI)^{b_1}$（b_0、b_1为常数，随下垫面不同而改变），详见表4和图2。

表4 土壤侵蚀量(A)与降雨量(P)、雨强(I)的关系

区组名称	小区名称	样本数	拟合方程	相关系数(R_3)
裸露对照区组	第4小区	71	$A=0.0039(PI)^{1.5229}$	0.780
	第18小区	70	$A=0.0018(PI)^{1.8748}$	0.897
牧草区组	第1小区	62	$A=0.0025(PI)^{0.5420}$	0.805
	第2小区	67	$A=0.0028(PI)^{0.4685}$	0.735
	第3小区	63	$A=0.0022(PI)^{0.6285}$	0.727
	第5小区	64	$A=0.0020(PI)^{0.7814}$	0.744
	第6小区	72	$A=0.0038(PI)^{0.4631}$	0.616
	第7小区	71	$A=0.0033(PI)^{0.5600}$	0.696
耕作措施区组	第8小区	75	$A=0.0020(PI)^{1.1579}$	0.727
	第9小区	72	$A=0.0019(PI)^{1.2732}$	0.746
	第10小区	74	$A=0.0033(PI)^{1.5319}$	0.794
梯田区组	第11小区	64	$A=0.0048(PI)^{0.3988}$	0.641
	第12小区	71	$A=0.0041(PI)^{0.4809}$	0.674
	第13小区	71	$A=0.0009(PI)^{1.4121}$	0.875
	第14小区	74	$A=0.0038(PI)^{0.5704}$	0.728
	第15小区	73	$A=0.0023(PI)^{0.6446}$	0.792

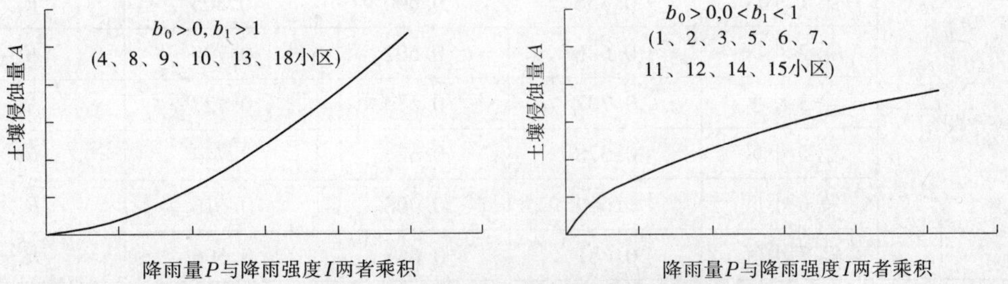

图2 土壤侵蚀量随降雨量与降雨强度两者乘积变化

研究结果还发现,所有拟合曲线的最优回归方程都是增函数,土壤侵蚀量会随着降雨量、降雨强度两者的乘积的增大而增大,但是降雨量、降雨强度两者乘积的单位变化量与其引起的土壤侵蚀量的变化量关系却非常复杂。如轻度及轻度以上侵蚀小区,其幂函数曲线方程的参数 $b_0>0$、$b_1>1$,是一个曲率凹向上的曲线,降雨量、降雨强度两者乘积的单位变化量所引起的土壤侵蚀量的变化量会随着降雨量、降雨强度两者乘积增大而增大;其他 10 个无明显侵蚀小区,其幂函数方程的参数 $b_0>0$、$0<b_1<1$,是一个曲率凸向上的曲线,降雨量、降雨强度两者乘积的单位变化量所引起的土壤侵蚀量的变化量会随着降雨量、降雨强度两者乘积增大而减小;轻度及轻度以上侵蚀小区与无明显侵蚀小区表现出截然相反的变化规律。

2.3 有关降雨因子的土壤侵蚀预测预报模型的确定

从表 5 的相关系数 R 值来看,16 个小区中有 13 个小区的 R_3 值比 R_2 值和 R_1 值均大,有 2 个小区 R_1 值比 R_3 值和 R_2 值要大,有 1 个小区 R_2 值比 R_3 值和 R_1 值要大,R_3 平均值比 R_2、R_1 平均值分别大 0.100、0.054,R_1 平均值比 R_2 平均值大 0.046;单从 R 值出现频率和均值大小来看,复合因子降雨量、降雨强度的乘积关系对土壤侵蚀的影响要优于降雨量、降雨强度两个单因子。

使用 EXCEL 软件对表 5 中的相关系数做方差分析和多重比较分析,方差分析结果 F 值 $=6.4742>F_{0.01}=5.3903$,说明降雨量、降雨强度以及两者乘积与土壤侵蚀量的相关系数 R_1、R_2 和 R_3 相互之间存在极其显著的差异。表 6 说明,从单因子角度来看,虽然降雨量与土壤侵蚀量的相关性优于降雨强度与土壤侵蚀量的相关性,但两者的相关系数 R 均值比较差异不显著;从单因子与复合因子所得相关系数 R 值比较分析来看,降雨量、降雨强度两者的乘积与土壤侵蚀量的相关性明显优于降雨量与土壤侵蚀量的相关性及降雨强度与土壤侵蚀量的相关性,相关系数 R 均值相互比较,R_3 均值与 R_2、R_1 均值比较具有显著的差异,用复合因子降雨量、降雨强度两者的乘积来诠释降雨对土壤侵蚀的影响比单因子更具优势,拟合出的方程能更好地预测预报降雨对土壤侵蚀发展趋势的影响。

表 5 各小区土壤侵蚀量与降雨量、降雨强度及其两者乘积的相关性比较

区组名称	小区名称	相关系数(R_1)	相关系数(R_2)	相关系数(R_3)	最大 R 值
裸露对照区组	第 4 小区	0.651	0.777	0.780	R_3
	第 18 小区	0.733	0.602	0.994	R_3
牧草区组	第 1 小区	0.856	0.600	0.805	R_1
	第 2 小区	0.686	0.602	0.735	R_3
	第 3 小区	0.707	0.639	0.727	R_3
	第 5 小区	0.678	0.624	0.744	R_3
	第 6 小区	0.669	0.906	0.616	R_2
	第 7 小区	0.681	0.657	0.696	R_3

续表 5

区组名称	小区名称	相关系数(R_1)	相关系数(R_2)	相关系数(R_3)	最大 R 值
耕作措施区组	第 8 小区	0.668	0.601	0.727	R_3
	第 9 小区	0.736	0.640	0.746	R_3
	第 10 小区	0.664	0.620	0.794	R_3
梯田区组	第 11 小区	0.691	0.626	0.641	R_1
	第 12 小区	0.661	0.604	0.674	R_3
	第 13 小区	0.732	0.737	0.875	R_3
	第 14 小区	0.694	0.601	0.728	R_3
	第 15 小区	0.692	0.648	0.792	R_3
总和		11.208	10.484	12.074	
平均值($\overline{R}$)		0.701	0.655	0.755	

表 6 相关系数(R)比较

组间	平均值($\overline{R}$)	$\overline{R}-0.659$	$\overline{R}-0.701$	5% LSD	1% LSD
R_3	0.739	0.100**	0.054*	0.053	0.071
R_1	0.701	0.046			
R_2	0.655				

3 结语

从单因子角度分析，降雨量、降雨强度均与土壤侵蚀量有着很好的相关性，并且达到显著性标准。降雨量、降雨强度与土壤侵蚀量拟合曲线的最优回归方程为幂函数方程，且均为增函数。从拟合方程的相关系数 R 值比较来看，降雨量与土壤侵蚀量的相关性优于降雨强度与土壤侵蚀量的相关性，但两者的相关系数 R 均值比较差异不显著。

从复合因子角度分析，降雨量、降雨强度的乘积与土壤侵蚀量的相关性达到显著性标准，能够用来研究降雨对土壤侵蚀的影响。降雨量、降雨强度的乘积与土壤侵蚀量拟合的曲线最优回归方程为幂函数方程。

无论从单因子还是从复合因子角度来看，第四纪红壤坡地，降雨量与土壤侵蚀量、降雨强度与土壤侵蚀量、降雨量和降雨强度的乘积与土壤侵蚀量，拟合出曲线的最优回归方程都能够很好地说明降雨对土壤侵蚀的影响；但从相关系数 R 均值比较而言，降雨量、降雨强度两者的乘积与土壤侵蚀量显示出更好的相关性，拟合出的曲线更能够诠释降雨与土壤侵蚀的关系，拟合出的回归方程具有更强的代表性。幂函数方程：$A=b_0(PI)^{b_1}$ 可以很好地揭示降雨因子与土壤侵蚀之间的内在规律。

参考文献

[1] 王礼先. 水土保持学[M]. 北京:中国林业出版社,1995.
[2] 吴发启. 黄土高原南部缓坡耕地降雨与侵蚀的关系[J]. 水土保持研究,1999,6(2):53-60.
[3] 万廷朝. 黄丘五副区降雨和地形因素与坡面水土流失关系研究[J]. 中国水土保持,1996(12):26-28.
[4] 姚治君,廖俊国. 云南玉龙山东南坡降雨因子与土壤流失关系的研究[J]. 自然资源学报,1991,6(1):45-53.
[5] 林昌虎. 砂页岩山地土壤侵蚀性降雨因子的研究[J]. 水土保持通报,1991,11(4):11-14,40.
[6] 左长清. 风化花岗岩土壤侵蚀规律和预测方程的探讨[J]. 水土保持通报,1987,7(3):53-58.

红壤侵蚀区几种水土保持林水文效应研究

喻荣岗　左长清　杨　洁　谢颂华　李小强　王昭艳

（江西省水土保持科学研究所，南昌　330029）

植被重建和恢复是治理水土流失的重要措施之一，用植被保持水土的作用机理主要是林冠层对降雨的截留、蓄积和植被枯枝落叶层对降雨的阻流、增渗、涵养水源[1-10]，正是植被的这种水文效应，才能使植物措施在水土保持中占有其他任何措施无法替代的地位。关于植被的水土保持效应已有较多的报道，大多集中在对黄土高原区植被的水文效应研究，而南方红壤侵蚀区水土保持林水文效应研究报道较少。本文研究了马尾松林、湿地松林、板栗林以及马尾松+板栗混交林等几种人工林地的水文效应，旨在为南方人工水土保持林发展提供依据。

1　试验区概况

试验区布设在德安县博阳河西岸。地貌类型为浅丘岗地，海拔在30~100 m，坡度小于25°；土壤为侵蚀性红壤，成土母质为第四纪红色黏土；属亚热带季风气候区，四季分明，气候温和，雨量充沛，多年平均降水量1 350 mm，多年平均无霜期249 d；现状植被主要是天然次生、半次生和人工林木及其伴生的下木和地被物，主要植物群种有马尾松、湿地松、杉木及经果林。

2　研究内容及方法

2.1　树冠层截流量的测定

选择条件基本一致的马尾松林、湿地松林、板栗林以及马尾松+板栗（以下简称针阔混交林）等4块标准试验地，其基本情况见表1。

表1　试验地基本情况

类型	面积（m^2）	树高（m）	胸径（cm）	郁闭度
马尾松林	400	7.3	11.8	0.6
湿地松林	400	7.5	12.1	0.6
板栗林	400	6.2	11.3	0.5
针阔混交林	400	6.9	11.5	0.6

2.1.1　林外雨量的测定

以邻近试验区气象站观测雨量代替，用自记雨量计和雨量筒观测。

2.1.2　林内降水测定

每块标准试验地采用网格法在林下布设 15 ~ 20 个雨量筒，测定林内穿透雨，并取算术平均值作为林内降水。

2.1.3　树干茎流量测定

在试验标准地内选择 5 株标准木，在其树干胸高处，将剖开的聚乙烯塑料管螺旋状嵌入树干四周，同时按每棵树的林冠投影面积换算成单位面积的茎流量。

2.2　枯落物持水量的测定

在所设不同人工林地类型标准地内，布设 5 个 1 m × 1 m 样方，将其枯落物收集称重，取 2 个 1 kg 样品带回烘干称重，继而浸水 24 h，取出滤干后（没有水滴下为止），依次称其自然含水率、最大持水率（饱和持水率）和单位面积枯落物现存量。由此估算出各类人工林枯落物层有效拦蓄量。

2.3　土壤水文性质的测定

采用环刀浸水法测定 4 块标准林地内的土壤孔隙度、土壤容重、毛管最大持水量、饱和贮水量等水文性状[11]。

3　研究结果与分析

3.1　树冠层水文作用

大气降水落到水土保持林表面时，首先被林冠层截留，引起降水的第一次分配，这种分配使降雨的途径发生变化，转以林内穿透雨、树干茎流形式进入林地，并在分配过程中有一部分被林冠层枝叶和树干临时容纳而后又蒸发返回大气中。这一分配主要与林冠结构、树干形态及林分郁闭度有关[11]。

通过 2003 年全年 107 场降雨的观测，林冠截留量以湿地松为大，占全年降雨量的 17.3%；其次为马尾松，占全年降雨量的 15.7%；再次为混交林，占全年降雨量的 13.8%；最少的为板栗林，占全年降雨量的 12.5%（见表 2）。

表 2　各人工林类型对降雨的分配

林分类型	林外降雨（mm）	林内降雨		树干流量		林冠截留量	
		雨量（mm）	比例（%）	雨量（mm）	比例（%）	雨量（mm）	比例（%）
马尾松林	1 433.0	1 171.09	81.7	37.55	2.6	224.36	15.7
湿地松林	1 433.0	1 144.55	79.9	40.27	2.8	248.18	17.3
板栗林	1 433.0	1 204.48	84.1	49.97	3.5	178.55	12.5
针阔混交林	1 433.0	1 191.00	83.1	44.26	3.1	197.73	13.8

3.1.1　林内降水 *T*

林内降水是透过林冠雨量与滴下雨量之和，它是林地土壤水分的主要来源。结果详见表 3。不同雨量级范围内林地降水随着降雨增加而逐渐增加，大致呈曲线上升。

表3　各人工林类型一次降雨量级的林内雨量

林外一次降雨量级(mm)	次数	林外平均降雨量(mm)	林内平均雨量(mm)/透过率(%)			
			马尾松林	湿地松林	板栗林	针阔混交林
0.0～1.0	24	0.61	0.23/38.5	0.22/34.4	0.28/45.4	0.28/45.4
1.0～5.0	31	2.69	1.72/63.9	1.58/58.9	1.75/65.1	1.71/63.6
5.0～10.0	14	7.20	5.58/77.5	5.38/74.7	5.71/79.3	5.59/77.6
10.0～15.0	5	11.78	9.50/80.6	9.24/78.4	9.75/82.7	9.60/81.5
15.0～20.0	14	17.01	13.97/82.1	13.65/80.2	14.35/84.3	14.17/83.3
20.0～25.0	3	22.50	18.67/83.0	18.29/81.3	19.19/85.3	18.98/84.4
25.0～50.0	9	36.64	30.78/84.0	30.22/82.5	31.66/86.4	31.36/85.6
50.0～100.0	5	56.8	48.03/84.6	47.22/83.1	49.43/87.0	49.00/86.3
100.0以上	2	127.90	108.93/85.2	107.26/83.9	112.15/87.7	111.27/87.0

降雨的透过率变化趋势，为同一林分随林外雨量的增加而增大，随着雨量级的增加而变化较小，且逐渐趋于稳定，不同林分在同一雨量级差异不大。运用SPSS11.0统计软件进行回归分析，发现林内降水T与林外降水P明显呈直线相关，拟合回归方程如下：

$$T_{马} = 0.8559P - 0.5850 \quad R^2 = 0.929^{**}$$

$$T_{湿} = 0.8437P - 0.6967 \quad R^2 = 0.894^{**}$$

$$T_{板} = 0.8815P - 0.6388 \quad R^2 = 0.903^{**}$$

$$T_{混} = 0.8752P - 0.7115 \quad R^2 = 0.854^{**}$$

3.1.2　树干茎流量S

树干茎流量在森林降水分配中所占比重很小，但由于茎流沿树干流入根基，被根基周围土壤吸收，对树木生长及营养元素循环具有很重要的生态意义(见表4)。

表4　各人工林类型一次降雨量级的树干茎流量

林外一次降雨量级(mm)	次数	林外平均雨量(mm)	茎流量(mm)/茎流率(%)			
			马尾松林	湿地松林	板栗林	针阔混交林
0.0～1.0	24	0.61	—	—	—	—
1.0～5.0	31	2.69	—	—	—	—
5.0～10.0	14	7.20	0.03/0.4	0.04/0.5	0.12/1.7	0.07/0.9
10.0～15.0	5	11.78	0.19/1.6	0.21/1.8	0.33/2.8	0.26/2.2
15.0～20.0	14	17.01	0.39/2.3	0.42/2.5	0.57/3.4	0.48/2.8
20.0～25.0	3	22.50	0.60/2.7	0.64/2.8	0.82/3.6	0.71/3.2
25.0～50.0	9	36.64	1.14/3.1	1.21/3.3	1.46/4.0	1.32/3.6
50.0～100.0	5	56.80	1.90/3.3	2.03/3.6	2.37/4.2	2.18/3.8
100.0以上	2	127.90	4.62/3.6	4.90/3.8	5.61/4.4	5.22/4.1

小雨时，一般不产生茎流。当降雨量大于6.8 mm时，马尾松林和湿地松林才开始产生茎流；降雨量大于5.9 mm时，混交林才开始产生茎流；降雨量大于4.5 mm时，板栗林才开始产生茎流。由于板栗树皮较硬而光滑，吸水量小，故相对于马尾松和湿地松的茎流量要大。茎流量的变化是随林外降雨量级增加而增大，而且明显呈现直线相关，拟合回归方程如下：

$$S_{马} = 0.0381P - 0.2611 \quad R^2 = 0.893^{**}$$
$$S_{湿} = 0.0404P - 0.2673 \quad R^2 = 0.874^{**}$$
$$S_{板} = 0.0454P - 0.2057 \quad R^2 = 0.881^{**}$$
$$S_{混} = 0.0427P - 0.2465 \quad R^2 = 0.833^{**}$$

3.1.3　林冠截留量 I

林冠截留量是达不到林地那部分降水，通过蒸发后最后返回到大气层。林冠截留量的大小对于水土保持人工林水源涵养功能起着一定作用，由于林冠层截留部分降水，延长降水到达地表的时间，有利于水分下渗，利于地表水转化为地下径流，同时林冠层对下落雨滴有缓冲作用，可降低雨滴下落的功能，在一定程度上减少水土流失发生的可能性（见表5）。

表5　各人工林类型一次降雨量级的林冠截留量

林外一次降雨量级(mm)	次数	林外平均雨量(mm)	截留量(mm)/截留率(%)			
			马尾松林	湿地松林	板栗林	针阔混交林
0.0~1.0	24	0.61	0.38/61.5	0.39/65.6	0.33/54.6	0.33/54.6
1.0~5.0	31	2.69	0.97/36.1	1.11/41.4	0.94/34.9	0.98/36.4
5.0~10.0	14	7.20	1.59/22.1	1.78/24.7	1.37/19.0	1.54/21.4
10.0~15.0	5	11.78	2.09/17.8	2.33/19.8	1.70/14.4	1.92/16.3
15.0~20.0	14	17.01	2.65/15.6	2.94/17.3	2.09/12.3	2.36/13.9
20.0~25.0	3	22.50	3.23/14.3	3.57/15.9	2.49/11.1	2.81/12.5
25.0~50.0	9	36.64	4.72/12.9	5.21/14.2	3.52/9.6	3.96/10.8
50.0~100.0	5	56.80	6.87/12.1	7.55/13.3	5.0/8.8	5.62/9.9
100.0以上	2	127.90	14.35/11.2	15.74/12.3	10.14/7.9	11.41/8.9

林冠截留量随着林外降水的增加而增加，然后随着降水增加而逐渐减缓，最后趋近于稳定值。

3.2　枯落物层的水文作用

枯落物层是由不同林分落下的茎叶、枝条、芽、鳞片、花、果实、树皮等的凋落物及动物残体组成。它是山丘区森林地表的重要覆盖面。枯落物层可以吸收地表水，使地表径流转变为流速缓慢的层间流和层下流，它对改善土壤结构具有重要的作用，能增加土壤入渗，削减地表径流量，对于减少土壤侵蚀具有重要的作用。

枯落物层是植物群落发挥水土保持功效的第二作用层，是评价植物群落水文效应的重要因素。枯落物层的水文性质可以用它的最大持水率来评价。不同植物群落的枯落物层的最大持水率与枯落物层的种类、厚度、蓄积量、湿度及分解程度有密切关系。

各人工林的枯落物厚度较薄,变化幅度范围为1~3 cm。板栗林厚度为2.9 cm,混交林厚度为2.7 cm,马尾松林厚度为2.6 cm,湿地松林厚度为2.5 cm。枯落物层现存量板栗林为10.3 t/hm^2,针阔混交林为9.8 t/hm^2,马尾松林为9.2 t/hm^2,湿地松林为8.6 t/hm^2。阔叶林的枯落物层比针叶林枯落物层厚度大,现存量大,针阔混交林居中。

枯落物层拦蓄能力用下式计算[12]:

$$W = (0.85R_m - R_v)M$$

式中:W为枯落物层的有效拦蓄量,mm;R_m为枯落物层的最大持水率,%;R_v为枯落物层的自然含水率,%;M为枯落物层的现存量,t/hm^2。

由表6可以看出,板栗林内枯落物层的最大持水率、有效拦蓄量最大,分别为303.1%、2.4 mm;其次为混交林,最大持水率为297.8%,有效拦蓄量为2.2 mm,湿地松林最大持水率及有效拦蓄量最低,分别为264.7%、1.8 mm。

总体来看,阔叶林枯落物层的最大持水率和有效拦蓄量大于针叶林,针阔混交林居中,主要是因为针叶林枯落物层数量少、针叶具有蜡质、吸水性能较差所致。由表6可以看出,在试验区内,板栗林内枯落物层截持降雨能力最强,其次为针阔混交林,湿地松林最弱。

表6 各人工林类型枯落物层有效拦蓄量

人工林类型	现存量(t/hm^2)	最大持水率(%)	自然含水率(%)	有效拦蓄量		
				拦蓄量(%)	拦蓄量(t/hm^2)	拦蓄量(mm)
马尾松林	9.2	268.9	22.4	206.2	19.0	1.9
湿地松林	8.6	264.7	20.7	204.3	17.6	1.8
板栗林	10.3	303.1	26.1	231.5	23.8	2.4
针阔混交林	9.8	297.8	25.7	227.4	22.3	2.2

3.3 林地土壤的水文作用

林地土壤的水文作用常因林分的种类不同显示出差异,林地土壤物理性质的差异,尤其是土壤容重、孔隙度和贮水量,对其水文生态效应具有显著的影响(见表7)。研究发现枯落物层现存量最大的板栗林内土壤容重最小,仅为1.08 g/cm^3,总孔隙度、毛管孔隙度及非毛管孔隙度最大,分别为60.6%、47.9%、12.7%。其次是针阔混交林、马尾松林和湿地松林。

试验地内,枯落物层现存量越大,土壤容重越小,土壤结构越好,质地越疏松,这有利于雨水迅速下渗,减少地表径流的冲刷。一方面非毛管孔隙大,容易使地表径流渗入土壤,并在重力的作用下渗到土壤下层变成地下水,直接缩短渗透时间;另一方面表现为毛管孔隙作用。

毛管孔隙中保存的水分包括一部分膜状水和全部毛管水,由于表面张力和重力的双重作用,滞留在土壤毛管中,起着保障植物正常生长的功能,能够灵敏地感受到土壤外界环境的影响。毛管孔隙度的增加，增加了土壤受水面积，不仅有利于水分纵向渗透，还有利于水分横向渗透，促使水分由高到低不断下渗到地下水层，起着调节径流、稳定水位的功能。由表7可知，板栗林地土壤截持地表径流能力最强，其次为针阔混交林，湿地松林最弱。

表7　各人工林地土壤水文性质

人工林类型	土壤容重(g/cm^3)	孔隙度(%)			毛管最大持水量(%)	毛管最大贮水量(mm)	饱和持水量(%)	饱和贮水量(mm)
		总孔隙度	毛管孔隙度	非毛管孔隙度				
马尾松林	1.19	56.6	46.7	9.9	37.9	270.6	45.6	325.6
湿地松林	1.21	55.8	46.5	9.3	36.9	267.8	44.7	324.5
板栗林	1.08	60.6	47.9	12.7	44.6	289.0	51.1	331.1
针阔混交林	1.15	58.0	46.8	11.2	40.7	280.8	47.5	327.7

注：①试验地土壤比重为2.74 g/cm^3；②土层厚度为60 cm。

4　结论

水土保持林水文效应离不开林冠层、枯落物层以及土壤3个层次的水文作用。通过对南方红壤侵蚀区几种主要水土保持林垂直结构层次水文效应分析，认为3个层次在蓄水保土中皆有其独特的功能，但又是相互联系、相互影响的。

降雨以林内降水、树干茎流的分配形式进入林地，几种主要水土保持林对降雨的分配格局是：马尾松林林内降水量81.7%，树干茎流量2.6%，林冠截留量15.7%；湿地松林林内降水量79.9%，树干茎流量2.8%，林冠截留量17.3%；板栗林林内降水量84.1%，树干茎流量3.5%，林冠截留量12.5%；针阔混交林林内降水量83.1%，树干茎流量3.1%，林冠截留量13.8%。试验区内，林冠层截留量针叶林大于阔叶林，针阔混交林居中。

林下枯落物层的水文效应主要受枯落物层数量及最大持水率高低的影响。有效拦蓄量阔叶林大于针叶林，针阔混交林居中。

水土保持林的存在，改善了侵蚀劣地土壤的物理性质，从而改变土壤的蓄水功能。本专题研究区域不同水土保持林类型土壤调节降水的功能为阔叶林大于针叶林，针阔混交林居中，其顺序为板栗林 > 针阔混交林 > 马尾松林 > 湿地松林。

通过对林冠层、枯落物层以及土壤3个层次水文效应的研究，可以揭示营造和经营管理水土保持林时，应该促使3个水文层次功能的同时优化，尽量营造针阔混交林，增加植被层次结构的复杂性，既要发挥针叶林林冠层截留效应，又要发挥阔叶林枯落物层和土壤层的涵养水源功能。

参考文献

[1] 吴钦孝，赵鸿雁，刘向东，等. 森林枯枝落叶层涵养水源保持水土的作用评价[J]. 水土保持学报，1998(2)：23-28.

[2] 刘文耀，郑征. 云南松林的枯枝落叶层持水效应初探[J]. 植物生态学与地植物学学报，1990，14

(2):191-196.

[3] 张万儒,许本彤,杨承栋,等.山地森林土壤枯枝落叶层结构和功能的研究[J].土壤学报,1990,27(2):121-131.

[4] 詹洪振.阔叶林红松内枯枝落叶层的生态作用[J].植物研究,1989,9(1):95-102.

[5] 吴钦孝,赵鸿雁,刘向东,等.陕北黄土丘陵区油松林枯枝落叶层蓄积量及其动态变化[J].林业科学,1993,29(1):63-66.

[6] 关明东,高军,范俊岗,等.辽宁省试验林场主要森林植被类型土壤水源涵养功能的研究[J].辽宁林业科技,2000(1):28-30.

[7] 王佑民.中国林地枯落物持水保土作用研究概况[J].水土保持学报,2000,14(4):108-113.

[8] 黄忠良,张光红,等.南亚热带季风常绿阔叶林水文功能及其养分动态的研究[J].植物生态学报,2000,24(2):157-161.

[9] 魏天兴,于新晓,朱金兆.陕西西南部黄土区林地枯落物截持降水的研究[J].北京林业大学学报,1998,20(6):1-6.

[10] 高甲荣.秦岭林区锐齿林区栎林水文效应的研究[J].北京林业大学学报,1998,20(6):31-35.

[11] [日]中野秀章.森林水文学[M].李云泽译.北京:中国林业出版社,1983.

[12] LeeR.森林水文学[M].张建列译.哈尔滨:东北林业大学出版社,1984.

坡地自然降雨入渗产流的数值模拟

张国华[1]　张展羽[1]　左长清[1,2]　皮晓宇[3]

(1.河海大学农业工程学院,南京　210098;2.江西省水土保持科学研究所,南昌　330000;3.北京市朝阳区水务局,北京　100026)

Yoon 等[1]将坡面径流看做流量沿程增加的空间变量流,建议采用空间变量流的基本微分方程及连续方程来描述和求解坡面径流水力学问题。Yen 等[2]进一步考虑到降雨对坡面径流的影响,根据动量原理,推导出了有降雨情况下的一维坡面径流运动方程,但因推导形式复杂,并没有得到广泛的应用。Saint Venant [3,4]方程是目前被国内外研究者广泛采用的模拟坡面径流过程的数学模型,但其只适用于缓坡条件下,而且求解有相当困难。因此,简化模型逐渐被引入坡面径流运动研究中,其中最常用的是运动波模型和扩散波模型。吴长文等[5]推导出既适合于缓坡,又适合于陡坡,既适合于裸地,又适合于有植被的坡面径流模型,但其没有考虑降雨动量和风对坡面径流运动的影响。李占斌等[6]从坡面流运动波理论的基本方程出发,利用运动波特征线法和分级叠加法,推导了试验条件下考虑净雨强随时间变化的坡面流运动波方程近似解析解,但同样其没有考虑降雨动量和风对坡面径流运动的影响。实际坡面通常是不平整的,一维计算难以满足要求,需要对其进行特殊的模拟或二维流动模拟。Govindaraju 等[7]建立了一个简单的坡面径流运动的二维扩散波模型。Tayfur 等[8]采用 St. Venant 方程建立了一个二维坡面径流模型,由于坡面径流水深很小,实际上该模型还是采用了平整表面。Scoging[9]1992 年采用这一思想建立了一个坡面径流计算模型,较好地模拟了坡面径流的集中流路。本文在前人研究成果的基础上推导出自然降雨(即考虑风对降雨的影响和降雨动量对径流的影响)下的一维坡地径流基本方程,并应用实测资料对模型进行了验证。

1　坡地自然降雨下的径流模型的建立

1.1　基本假定

(1)假设雨滴与水流接触瞬间重量不计。

(2)坡面径流是一维的,即把坡面看做是无限宽的平整面,在横向上各水力要素不变(降雨和入渗在宽度方向无空间变异)。

(3)压强沿水深符合静水压强分布规律。

(4)水流为正坡明渠流而且不可压缩。

(5)降雨过程中风向不变。

1.2　运动方程的推导

设水流沿着坡角为 θ 的床面流动,以沿着坡面方向向下为 x 轴、垂直于坡面上为

y 轴,建立直角坐标系。设在风影响下的雨滴落到水面时的终速 $v_m(x,t)$ 与水流方向的夹角为 φ,坡面取为单宽坡面,取 1—1、2—2 断面,以其间距为 dx 的微小单元体作为隔离体,在轴向上建立连续方程和动量方程。

1.2.1 动量方程的推导

动量方程是把动量的变化率与作用于质点的力联系起来,即质点在运动过程中,所受合外力的冲量等于物体动量的增量,如式(1)所示。

如图 1 所示,设微小单元体 dx 的质量为 $M=\rho h dx$(其中 ρ 为水的密度,h 为水深),在时间 dt 内,这种质量以速度 $u(x,t)$ 移动了距离 $dx=udt$,并且有速度的变化率如式(1)所示。在推导过程中将该单元体和质量为 dM 的雨滴作为一个系统

$$\begin{cases}\sum F_x = \dfrac{d(mv)}{dt} \\ du = \dfrac{\partial u}{\partial t}dt + \dfrac{\partial u}{\partial t}dx = \left(\dfrac{\partial u}{\partial t} + u\dfrac{\partial u}{\partial x}\right)dt\end{cases} \tag{1}$$

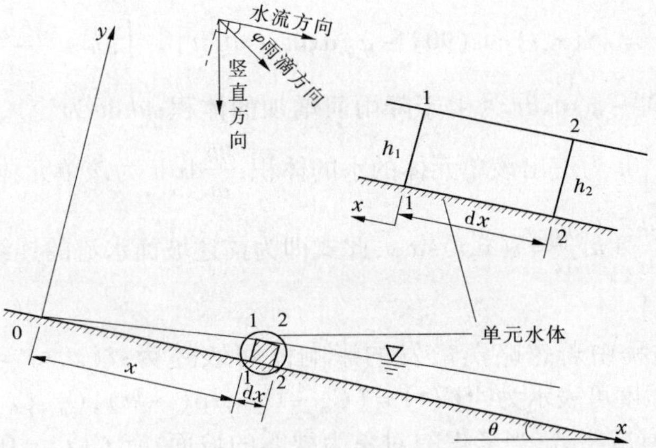

图 1 坡面径流运动体示意

由于降雨的影响,该单元体在 dt 时间内质量的变化为 $dM=\rho i(x,t)\cos(90°-\varphi)dxdt$,其中 $i(x,t)$ 为净降雨强度。这部分增加的质量在 x 方向的初始动量为 $\rho p(x,t)\cdot\cos(90°-\varphi)dxdt\times v_m(x,t)\cos\varphi$,$p(x,t)$ 为自然降雨强度。于是系统动量的变化率为

$$\frac{d(mv)}{dt} = \frac{(M+dM)(u+du) - [Mu + \rho p(x,t)\cos(90°-\varphi)dxdt\times v_m(x,t)\cos\varphi]}{dt} \tag{2}$$

将 dM、M 和 du 代入式(2),略去高阶微量,化简得

$$\frac{d(mv)}{dt} = \rho u i(x,t)\sin\varphi dx + \rho h\left(\frac{\partial u}{\partial t} + u\frac{\partial u}{\partial x}\right)dx - \rho p(x,t)v_m(x,t)\cos\varphi\sin\varphi dx \tag{3}$$

作用在系统上的合外力 $\sum F_x$ 包括作用在两过水断面上的动水压强、重力在 x 轴上的分量、坡面切应力、薄层水流的表面张力。根据基本假定,可写出 $\sum F_x$ 的表达式

$$\sum F_x = P_1 + P_2 + G_x + T_\sigma$$
$$= \frac{1}{2}\rho g\left(h - \frac{1}{2}\frac{\partial u}{\partial x}dx\right)^2 - \frac{1}{2}\rho g\left(h + \frac{1}{2}\frac{\partial u}{\partial x}dx\right)^2 + \frac{1}{2}\rho g h S_0 dx - \frac{1}{2}\rho g h S_f dx - dx$$

$$= \rho gh\left(-\frac{\partial u}{\partial x} + S_0 - S_f\right)\mathrm{d}x - \zeta \mathrm{d}x \tag{4}$$

式中：P_1 为作用在断面 1—1 上的动水压力；P_2 为作用在断面 2—2 上的动水压力；G_x 为重力在 x 轴方向的分力；T_σ 为表面张力；S_0 为坡比，$S_0 = \sin\theta$，θ 为坡面的坡角；S_f为阻力坡度，根据水力学原理，$S_f = \frac{n^2 u}{h^{4/3}}$，$n$ 为曼宁糙率系数；σ 为表面张力系数。

将式(3)和式(4)代入到式(1)并整理得

$$\frac{\partial u}{\partial t} + u\frac{\partial u}{\partial x} + g\frac{\partial h}{\partial x} = g(S_0 - S_f) - \frac{\sigma}{\rho h} + \frac{p(x,t)}{2h}v_m(x,t)\sin 2\varphi - \frac{i(x,t)}{h}u\sin\varphi \tag{5}$$

式(5)为既考虑雨强的变化，又考虑降雨动量和风的影响下的缓坡和陡坡都适用的坡面径流的动量方程。

1.2.2 连续方程的推导

对不可压缩的坡面薄层水流，在 dt 时间内，由单元体的水量平衡得

$$\frac{\partial h}{\partial t}\mathrm{d}x\mathrm{d}t = [i(x,t)\cos(90° - \varphi)\mathrm{d}x\mathrm{d}t + uh\mathrm{d}t] - \left[uh + \frac{\partial(uh)}{\partial x}\mathrm{d}x\right]\mathrm{d}t \tag{6}$$

式中：$i(x,t)\cos(90° - \varphi)\mathrm{d}x\mathrm{d}t$ 为由于降雨而增加的体积；$uh\mathrm{d}t$ 为流入该单元体的水的体积；$\left[uh + \frac{\partial(uh)}{\partial x}\mathrm{d}x\right]\mathrm{d}t$ 为流出该单元体的水的体积；$\frac{\partial h}{\partial t}\mathrm{d}x\mathrm{d}t$ 为该单元体体积增加的值。化简式(6)得$\frac{\partial h}{\partial t} + u\frac{\partial h}{\partial x} + h\frac{\partial u}{\partial x} = i(x,t)\sin\varphi$，此式即为描述坡面水流的连续方程。

1.3 净雨强 $i(x,t)$

在一次降雨过程中若忽略蒸散发的影响，i 可表述为：$i(x,t) = p(x,t) - C(t) - f(x,t)$，其中截流强度可表示为[5] $C(t) = (C_m - C_0)\exp(-kt)$，$C_m$、$C_0$、$k$ 分别为植物截留量、初始持水量和衰减指数；当考虑的对象为裸露的坡面，有 $C(t) = 0$。对于土壤水分入渗规律，很多学者做了大量工作，并且建立起了较为完善的土壤水分下渗理论体系。本文采用经 Chu 改进后的 G－A 入渗公式计算入渗过程，目的是使其可应用于变化的降雨过程，基本做法是，首先将降雨分成若干个计算时段；然后对每个计算时段将地表状态分为 4 种情况进行计算：①开始无积水，结束无积水；②开始无积水，结束有积水；③开始有积水，结束有积水；④开始有积水，结束无积水。最后在每个时段中针对某种情况应用 G－A 模型进行计算，从而可以得到整个降雨过程的入渗规律，具体计算过程见文献[10]。

1.4 雨滴终速 $v_m(x,t)$

对于雨滴终速问题，很多人进行了观测和试验研究，但得到的计算公式大都是经验性的，缺乏必要的理论分析。天然降雨的各特征参数存在着空间变异，而且参数之间有密切的关系。西峰地区天然降雨雨滴大小与雨强的关系为[11] $d_{50}(x,t) = 2.52p(x,t)^{0.23}$，其中，$d_{50}(x,t)$为雨滴中径，mm；$p(x,t)$为雨强，mm/min。

吴长文[12]用理论方法得到在某一下落高度，下落速度 $v_m(x,t)$与下落高度 $H(x)$的关系式

$$v_m(x,t) = v_m(x,t)[1 - (1 - \eta^2)\exp(-2gH/v_m^2(x,t))]^{1/2} \tag{7}$$

式中：η 为雨滴初速和终速 $v_m(x,t)$的比值；$v_m(x,t)$采用牟金泽[13]提出的终速计算方法

紊流区公式计算,计算公式见文献[13]。

至此可得同时考虑变雨强、降雨动量和风影响下的一维坡面径流的基本方程为

$$\begin{cases} \dfrac{\partial u}{\partial t} + u\dfrac{\partial u}{\partial x} + g\dfrac{\partial h}{\partial x} = g(S_0 - S_f) - \dfrac{\sigma}{\rho h} + \dfrac{p(x,t)}{2h}v_m(x,t)\sin 2\varphi - \dfrac{i(x,t)}{h}u\sin\varphi \\ \dfrac{\partial h}{\partial t} + u\dfrac{\partial h}{\partial x} + h\dfrac{\partial u}{\partial x} = i(x,t)\sin\varphi \\ i(x,t) = p(x,t) - C(t) - f(x,t) \\ v_m(x,t) = v_m(x,t)[1-(1-\eta^2)\exp(-2gH/v_m^2(x,t))]^{1/2} \end{cases} \tag{8}$$

把式(8)与 Saint Venant 方程相比较,显然当雨滴终速方向恰好与径流方向垂直,即 $\varphi = 90°$时,此时雨滴的初始动量对径流的动量变化不产生影响,方程组(8)变为 Saint Venant方程。

2 模型的数值求解

对于式(8)的偏微分方程组,难以求出其解析解,故本文采用数值求解的方法。式(8)实际上属于拟线性双曲型方程组,几十年来这类方程的理论研究和数值方法研究都一直备受人们重视,有两类基本的求解方法,一是基于该方程的特征线形式的特征线法,二是基于最初导出的偏微分方程的有限差分法。其中,特征线方法包括特征线法、特征差分格式等;有限差分格式包括蛙跳格式、Lax Friedrichs 格式、Box Scheme 格式、Lax Wendroff 格式和 Abbott 隐式格式等。本文采用在明渠非恒定流计算中应用广泛的 Preissmann 隐式格式[14,15]对式(8)进行数值求解。不失一般性,考虑如下的初始条件和边界条件,即方程(8)的初始条件为

$$\begin{cases} h(x,t)|_{t=0} = h_0(x) \\ u(x,t)|_{t=0} = u_0(x) \end{cases} \quad (0 \leqslant x \leqslant L) \tag{9}$$

边界条件为

$$\begin{cases} h(x,t)|_{x=0} = h_1(t) \\ u(x,t)|_{x=0} = u_1(t) \end{cases} \quad (t > 0, 0 \leqslant x \leqslant L) \tag{10}$$

式中:L 为坡长。

Preissmann 关于因变量和其导数的差分格式为

$$\begin{cases} f(x,t) \approx \bar{f} = \dfrac{\theta}{2}(f_{j+1}^{k+1} + f_j^{k+1}) + \dfrac{1-\theta}{2}(f_{j+1}^k + f_j^k) \\ \dfrac{\partial f}{\partial x} \approx \dfrac{f_x}{\Delta x} = \theta\dfrac{f_{j+1}^{k+1} - f_j^{k+1}}{\Delta x} + (1-\theta)\dfrac{f_{j+1}^k - f_j^k}{\Delta x} \\ \dfrac{\partial f}{\partial t} \approx \dfrac{f_t}{\Delta t} = \dfrac{f_{j+1}^{k+1} + f_j^{k+1} - f_{j+1}^k - f_j^k}{2\Delta t} \end{cases} \tag{11}$$

式中:f 为 y 、Q、A 、B 和 R_w 变量;θ 为加权系数; j、k 分别为计算断面节点号和计算时段节点号。将式(11) 代入式(8) 中的前两式,略去增量的乘积项,线性化后可以写成

$$\begin{aligned} A_{1j}\Delta u_j + B_{1j}\Delta h_j + C_{1j}\Delta u_{j+1} + D_{1j}\Delta h_{j+1} = E_{1j} \\ A_{2j}\Delta u_j + B_{2j}\Delta h_j + C_{2j}\Delta u_{j+1} + D_{2j}\Delta h_{j+1} = E_{2j} \end{aligned} \tag{12}$$

式(12) 构成一组有 4 个独立未知量 Δu_j、Δh_j、Δu_{j+1}、Δh_{j+1}的 2 个非线性代数方程,这

些未知量对于任何 2 个邻近断面是共有的。当坡地分为 N 个计算断面时，对每个断面 j（$1 \leqslant j \leqslant N$）可以写出 2 个类似的方程，这样的方程共有 $2N$ 个，再加上坡地进、出口 2 个边界条件方程，可以解出 $2(N+1)$ 个未知量的唯一解。

3　模型的验证

试验布设在江西省水土保持生态科技园（115°23′～115°53′E，29°10′～29°35′N）内。科技园地处属鄱阳湖水系的博阳河西岸。成土母质为第四纪红色黏土，地貌类型为浅丘岗地，海拔为 30～100 m，坡度小于 25°，是我国红壤的中心区域，具有典型代表意义。试验小区选择在山坡的中下部坡地上，坡长为 20 m，宽为 5 m，坡向为北偏东 25°；地表植有柑橘，高 H 约为 1.5 m，下垫面为净耕，小区植被覆盖率约为 50%。由于小区的水平投影面积不大（100 m^2），不考虑降雨和参数沿坡度方向的变化。利用实测的降雨资料进行参数率定，2004 年 7 月 11 日观测到一次自然降雨过程，平均风向为北偏东 10°，降雨过程和参数率定结果见图 2。计算中涉及的实测土壤参数和根据实测土壤参数与降雨总量率定的参数为：土壤渗透系数 $k=4.38\times10^{-7}$ m/s、土壤饱和导水率 $\theta_s=0.499$、土壤初始含水率 $\theta_i=0.125$、土壤吸力 $S=0.04$ m 和 Manning 糙率系数 $n=0.02$。

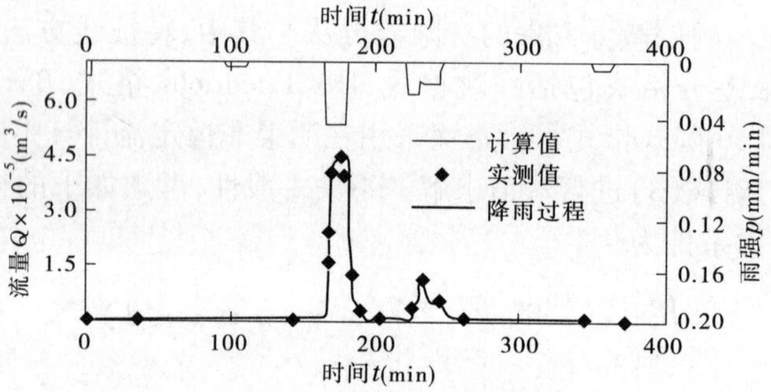

图 2　模型参数率定结果

应用 10 组实测资料对率定好的模型进行验证，结果见表 1。从表 1 中可以看出，坡地径流的计算值与实测值相对误差都在 ±11% 以内，故模型计算结果是可靠的。

表 1　地表径流的计算值与实测值的比较

降雨日期（年-月-日）	实测产流量（m^3）	计算产流量（m^3）	相对误差（%）	降雨日期（年-月-日）	实测产流量（m^3）	计算产流量（m^3）	相对误差（%）
2005-03-17	0.107	0.117	−9.35	2005-06-12	0.405	0.435	−7.41
2005-03-27	0.165	0.165	0.00	2005-06-18	0.082	0.091	−10.98
2005-04-12	0.616	0.626	−1.62	2005-07-12	0.804	0.725	9.83
2005-04-23	0.120	0.126	−5.00	2005-07-13	0.925	1.025	−10.81
2005-06-08	0.095	0.105	−10.53	2005-07-21	0.093	0.103	−10.75

为了验证模型模拟坡地径流过程的精度，选择具有代表性的 4 次实测降雨过程资料代入模型中计算得计算径流过程，将这 4 次在小区出口处的计算径流过程和实测径流过

程绘于图3~图6中,由图可见,模拟的效果是较为满意的,最大相对误差都在±15%以内。

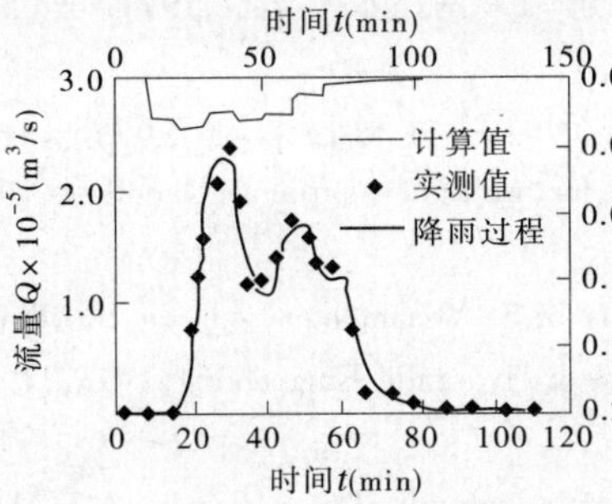

图3 NO.20040731 次自然降雨下坡地径流过程及其模拟曲线

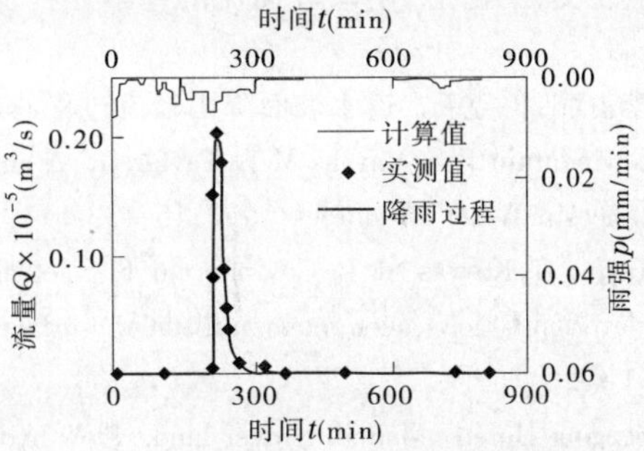

图4 NO.20050720 次自然降雨下坡地径流过程及其模拟曲线

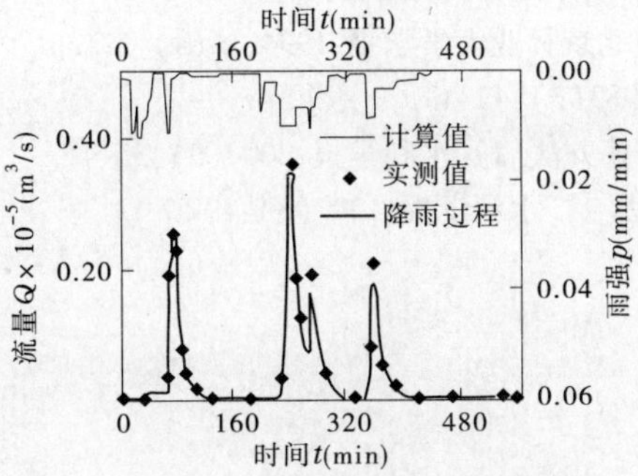

图5 NO.20051108 次自然降雨下坡地径流过程及其模拟曲线

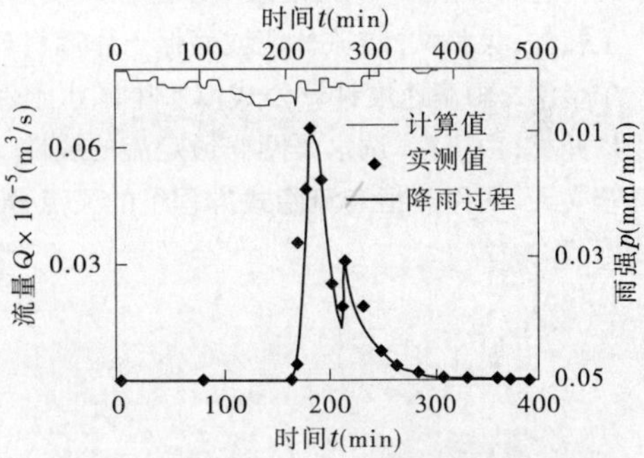

图6 NO.20051109 次自然降雨下坡地径流过程及其模拟曲线

4 结论

本文对以往研究成果进行了深入研究与探索,推导出同时考虑变雨强、降雨动量和风影响下的坡地径流过程模型,并应用 Preissmann 隐式格式对模型进行了数值求解。模型的可靠性通过江西省水土保持生态科技园的小区坡地试验得到了初步验证。本文是对坡地实际自然降雨条件下径流过程的初步尝试,为流域径流过程模拟提供一个途径。考虑到自然降雨条件下,取得实时观测数据较困难,本模型还有待于以后更多的实测自然降雨资料的验证。

参考文献

[1] Yoon Y V, Brater E F. Spatially variedflow from controlled rainfall. Journal of the Hydraulics Division[J]. ASCE, 1962, 97(HY9): 1367-1386.

[2] Yen B C, Wenzel H U. Dynamice quations forsteady spatially variedflow. Journal of the hydraulics Division [J]. ASCE, 1970, 96(HY3): 801-814.

[3] Morris E M. The effect of the small slope approximation and lower boundary conditionon the solution of the Saint Venant equation[J]. J. Hydrol, 1978(40): 31-47.

[4] Vieira J H D. Conditions governing the use of approximations for the Saint Venante quations for shallow surface waterflow [J]. J. Hydrol,1983,(60):43-58.

[5] 吴长文,王礼先. 陡坡坡面流的基本方程及其近似解析解[J]. 南昌水专学报,1994(增刊):142-149.

[6] 李占斌,鲁克新. 透水坡面降雨径流过程的运动波近似解析解[J]. 水利学报,2003(6):8-13.

[7] Govindaraju R S,Kavvas M L,Tayfur G. A simplified model for two dimension alover landflows [J]. Advancesin Water Resources,1992,15:133-141.

[8] Tayfur G,Kavvas M L,Govindaraju R S,et al. Applicability of St Venant equations for two dimension aloverland Flows over rough infiltration surfaces[J]. Journal of Hydraulic Engineering,1993,119 (1):51-63.

[9] Scoging Helen. Modelling over land. Flow hydrology for dynamic hydraulics[C]//Parsons A J,Abrahams A D,eds. Overland Plow. London:UCLPress,1992:89-103.

[10] Shutungchu. In filtration during an unsteady rain[J]. Water Resour. Res,1978.

[11] 姚文艺,汤立群. 水力侵蚀产沙过程及模拟[M]. 郑州:黄河水利出版社,2001.

[12] 王礼先,吴长文. 陡坡林地坡面保土作用机理[J]. 北京林业大学学报,1994,16(4):1-7.

[13] 牟金泽. 雨滴速度计算公式[J]. 中国水土保持,1983(3):42-43.

[14] 杨开林,白正裕. 调水渠网非恒定流的线性变换求解方法[J]. 水利学报,2004(3):35-41.

[15] 李义天. 河网非恒定流隐式方程组的叉点分组解法[J]. 水利学报,1997(3):49-57.

不同下垫面每次降雨水土流失特征及影响因素分析

程冬兵[1]　左长清[2]　蔡崇法[1]

（1. 华中农业大学资源与环境学院，武汉　430070；
2. 江西省水土保持科学研究所，南昌　330029）

水土流失危害严重，不仅破坏了生态环境，制约着经济社会的可持续发展，成为全球最大的环境问题之一，而且在许多国家和地区水土流失的形势还在不断恶化[1]。影响水土流失的因素很多，主要有降雨、植被、坡面等因子。自从1751年罗蒙诺索夫首次谈到暴雨对土壤的溅蚀作用后，大量国内外学者进行了有关研究[2-7]，取得丰硕成果，但是水土流失是一个极其复杂的课题，地域性极强，许多问题尚不清楚。

江西省是我国南方水土流失最严重的省份之一[8]。几十年来，众多专家学者对江西省水土保持进行了大量研究，取得了巨大的成就，已初步走出了符合江西乃至南方水土流失综合治理的发展路子[9]。然而，江西多为山地丘陵区，地域性和自然条件差异明显，采用的水土保持措施需要因地制宜、因时制宜。所以，本文研究不同下垫面水土流失特征及与降雨、降雨前期条件的内在关系，从而针对性地防止水土流失，指导实际水土保持工作，为洪水预测预报提供前期研究成果。

1　试验方法

试验地在江西省水土保持生态科技园，地处江西省北部的德安县燕沟小流域（115°23′～115°53′E，29°10′～29°35′N），属亚热带季风区，多年平均降水量1 395.6 mm以上，平均海拔30～90 m。土壤为第四纪红壤，土层深0.5～1.5 m。植被属亚热带常绿阔叶林。科技园位于我国红壤的中心区域，属全国土壤侵蚀二级类型区划中的南方红壤区，在江西省和南方红壤丘陵区具有典型代表性[10]。

试验选择土壤水分渗漏装置（drainage lysimeter），设3个标准处理小区，分别是百喜草（*Paspalum notatum*）覆盖（种植百喜草，覆盖度100%）、百喜草敷盖（将百喜草刈割后敷盖于地表，敷盖度100%，厚度约15 cm）和对照处理（地表裸露）。试验小区的周围及底部采用20 cm厚的钢筋混凝土浇筑，坡脚修筑挡土墙，形成一个封闭排水式土壤入渗装置。每个处理小区面积为5 m×15 m，坡度为14°。自上而下总共设置4个出水口，最上部为地表径流出水口，承接地表径流与泥沙，用塑胶管连接到地表径流池，其他3个出水口分别承接地下30 cm及60 cm的壤中流和105 cm的地下径流，分别用塑胶管连接到各自地下径流池。地表径流池根据当地可能发生的最大暴雨和径流量设计成A、B和C 3个池，每池均按1.0 m×1.0 m×1.2 m方柱形构筑。A和B两个池在墙壁两侧0.74 m处装有五分法60°“V”型三角分流堰，其中A池4/5排出，1/5流入B池，同理B池4/5排出，1/5流入C池。每个池都进行率定，池壁均安装有搪瓷水尺，能直接读数计算地表径流量，其中A池配置自记水位计，能全天记录动态的径流过程。在每个处理小区坡面上，离上坡边缘的3.5、7.0、10.5 m处还埋设土壤水分张力计，埋设深度为30、60、90 cm，分别监测各层土壤剖面的土壤水势。此外，按照气象观测手册，在小区边上设置一个16 m×12 m的气象观测站。

2 测定项目

降雨：在气象观测站和试验小区旁建立固定雨量点，采用虹吸式自计雨量计记录大气降水过程，以此量算降雨量、降雨历时和降雨强度等。

地表径流：通过径流池量测地表径流量，将其除以小区面积换算为地表径流深（mm），再将地表径流深除以降雨量得出地表径流系数，HCJ1型自记水位计记录径流过程。

土壤侵蚀量：每次产流过后，将径流池水充分搅拌均匀，分上、中、下3层取样混合，再从中取出1 000 cm^3浑水样，室内烘干求得泥沙含量，将其乘以池水量即可得出此次降雨的土壤侵蚀量。

土壤含水量：采用土壤水分张力计监测上坡、中坡、下坡30、60、90 cm各土层深的土壤水势。通过已经建立的土壤水分特征曲线换算土壤含水量：$\theta = 0.4146\psi^{-0.1112}$（$\theta$为土壤含水量，$cm^3/cm^3$，$\psi$为土壤水势，kPa）。

3 结果与讨论

3.1 每次降雨不同下垫面产流产沙特征

在本研究中，产流是指地表径流，产沙是指土壤侵蚀，不同下垫面产流产沙特征分析基于每次降雨，选取2002～2003年不同雨型的35场单场天然降雨，以其中的13场典型中雨及中雨以上雨型为例（其中中雨3场、大雨3场、暴雨4场、大暴雨和特大暴雨3场）。

3.1.1 产流特征

不同处理产流差异非常明显（见表1）。同一降雨水平条件下，百喜草覆盖和敷盖处理的产流系数始终较对照处理小，且保持在较低水平，而对照处理产流系数一直保持较高水平。百喜草覆盖与百喜草敷盖处理之间的产流差异不明显，相对对照处理，其减水率在90%以上。这是因为覆盖处理的百喜草地上部分的叶、匍匐茎具有减小雨滴的击溅、阻缓产流的产生和延长汇流时间等作用[11-15]。同时，百喜草根系发达，且新陈代谢快，腐烂的根系能增加土壤有机质含量并提高土壤的孔隙度，改善土壤的团聚体结构[16,17]，从而提高土壤的下渗量和持水量[18]，达到减少产流的目的。百喜草敷盖处理的敷盖材料能增加地表层的粗糙度，减缓水流速度，使降水缓慢渗透到土壤中，提高土壤的下渗率，变产流为地下径流，从而减少产流量[14,19,20]。而对照处理因地表裸露，雨滴打击使土壤表层团聚体遭到破坏，分散的颗粒填充了土壤表面的孔隙，压实形成地表结皮，严重阻碍水分下渗[21]，从而导致产流量远大于百喜草覆盖和敷盖处理。

表1 每次降雨各处理产流特征

雨型	日期（年-月-日）	历时（min）	降雨量（mm）	雨强（mm/h）	产流深(mm)			产流系数		
					A	B	C	A	B	C
中雨	2003-12-10	530	7.8	0.88	0.1	0.1	1.8	0.008	0.008	0.232
	2003-12-08	940	16.1	1.03	0.2	0.3	2.2	0.010	0.016	0.134
	2002-03-29	1 200	18.8	0.94	0.1	0.7	4.2	0.006	0.039	0.223
大雨	2003-05-23	435	9.6	1.32	0	0	1.7	0	0	0.182
	2002-07-22	1 178	28.7	1.46	0.4	0.6	4.7	0.015	0.022	0.164
	2002-11-15	3 093	79.1	1.54	0.8	1.6	10.4	0.010	0.020	0.132
暴雨	2003-04-29	345	17.9	3.11	0	0.3	3.6	0	0.015	0.200
	2003-05-06	438	40.7	5.58	0.5	0.6	22.1	0.012	0.015	0.544
	2002-04-21	1 506	70.4	2.80	1.5	3.2	41.0	0.021	0.045	0.582
	2002-05-14	2 220	131.3	3.55	4.0	7.1	60.1	0.030	0.054	0.458
大暴雨、特大暴雨	2003-09-03	110	18.7	10.20	0.4	0.4	7.1	0.022	0.022	0.380
	2002-05-06	680	82.2	7.25	1.9	3.7	49.3	0.023	0.045	0.600
	2003-04-18	715	129.5	10.87	2.1	2.5	71.7	0.017	0.019	0.544

注：A为百喜草覆盖；B为百喜草敷盖；C为对照，下同。

研究结果显示，随雨强与降雨量的增加，3个处理的产流系数总体上呈增加的趋势，尤其在暴雨及暴雨以上雨型的降雨增加更为明显。但是却出现同一雨型小降雨量产流系数比大降雨量大，如2002年5月6日（降雨量82.2 mm）和2003年4月18日的一场大暴雨（降雨量129.5 mm），也出现小雨型产流系数比大雨型大，如2002年3月29日的一场中雨（降雨量18.8 mm）和2003年4月29日的一场暴雨（降雨量17.9 mm）。其原因主要是各处理产流除与本场降雨（雨量、雨强、历时）有关，还与降雨前期条件（如土壤初始含水量）密切相关。

3.1.2 产沙特征

不同处理产沙差异也非常明显（见表2）。百喜草覆盖和敷盖处理产沙量非常小，侵蚀模数均远小于200 t/(km^2·a)，属于正常侵蚀范围。而对照处理因地表裸露，很容易遭受雨滴的击溅侵蚀和产流的冲刷侵蚀，侵蚀模数达极强度以上侵蚀。百喜草覆盖与敷盖处理之间产沙没有差异，相对对照处理，其减沙率都在99.9%以上。因为百喜草覆盖或敷盖处理地表，避免了雨滴的击溅和径流的冲蚀，增加地表粗糙度，阻延径流流速，从而有效地控制产沙；而对照处理受到雨滴的击溅和径流的冲蚀双重作用，产沙严重[22,23]。

表2　每次降雨各处理产沙特征

雨型	日期（年-月-日）	历时（min）	降雨量（mm）	雨强（mm/h）	产沙量（kg）			侵蚀模数（t/km^2）		
					A	B	C	A	B	C
中雨	2003-12-10	530	7.8	0.88	0.008	0.007	0.193	0.107	0.093	2.571
	2003-12-08	940	16.1	1.03	0.003	0.007	0.059	0.041	0.099	0.784
	2002-03-29	1 200	18.8	0.94	0.004	0.013	0.576	0.053	0.173	7.684
大雨	2003-05-23	435	9.6	1.32	0	0	0.206	0	0	2.747
	2002-07-22	1 178	28.7	1.46	0.009	0.092	1.632	0.117	1.229	21.753
	2002-11-15	3 093	79.1	1.54	0.008	0.026	0.152	0.111	0.341	2.025
暴雨	2003-04-29	345	17.9	3.11	0	0.005	2.044	0	0.060	27.248
	2003-05-06	438	40.7	5.58	0.009	0.009	74.259	0.117	0.124	990.124
	2002-04-21	1 506	70.4	2.80	0.014	0.026	15.952	0.181	0.351	212.689
	2002-05-14	2 220	131.3	3.55	1.300	0.126	67.960	17.335	1.680	906.137
大暴雨、特大暴雨	2003-09-03	110	18.7	10.20	0.005	0.006	43.795	0.063	0.076	583.932
	2002-05-06	680	82.2	7.25	0.021	0.137	181.279	0.276	1.828	2 417.048
	2003-04-18	715	129.5	10.87	0.023	0.023	131.543	0.301	0.301	1 753.904

研究结果显示，各处理产沙量总体上随雨强和降雨量的增加而呈增大趋势，尤其是从大雨到暴雨及特大暴雨产沙量明显增大。但是也出现同一雨型小降雨量产沙量比大降雨量大，如2002年7月22日（降雨量28.7 mm）和2002年11月15日的一场大雨（降雨量79.1 mm）。也出现小雨型产沙量比大雨型大，如2003年5月6日的一场暴雨（降雨量40.7 mm）和2003年9月3日的一场大暴雨（降雨量18.7 mm）。其原因主要是各处理产沙除与本场降雨（雨量、雨强、历时）有关，还与降雨前期条件（如土壤初始含水量等）密切相关，如前期降雨充分，即使是小降雨也可产生较大的产沙。

3.2　不同下垫面产流产沙影响因素分析

为了探讨不同下垫面产流产沙影响因素的规律性及敏感性，对产流产沙与影响因素作相关分析。本研究中，对于特定的下垫面，产流产沙影响因素主要是指降雨及降雨前期条件。降雨包括降雨量、降雨强度和降雨历时，降雨前期条件是指土壤初始含水量，包括0～30 cm土层土壤含水量和整个土层平均含水量。相关分析基于上述2002～2003年35场单场天然降雨。

相关分析结果显示（见表3），各处理产流、产沙与降雨量相关关系均达到极显著水平，说明产流、产沙与降雨量关系非常密切。各处理产流与降雨量相关系数均达到0.850以上，而产沙与降雨量相关系数却维持在0.500左右，相比而言，产流与降雨量关系比产沙与降雨量关系更密切。因为产流是降雨与下垫面综合作用的结果，当降雨量超过下垫面的截留、填洼、下渗等，就会开始产流，不论是蓄满产流或是超蓄产流，其产流量随降雨量的增加而增加[24]。而产沙是一种动力侵蚀过程,受降雨侵蚀力和径流冲刷力与土壤抗侵蚀力的综合作用[25,26],当降雨侵蚀力不足以(如小雨时)使土壤颗粒分离,或径流冲刷力较小时,不足以搬运土壤颗粒,也就不会产沙,只有当降雨侵蚀力或径流冲刷力达到一定强度(如强降雨)才会产沙。因此,降雨量是影响产流最直接的因素,而对于产沙就不一定。对于降雨强度,百喜草覆盖和敷盖处理产流、产沙与降雨强度相关关系不显著,而对照处理产流、产沙与降雨强度相关关系分别达到显著和极显著水平,其相关性均大于降雨量因素。因为百喜草覆盖和敷盖处理的地表有植物覆盖,无论多大雨强的降雨,其雨滴所做的功都将被地表植物所消耗,同时地表植物具有固持土壤的作用,其产流只能间接通过降雨量多少体现,产沙也只能通过径流冲刷力大小体现。而对照处理由于地表裸露,土壤直接受到降雨的击溅侵蚀,随降雨量的增加,产流相应增加,同时,随降雨强度的增加,降雨侵蚀力增加,土壤颗粒更易被分离搬运,最后导致产沙量的增加。所以裸露地表的产沙对降雨强度反应敏感。

表3 各处理产流产沙与影响因素相关分析

项目	产流量			产沙量		
	A	B	C	A	B	C
降雨量	0.909**	0.851**	0.896**	0.535**	0.552**	0.503**
降雨强度	0.236	0.149	0.451*	0.003	0.048	0.757**
降雨历时	0.420**	0.481**	0.166	0.354*	0.364*	0.253
0~90 cm 平均土壤含水量	0.159	0.157	0.245	0.078	0.128	0.129
0~30 cm 土层土壤含水量	0.116	0.169	0.250	0.068	0.171	0.193
产流量	—	—	—	0.748**	0.689**	0.681**

注:**表示在0.01水平上显著,*表示在0.05水平上显著。

对于降雨历时,百喜草覆盖和敷盖处理产流、产沙与降雨历时相关关系分别达到极显著和显著水平,但其相关性不及降雨量因素。对照处理产流、产沙与降雨历时相关关系均不显著,说明降雨历时对于对照处理产流、产沙影响不大,但并不代表产流产沙不会随降雨历时的延长而增加,而是相对其他因素(如降雨量、降雨强度)影响不显著。

对于土壤初始含水量,各处理产流、产沙与土壤初始含水量相关关系均不显著。一般而言,前期降雨对产流的影响主要表现在土壤水分含量上,所以土壤水分含量影响到降雨入渗,从而影响地表、地下径流和产沙。当土壤初始含水量充足,损失于填洼、入渗的那部分降雨都将转化为产流,使产流产沙量增加[27]。但本试验出现产流产沙与土壤初始含水量相关不显著的现象,究其原因,0~30 cm 土层土壤含水量不能代表表层土壤含水量,或存在其他原因,有待于进一步研究。

至于产流,各处理产沙与产流相关关系均达到极显著水平,说明各处理产沙与产流关系密切。百喜草覆盖和敷盖处理由于地表植物的保护作用,降雨侵蚀力不能直接作用于土壤,产沙决定于径流冲刷力,所以产沙与产流密切相关,且其相关性优于降雨量、降雨历时。对照处理也直接受径流冲刷力作用,其关系不容忽视,但相关性不及降雨强度。

综上所述，影响百喜草覆盖和敷盖处理产流、产沙的最主要因素为降雨量，其次为降雨历时。同时，在影响百喜草覆盖和敷盖处理产沙因素中，产流影响显得更密切，也更直接。而对于对照处理，影响产流、产沙的最主要因素为降雨量和降雨强度，而且降雨量主要影响产流，降雨强度则主要影响产沙。

4 结论

不同处理产流差异非常明显。同一降雨水平条件下，百喜草覆盖和敷盖处理的产流系数始终较对照处理小，且保持在较低水平，而对照处理产流系数一直保持较高水平。百喜草覆盖与敷盖处理之间的产流差异不明显，相对对照处理，其减水率在90%以上。

不同处理产沙差异也非常明显。百喜草覆盖和敷盖处理的产沙量远小于对照处理，且保持在很低水平，而对照处理产沙非常严重。百喜草覆盖与敷盖处理之间的产沙差异不明显，相对对照处理，其减沙率都在99.9%以上。

影响百喜草覆盖和敷盖处理产流、产沙的最主要因素为降雨量，其次为降雨历时。同时，在影响百喜草覆盖和敷盖处理产沙因素中，产流影响显得更密切，也更直接。而对于对照处理，影响产流、产沙的最主要因素为降雨量和降雨强度，而且降雨量主要影响产流，降雨强度则主要影响产沙。

参考文献

[1] 尹忠东，周心澄，朱金兆. 影响水土流失的主要因素研究概述[J]. 世界林业研究，2003，16(3)：32-36.

[2] Hudson N W. Soil Conservation (Second Edition) [M]. New York：Cornell Univ. Press，1981.

[3] Zingg A W. Degree and length of land slope as it affect soil loss in runoff [J]. Agricultural Engineering，1940，21：59-64.

[4] 钱宁，万兆惠. 泥沙运动力学[M]. 北京：科学出版社，1983.

[5] 周佩华，王占礼. 黄土高原土壤侵蚀暴雨标准[J]. 水土保持通报，1987，7(1)：38-44.

[6] 王礼先. 水土保持学[M]. 北京：中国林业出版社，1995.

[7] 关君蔚. 水土保持原理[M]. 北京：中国林业出版社，1996.

[8] 姚毅臣，熊玉辉，邱雪红，等. 江西水土保持工作的特点及对策[J]. 中国水土保持，2004(8)：3-4.

[9] 左长清. 江西省水土保持工作现状与战略措施[J]. 江西水利科技，1999，25(4)：199-203.

[10] Zuo C Q，Zhang X M，Wu C C. Preliminary report on technical research for soil and water conservation，flood control and natural disaster reduction on redsoil hilly and sloping lands[C] // Proceedings of 12th International Soil Conservation Organization Conference (Volume I). Beijing：Tsinghua University Press，2002：160-165.

[11] 廖绵浚，张贤明. 现代陡坡地水土保持[M]. 北京：九州出版社，2004.

[12] 董闻达. 百喜草的利用研究[J]. 水土保持研究，1999，6(2)：154-156.

[13] Muchovej R M，Mullahey J J. Yield and quality of five bahia grass cultivars in southwest Florida[J]. Soil and Crop Science Society of Florida Proceedings，2000，59：82-84.

[14] 张贤明. 坡地百喜草处理之土壤水文研究[D]. 台湾：中兴大学，2001.

[15] 夏汉平，蔡锡安，刘世忠. 百喜草研究与应用进展[J]. 中国草地，2003，25(1)：44-53.

[16] 李德荣，舒俭民，程建峰，等. 氮磷钾配施对百喜草干物质积累及其动态变化的影响[J]. 草业学

报,2004,13(5):60-65.

[17] 韩建国,韩永伟,孙铁军,等.农牧交错带退耕还草对土壤有机质和氮的影响[J].草业学报,2004,13(4):21-28.

[18] 焦峰,温仲明,焦菊英,等.黄丘区退耕地植被与土壤水分养分的互动效应[J].草业学报,2006,15(2):79-84.

[19] 吴长文,王礼先.水土保持林中枯落物的作用[J].中国水土保持,1993(4):28-30.

[20] 王佑民.中国林地枯落物持水保土作用研究概况[J].水土保持学报,2000,14(4):108-113.

[21] Boiffin J . Historic hydrous et stability structuraldela Terre[J]. Ann. Argon. ,1976,27:447-463.

[22] 王晗生,刘国彬.试论防蚀有效植被的基本特征——贴地面覆盖[J].中国水土保持,2000(3):28-31.

[23] 李国怀.百喜草及其在南方果园生草栽培和草被体系中的应用[J].生态科学,2001,20(1):70-74.

[24] Moslcy M P. Streamflow generation in a forested watershed[J]. Hydrology,1975,15(4):19-26.

[25] 王秀英,曹文洪.坡面土壤侵蚀产沙机理及数学模型研究综述[J].土壤侵蚀与水土保持学报,1999,5(3):87-92.

[26] 吴长文,陈法扬.坡地土壤侵蚀机理研究进展与现状[J].中国水土保持,1996(11):21-24.

[27] 贾志军.前期土壤含水率对坡耕地产流产沙影响的研究[C]//晋西黄土高原土壤侵蚀规律实验文集.北京:水力电力出版社,1990.

地被物对土壤水分动态和水量平衡的影响研究

刘士余[1,2]　左长清[3]　朱金兆[1]

(1. 北京林业大学水土保持学院,北京　100083;
2. 江西农业大学国土资源与环境学院,南昌　330045;
3. 江西省水土保持科学研究所,南昌　330029)

土壤中的水分并不是静止不动的,而是不断循环,既有收入又有支出,时刻与外界发生交换,处于一种动态平衡状态。其储量和剖面分布是降水、植物蒸腾、土壤蒸发、地表径流、地下渗漏等多种因素综合作用的结果,并受土壤本身特性的影响,随时间和空间而不断发生变化。地被物在保持水土、涵养水源和影响土壤的水热变化、通气状况、水文特征以及整个土壤－植被－大气连续体等方面均有着重要的作用。在降水、土壤等条件相同的情况下,地被物对土壤水分的影响起决定作用[1]。一方面土壤水分状况影响到地被物生长,另一方面地被物也影响着土壤水分的含量及其动态。因此,对地被物的研究,越来越多地引起了生态学家、森林水文学家、土壤学家的重视。他们从不同的角度,对枯落物减少地表径流、抑制土壤水分蒸发、增强土壤入渗等进行了较广泛的研究。但目前,很多学者主要是通过观测林地有无枯落物覆盖来研究枯落物对地表径流、土壤入渗、地表蒸发和土壤水分等的影响[2-7],而采用草本植物通过土壤水分渗漏装置进行研究未见报道。因此,本文以百喜草(*Paspalum notatum*) 及其枯落物为材料,采用小区的试验方法,研究不同地被物条件下土壤水分动态和水量平衡的差异,旨在为南方红壤坡地的合理开发利用提供科学依据。

1　试验地概况

试验地设在江西水土保持生态科技园内(115°42′~115°43′E,29°16′~29°17′N)。属亚热带季风区,雨热基本同期。年平均降水量 1 350.9 mm,多年平均气温 16.7 ℃,年日照时数 1 650~2 100 h,多年平均无霜期为 249 d。科技园区是我国红壤的中心区域,地形条件在江西省和南方红壤丘陵区具有典型代表性。地貌类型为浅丘岗地,土壤成土母质主要是第四纪红黏土红壤。由于长期不合理的采伐利用,水土流失严重(以水蚀为主)。原生植被不断减少,现存植被主要是处于不同逆行演替阶段的次生群落,如荒草、灌木和沙地植被,以及人工营造或自然恢复的湿地松(*Pinus elliottii Engelm.*)、杉木(*Cunninghamia lanceolata*(Lamb.)Hook)等和次生林。试验区选择在山坡的中下部,坡面土层厚度大于 1.5 m,土壤 pH 值为 5.0,有机质含量为 1.55%,全氮为 0.08%,全磷为 0.07%,全钾为 1.7%,C/N 值为 7.5,具有酸、黏、板、瘦等不良特性。

2 材料与方法

2.1 试验设计

选择一块地形、土壤等条件基本一致的坡地,按每层约 40 cm,分三层从上到下将原土块取出,分别堆放。待全部取完土后,将试验小区的周围(高出地表 30 cm)及底部采用 20 cm 厚的钢筋混凝土浇筑,坡脚修筑挡土墙,下垫面再抹水泥浆和填约 5 cm 厚的砂粒,然后将土块按原样回填至 1.10 m 深,形成一个封闭的土壤水分渗漏装置(Lysimeter)。工程完工后,沉降一年,再进行观测。设 3 个处理小区,见表 1。

表 1 各处理小区的试验设计

编号	处理	原始坡面	坡面处理	小区面积	坡度
A	百喜草覆盖处理	荒坡	小区全部种植百喜草	5 m×15 m=75 m^2	14°
B	百喜草敷盖处理	荒坡	小区全部敷盖刈割后的百喜草	5 m×15 m=75 m^2	14°
C	裸露对照处理	荒坡	裸露的坡面处理	5 m×15 m=75 m^2	14°

在挡土墙上自上至下共设置 4 个出水口,最上部为地表径流出水口,用塑胶管连接到径流池。径流池根据当地可能发生的最大暴雨和径流量设计成Ⅰ、Ⅱ、Ⅲ三池,每池均按 1.0 m×1.0 m×1.2 m 方柱形构筑,Ⅰ、Ⅱ两池在墙壁两侧装有五分法 60°"V"型三角分流堰,池壁均安装有搪瓷水尺,能直接读出地表径流量。另外,3 个出水口分别在地表以下 30、60 cm 和 105 cm 处,用塑胶管连接到静水池,并用自记水位计及 20°"V"型三角堰量计渗流量。

为观测土壤水分的动态变化,在土壤入渗装置离上坡边缘 3.5 m(上坡)、7 m(中坡)及 10.5 m(下坡)处分别埋设土壤水分张力计 3 个,埋设深度为 30、60 cm 及 90 cm,量计各层土壤剖面的水分含量。

2.2 研究方法

水量平衡是指水分的输入、输出之间的平衡。各小区输入部分是大气降水(P);输出部分有径流量(R)[包括地表径流(R_S)和地下径流(R_g)]、系统蒸散量(E)和土壤蓄水变化量(ΔW)。因此,水量平衡方程为:$P=R+E+\Delta W$。本文分析的是 2002 年的观测资料。

通过虹吸式雨量计记录大气降水过程,求出降水量。采用径流池观测地表径流,地下径流为地表以下 30、60、105 cm 处的渗流量之和。

每天 8:00 和 14:00 观测上坡、中坡、下坡等坡位 30、60、90 cm 各土层深土壤水分张力计(Tensymeter)的读数两次,即为土壤水势。为通过观测到的土壤水势推求土壤水分含量,并避免破坏小区的地表结构,特模拟小区的土壤深度和物理性状,用 3 个油桶制作土壤水分张力计的率定装置,即读出 30、60、90 cm 各土层深的土壤水势后,取出相应深度的土壤,采用烘干称重法测定土壤含水量,建立土壤水势与土壤含水量的回归关系率定方程($Y=29.07-0.217X, N=48, R=0.761$),然后通过该方程将土壤水势计算转化为土壤含水量,求得各处理的土壤水分动态,再通过公式 $W=0.1\cdot h_i\cdot f_i\cdot d_i$[8] 推算各小区土壤蓄水量及其变化。其中：$W$ 为 0 ~ 105 cm 土层的持水量(mm)；i 为土壤层次；h_i 为 i 层土壤厚度(cm)；f_i 为 i 层土壤的含水量(重量百分数)；d_i 为 i 层土壤容重(g/cm^3)。小区蒸散量的测定是应用水量平衡法[9]，即蒸散量 $E = P - R - \Delta W$。

3　结果与分析

3.1　降水特征

降水特征包括降水量、降水强度及分布等因素。观测结果显示，2002 年试验地的年降水量为 1 808.5 mm，其中 4、5 月的降雨量最大。其季节分配情况如图 1 所示。

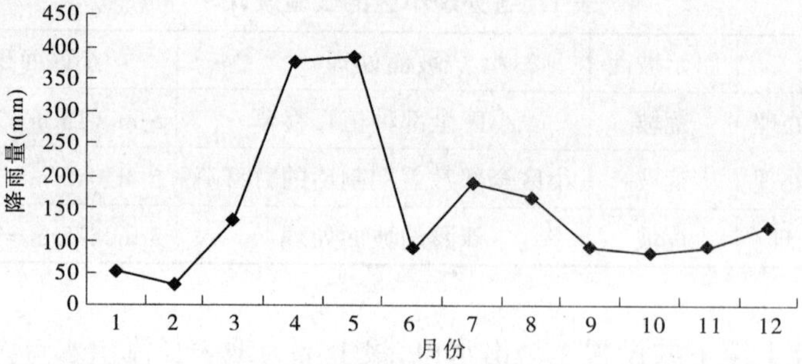

图 1　试验区降雨特征

3.2　土壤水分动态

土壤水分动态指土壤水势或水分含量随时间发生的变化，它受气象、土壤及地被物类型等因素的影响[10]。对任何一场降雨，至少有一部分甚至全部水分将沿着土壤内的孔隙入渗到土壤内部形成土壤水[11,12]。本试验 2002 年的观测资料统计显示，地表所接受的 1 808.5 mm降雨中，A、B、C 的地表径流深分别为 24.46、50.2、592.07 mm，径流系数分别为 1.35%、2.78% 和 32.74%。可以看出，地表径流的比例较小，绝大部分降雨要通过土壤进行再分配，而土壤水对于再分配各组分的量及产生时间有重要影响。

3.2.1　土壤水分随土层深变化

不同土层深的土壤水分年内变化，如图 2 ~ 图 4 所示。对 A、B 而言，一年当中 1 ~ 5 月及 11、12 月的土壤含水量随土层深的增加而减少。因为 30 cm 土层主要受控于大气因子的影响，特别是降雨的影响，其最先接受降水，土壤含水量上升快，但又容易受地表植物蒸腾的影响，其含水量下降也快，导致变化幅度较大；60 cm 土层接受经过上层土壤下渗的水分，但地表的蒸发作用在该层的水分消耗相对较少，加之当因植物根系吸收水分使含水量降低时，可以通过水势梯度使深层水分向该层运动，能保证土壤水分的补给，故其土壤水分变化相对比较缓和及稳定；90 cm 土层接受降水的量较小，又因受底部封闭的限制，土壤水分容易形成地下径流而损失，同时还需补给上层水分的消耗，故其土壤含水量较小，变化幅度也小。对 C 而言，一年当中 1 ~ 3 月及 6 ~ 12 月的土壤含水量随土层深的变化规律是 60 cm > 30 cm > 90 cm，而 4、5 月的土壤含水量随土层深的变化规律是 30 cm > 60 cm > 90 cm，主要是因为这两个月的降雨量大，而该小区地表裸露，下渗率很小，其含水量的变化主要受制于大气降水。由此可知，地被物可改变土壤水分的时间和空间分布。

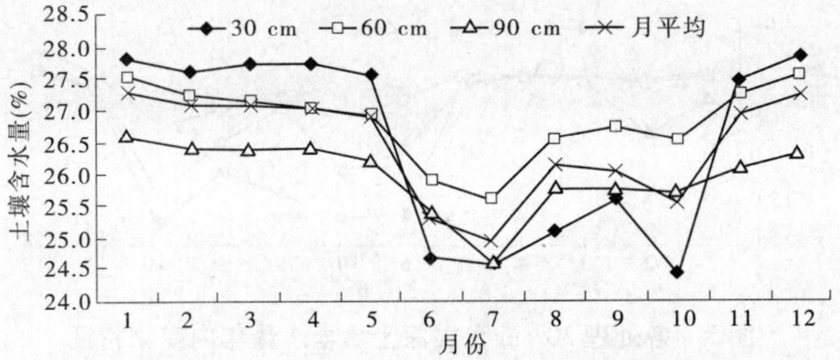

图2 百喜草覆盖处理(A)不同土层深土壤含水量年内变化特征

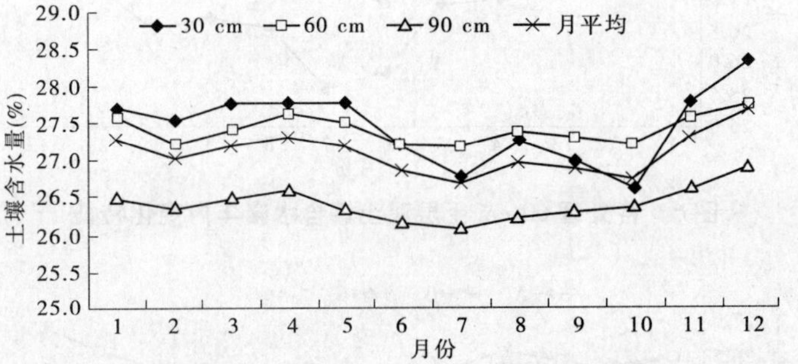

图3 百喜草敷盖处理(B)不同土层深土壤含水量年内变化特征

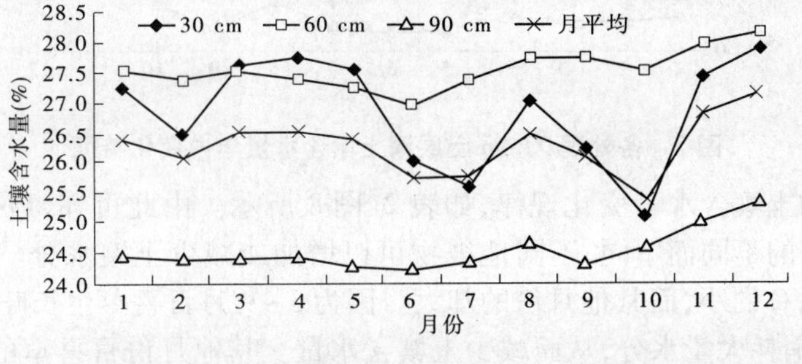

图4 裸露对照处理(C)不同土层深土壤含水量年内变化特征

3.2.2 地被物对土壤水分的影响

各处理相同土层深的土壤含水量变化规律,如图5~图7所示。对30 cm土层深而言,B的土壤含水量曲线最平缓,变动幅度最小,土壤含水量的值也基本高于其余二者;C的土壤含水量曲线变动幅度最大;A的土壤含水量曲线变动幅度介于二者之间,在百喜草生长旺季的6~9月,土壤含水量低于其余两个处理;对60 cm土层深而言,各处理土壤含水量曲线变动幅度均减小,A的土壤含水量始终处于较低水平;对90 cm土层深而言,除A因百喜草根系吸收而消耗水分导致土壤含水量曲线变动幅度较大外,B、C的变幅非常小。

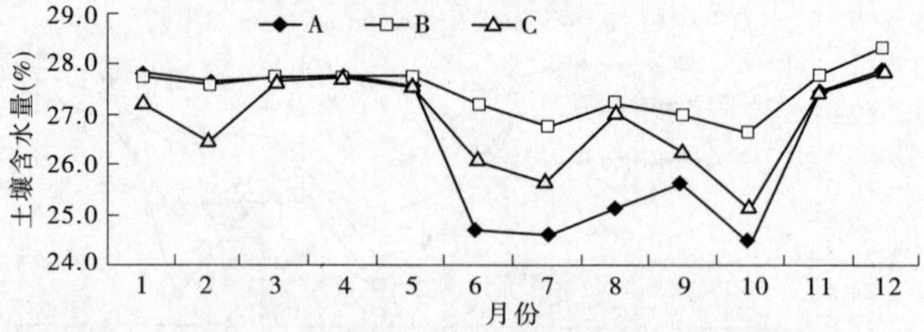

图 5　各处理 30 cm 土层深土壤含水量年内变化特征

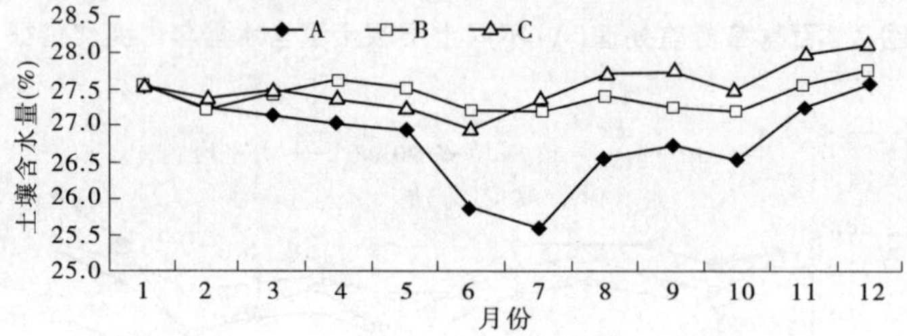

图 6　各处理 60 cm 土层深土壤含水量年内变化特征

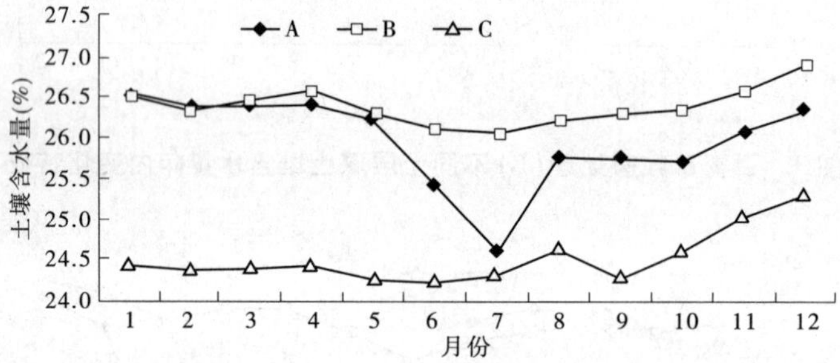

图 7　各处理 90 cm 土层深土壤含水量年内变化特征

各处理月均土壤含水量变化规律，如表 2、图 8 所示。由此可知，地被物对土壤含水量的影响随季节的不同而不同，不同地被物可以增加或减少土壤水分。如 A 的 6～9 月的土壤含水量比 C 的小，而其他月份的却大。因为 6～9 月百喜草生长旺盛，新陈代谢快，蒸腾作用强，需消耗大量水分，从而减少土壤含水量。其他月份百喜草的生长放缓，同时其茂盛的叶片和发达的匍匐茎覆盖地表，减少地表的水分蒸发，维持着比 C 高的土壤含水量；而敷盖材料减少地表蒸发，减缓水分散失速度，故 B 的土壤含水量全年均比 C 的大。由图 8 还看出，A 的月均土壤含水量变化幅度最大，而 B 的最小，C 介于二者之间，说明覆盖作物百喜草增大土壤含水量的变化，而敷盖材料减小土壤含水量的变化。

表 2　不同处理土壤含水量的年内变化　（%）

处理	1月	2月	3月	4月	5月	6月	7月	8月	9月	10月	11月	12月	平均
A	27.29	27.08	27.08	27.05	26.90	25.30	24.91	26.14	26.03	25.55	26.94	27.27	26.46
B	27.27	27.02	27.21	27.32	27.19	26.84	26.66	26.95	26.86	26.73	27.32	27.67	27.09
C	26.40	26.06	26.51	26.51	26.36	25.73	25.76	26.48	26.09	25.39	26.81	27.14	26.27

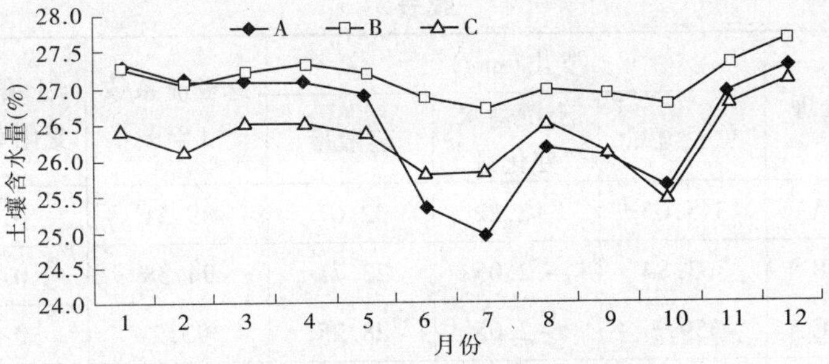

图8　不同处理月均土壤含水量变化特征

由表2还可知,各处理年均土壤含水量的排列顺序是:B(27.09%)>A(26.46%)>C(26.27%)。因为B的敷盖材料增加了地表面的粗糙度和下渗率,故其滞留降水的量大,同时敷盖材料的腐烂增加了土壤的有机质含量,其持水能力增强,所以能维持高的含水量,比A、C分别高2.33%、3.03%;A的百喜草一方面增加了土壤的下渗量,另一方面又因其强的蒸腾作用使水分消耗,土壤含水量介于B与C之间;C因地表裸露导致下渗率很小,而地表蒸发作用强烈,故其土壤含水量比A、B均小。

3.3　各处理水量平衡各分量的比较

不同处理水量平衡各分量的比例有较大差异,如表3所示。由表3可知,A、B、C的年总径流系数分别为68.85%、80.39%和76.49%,蒸散系数分别为31.12%、19.24%和22.88%,土壤蓄水变化率分别为0.03%、0.37%和0.63%。各处理以径流的液态水形式、蒸散的汽态水形式支出的水量是小区水量输出的最大项和第二大项。

表3　各处理水量平衡各分量的比较

月份	收入(mm)	处理	支出(mm)			总径流系数(%)	土壤蓄水变化率(%)	蒸散系数(%)
			总径流量	土壤蓄水变化量	蒸散量			
1	53.1	A	34.17	1.23	17.7	64.34	2.32	33.34
		B	37.81	1.44	13.85	71.21	2.71	26.08
		C	25.34	1.08	26.68	47.73	2.03	50.24
2	32.1	A	13.45	-2.81	21.46	41.9	8.75	66.85
		B	14.26	-3.32	21.16	44.42	10.34	65.92
		C	7.58	-4.1	28.62	23.6	12.76	89.16
3	129.0	A	107.22	-0.04	21.82	83.12	0.03	16.91
		B	110.6	1.95	16.45	85.73	1.52	12.75
		C	86.05	5.32	37.63	66.7	4.12	29.18
4	378.0	A	328.03	-0.19	50.16	86.78	0.05	13.27
		B	341.78	2.05	34.17	90.42	0.54	9.04
		C	320.93	0.03	57.04	84.9	0.01	15.09

续表 3

月份	收入(mm)	处理	支出(mm)			总径流系数(%)	土壤蓄水变化率(%)	蒸散系数(%)
			总径流量	土壤蓄水变化量	蒸散量			
5	385.5	A	345.05	-2.22	42.67	89.51	0.58	11.07
		B	363.84	-2.05	23.71	94.38	0.53	6.15
		C	359.3	-2.05	28.25	93.2	0.53	7.33
6	86.5	A	20.14	-19.84	86.2	23.29	22.94	99.65
		B	52.44	-4.39	38.45	60.63	5.08	44.45
		C	79.03	-7.45	14.92	91.37	8.62	17.25
7	191.1	A	94.12	-6.08	103.06	49.25	3.18	53.93
		B	179.28	-2.14	13.96	93.82	1.13	7.31
		C	131.17	0.55	59.38	68.64	0.29	31.07
8	166.9	A	72.97	16.37	77.56	43.72	9.81	46.47
		B	107.85	3.67	55.38	64.62	2.2	33.18
		C	129.56	9.03	28.31	77.63	5.41	16.96
9	90.2	A	32.09	-1.29	59.4	35.58	1.43	65.85
		B	33.86	-0.96	57.3	37.53	1.06	63.53
		C	47.35	-5.29	48.14	52.49	5.86	53.37
10	81.3	A	11	4.37	65.93	13.53	5.38	81.09
		B	38.41	-1.43	44.32	47.25	1.76	54.51
		C	34.5	-7.45	54.25	42.44	9.16	66.72
11	91.4	A	83.02	6.73	1.65	90.83	7.36	1.81
		B	81.88	7.26	2.26	89.58	7.94	2.48
		C	67.75	17.27	6.38	74.12	18.89	6.99
12	123.4	A	103.98	4.29	15.13	84.26	3.48	12.26
		B	91.8	4.7	26.9	74.4	3.81	21.79
		C	94.67	4.51	24.22	76.71	3.65	19.64
合计	1 808.5	A	1 254.24	0.52	562.74	68.85	0.03	31.12
		B	1 453.81	6.78	347.91	80.39	0.37	19.24
		C	1 383.23	11.45	413.82	76.49	0.63	22.88

从水量平衡各分量的月变化可以看出，总径流量与降水量的月变化同步，而蒸散量有其自身变化趋势。A 的蒸散量受植物蒸腾和地表蒸发的双重影响，而 B、C 只有地表蒸

发。因此,A 的蒸散量随季节的不同变化较大,7 月的蒸散量达最大值 103.06 mm,6 月的蒸散系数达到最大值 99.65%。而非生长季节蒸散量明显减少,如 11 月的蒸散量、蒸散系数均为最小,分别为 1.65 mm 和 1.81%;B 的蒸散量最大出现在 8、9 月,分别为 55.38 mm和 57.30 mm。11 月的蒸散量和蒸散系数均出现最小值,分别为 2.26 mm、2.48%;C 的蒸散量月变化主要受气候因素的影响。7 月蒸散量达到最大值 59.38 mm,因为此时降雨量减少,气温较高,空气湿度低,地表的蒸发作用强烈。

表 3 还显示,各处理水量平衡是对降雨量收入而言的平衡,即认为某月降水量有多少,它的总支出也就是多少,即总径流量、蒸散量和土壤蓄水变化量的总支出与各月的降水量相等。但实际上,有的月份总径流量与蒸散量两项输出总和超过了当月的降水量,有的月份降水收入却大于总径流量与蒸散量输出。正是这一点揭示了剩余水量的去向和超支水量的来源,即土壤蓄水的变化。尽管土壤的蓄水年变化和月变化都较小,但确实存在着有的月份土壤处于失水阶段,而有的月份则处于蓄水阶段。当降水量很大时,土壤贮留一部分水分;当降水量很小时,土壤又释放部分水分以补支出,反映出从降水输入到全部支出的时滞性。当土壤蓄水变化为增量时,增加的水量来源于大气降水,这部分水量将用于补给,是支出项;若为减量时,土壤失水,这部分水量又需要补给,是应收入的水量[13]。A、B、C 的总收入水量分别是 1 840.97、1 822.79、1 834.84 mm,实际收入水量均为 1 808.5 mm,其中 32.47、14.29、26.34 mm 是由土壤失水而产生的。A、B、C 的实际支出水量分别是 1 807.98、1 801.72、1 797.05 mm,分别有 32.99、21.07、37.79 mm 是由土壤蓄水引起的。土壤蓄水与土壤失水之和即为 3 个处理的土壤蓄水年变化量,分别为 0.52、6.78、11.45 mm。实际支出水量与实际收入水量的比例均接近 1,即年际间水量的相互影响很小,保证了把 1 年作为一个水文年进行水量平衡研究的合理性。可见,各处理的水量平衡是一种收入对支出的补给和收支项目中可变性的动态平衡。

4 结论

(1)A、B、C 的地表径流系数分别为 1.35%、2.78% 和 32.74%,绝大部分降雨要通过土壤进行再分配。各处理不同土层深的土壤水分年内变化特征表明,地被物可改变土壤水分的时间和空间分布。月均土壤含水量变化规律显示,地被物对土壤含水量的影响随季节的不同而不同,不同地被物可以增加或减少土壤水分。本文讨论的覆盖作物百喜草增大土壤含水量的动态变化,而敷盖材料减小土壤含水量的动态变化。年均土壤含水量排列顺序是:B(27.09%) >A(26.46%)>C(26.27%)。

(2)不同处理水量平衡各分量有较大差异。A、B、C 的年总径流深分别为 1 245.24、1 453.81、1 383.23 mm,蒸散量分别为 562.74、347.91、413.82 mm,土壤蓄水年变化量分别为 0.52、6.78、11.45 mm。以径流的液态水形式支出的水量是小区水量输出的最大项,以蒸散的汽态水形式返回大气的水量是小区水量输出的第二大项。

(3)A、B、C 的土壤蓄水年变化量很小,实际支出水量与实际收入水量的比例均接近 1。各处理的水量平衡是一种收入对支出的补给和收支项目中可变性的动态平衡。

参考文献

[1] 杨文治,余存祖.黄土高原区域治理与评价[M].北京:科学出版社,1991.

[2] Beasley R S, Granillo A B. Soil protection by natural vegetation on clearcut forestland in Arkansas[J]. Journal of Soil and Water Conservation, 1985, 40(4): 379-382.

[3] 吴钦孝,刘向东,苏宁虎.山杨次生林枯枝落叶蓄积量及其水文作用[J].水土保持学报,1992,6(1):71-76.

[4] 刘向东,吴钦孝,苏宁虎.六盘山林区森林树冠截留、枯枝落叶层和土壤水文性质的研究[J].水土保持学报,1991,5(4):87-91.

[5] 赵鸿雁,吴钦孝,刘向东.森林枯枝落叶层抑制土壤蒸发研究[J].西北林学院学报,1997,7(2):14-20.

[6] 陈奇伯,张洪江,解明曙.森林枯落物及苔藓阻延径流速度研究[J].北京林业大学学报,1996,18(1):1-5

[7] 杨立文,石清峰.太行山主要植被枯枝落叶层的水文作用[J].林业科学研究,1997,10(3):283-288.

[8] 孟广涛,郎南军,方向京,等.滇中华山松人工林的水文特征及水量平衡[J].林业科学研究,2001,14(1):78-84.

[9] 康文星,田大伦,文仕知,等.杉木人工林水量平衡和蒸散的研究[J].植物生态学与地植物学学报,1992,16(2):187-196.

[10] 党坤良.秦岭火地塘林区不同林地土壤水分动态特征的研究[J].西北林学院学报,1995,10(1):1-8.

[11] 阮伏水,周伏建.花岗岩不同土地利用类型坡地产流和入渗特征[J].土壤侵蚀与水土保持学报,1996,2(3):1-7.

[12] 余新晓,赵玉涛,张志强,等.长江上游亚高山暗针叶林土壤水分入渗特征研究[J].应用生态学报,2003,14(1):15-19.

[13] 申卫军,彭少麟,周国逸,等.鹤山丘陵草坡的水文特征及水量平衡[J].植物生态学报,2000,24(2):162-168.

江西红壤缓坡地壤中流影响因素分析

尹忠东[1] 左长清[2] 高国雄[3] 彭婉君[1]

(1. 北京林业大学水土保持学院,北京 100083;
2. 江西省水土保持科学研究所,南昌 330046;
3. 西北农林科技大学资源环境学院,杨凌 712100)

壤中流是径流的组成部分之一,甚至会占总径流的较大比例[1],因此是水量平衡研究的重要内容之一。鉴于此,有关学者研究了不同地区土壤壤中流特征[2,3],但是研究主要集中于径流分布,即壤中流与地表径流的比例关系,对壤中流更细致的研究,如壤中流量与降雨因子、地表径流的关系研究十分缺乏。本文根据径流小区实测资料,分析了壤中流与降雨因子、地表径流的关系,以期为红壤地区水分循环研究提供依据。

1 研究区概况

试验地设在江西省北部的德安县燕沟小流域内(115°23′~115°56′E,29°10′~29°35′N)。流域面积 12.3 km^2,属于亚热带湿润季风气候,年平均降水量 1 350.9 mm,无霜期 249 d,平均海拔 30~90 m。土壤为第四纪红壤土,土层平均深 60~100 mm,植被属于亚热带常绿阔叶林,地带性植被类型主要有针叶林、山地针叶林、常绿阔叶林等,主要植物种有湿地松、杉木、油茶、杜鹃、继木、金樱子、芒、假俭草、狗尾草等。

2 研究方法

2.1 径流及产沙

选择坡向无变化的斜坡做 3 个水分循环试验小区(底部坡度为 15°、水平投影面积 75 m^2 的方形水泥槽,填土深 1.05 m,地表坡度 15°、坡长 15 m),小区径流和泥沙通过径流槽进入径流池。在 3 个小区对应于地表径流槽垂直于地表在距地表 30、60、105 cm 深处各做一个地下径流槽,截留 30、60 cm 深壤中流,105 cm 深地下径流,分别称为表层、底层壤中流,地下径流。根据试验要求进行观测,观测期从 2001 年 1 月 1 日至 2002 年 12 月 31 日,样本数为 46。小区措施安排如下(不设重复,但根据数据的总体特征进行数据筛选):

第 1 小区:覆盖小区,全园种植百喜草(覆盖),植被覆盖度 100%;

第 2 小区:敷盖小区,全园敷盖百喜草死地被物,厚度 20 cm;

第 3 小区:裸地小区,植被覆盖度为 0。

2.2 气象

气象站建在距试验小区 100 m 的空旷坡顶,标准气象观测场面积为 16 m ×12 m,2000 年建成并运转。观测项目有降水、风速、气温、地温、湿度、气压、水面蒸发、日照,按国家正规气象台站要求的常规气象要素观测方法进行观测。

2.3 数据分析方法

见文献[4]。

3 结果与分析

3.1 措施对壤中流影响分析

不同类型坡面、不同土层深度壤中流量是不同的。对46场雨的壤中流进行方差分析(见表1)及多重比较(因篇幅所限,多重比较表略去,仅列出比较结果)。可见地表植被和死地被物对增加壤中流量有显著作用,而2种措施间无显著差异。

表1　壤中流量方差分析

项目	平方和	自由度	平均平方和	F	概率 P 值
组间	0.035	5	0.007	3.511	0.005
组内	0.343	174	0.002		
合计	0.378	179			

3.1.1 措施对表层壤中流影响

降雨到达地表后,经过一定时间才会从不同土层深的出水口出流,该时间为壤中流的滞后历时。从表2可见,敷盖小区土壤表层壤中流滞后历时最小,覆盖小区6～10月滞后历时小于裸地,其他各月大于裸地。这主要是由于土壤水吸力导致,敷盖小区各月土壤水吸力最小,覆盖小区6～10月土壤水吸力小于裸地,而其他各月大于裸地(另文研究)。当水吸力小时,土壤水分含量高,土壤湿润下渗过程缩短,从而减小滞后历时。

表2　表层土壤壤中流滞后历时　　(单位:min)

时间	2001-01-05	02-11	02-27	04-02	04-27	06-01	11-02	12-11	2002-05-13
覆盖表层	1 080	470	430	840	130	1 580	430	445	310
敷盖表层	350	230	180	420	50	1 070	460	185	270
裸地表层	340	410	480	450	310	1 370	850	425	860

壤中流历时问题比地表径流历时复杂的多,由于壤中流流速慢,常常一场降雨引起的壤中流还未结束,又有新的降雨,从而导致一个壤中流过程历时很长。各小区不同历时壤中流的径流时间占壤中流总历时不同(见表3)。

可见3个小区壤中流总历时排序为:敷盖＞覆盖＞裸地,裸地不同级别壤中流历时和次数均为三者之中最小。敷盖小区历时4 d以下的壤中流流量和次数大于覆盖小区,而4 d以上则相反。这是由于裸地土壤蓄水能力差,地表径流流速快,雨后短时间内水分从土壤表层流走,1次壤中流过程涵盖的降雨次数较少,从而导致总历时和平均历时较短。覆盖小区由于地表植被的蒸发作用,雨后水分散失速度也较快,在后一场降雨产生之前已完成1次壤中流过程,从而形成次数多、历时短的现象。

表3 不同历时表层壤中流历时特征

时间(d)	覆盖措施小区表层			敷盖措施小区表层			裸地小区表层		
	总历时(min)	占比(%)	次数	总历时(min)	占比(%)	次数	总历时(min)	占比(%)	次数
<2	3 8250	21.07	21	24 670	10.47	12	15 395	16.25	9
2~4	60 095	33.1	13	57 624	24.47	14	35 290	37.24	9
4~6	26 020	14.33	4	46 370	19.69	7	18 690	19.72	3
>6	57 180	31.5	3	106 870	45.37	9	25 380	26.78	2
合计	181 545	100.00	41	235 534	100.00	42	94 755	100.00	23

3.1.2 措施对底层壤中流影响分析

各小区底层2001年壤中流历时分别为：覆盖122 020 min(84.7 d)，敷盖192 750 min(133.9 d)，裸地113 560 min(78.9 d)，远大于表层壤中流历时，1次壤中流过程通常在3 d以上，最长历时分别为覆盖45 000 min(31.3 d)，敷盖43 260 min (30.0 d)，裸地15 360 min(10.7 d,2001年)，可见措施对表层和底层壤中流历时影响存在相似性，即敷盖小区历时最大，覆盖小区其次，裸地小区最小。

3.2 降雨因子对壤中流的影响

3.2.1 降雨因子与壤中流量关系

各小区不同土层深产生壤中流的最小雨量、雨强、降雨历时、初渗雨量不同，最小产流雨量1.05~6.50 mm，最小产流降雨历时7.4~557.0 min，最小产流雨强0.19~0.67 mm/h，最小初渗雨量0.35~3.80 mm。

由表4可见，采取措施后产生壤中流的临界雨量增大。从试验观测可知，与降雨相比，壤中流开始时间有不同长短的滞后，在该时间段内的降雨量称为初渗雨量。由表5可见，初渗雨量随总雨量增大而增大，两者之间相关性极显著(裸地底层为显著)，其相关关系形式为幂函数(覆盖表层)、S曲线(覆盖底层、敷盖表层)、直线(敷盖底层、裸地表层)、二次曲线关系(裸地底层)。

表4 不同小区土层壤中流临界雨量 (单位:mm)

小区土层	覆盖土层	覆盖底层	敷盖表层	敷盖底层	裸地表层	裸地底层
临界雨量	20.20	25.78	17.16	20.97	15.39	13.68

表5 初渗雨量(Y)与总雨量(X)回归方程

项目	方程类型	R	df	F	Sig	b_0	b_1	b_2
覆盖表层	$Y=b_0X^{b_1}$	0.659	40	30.71	0.000	1.443 0	0.709 8	
覆盖底层	$Y=e^{(b_0+b_1/X)}$	0.588	27	14.30	0.001	3.370 3	-15.253	
敷盖表层	$Y=e^{(b_0+b_1/X)}$	0.591	40	21.41	0.000	3.079 1	-6.160 8	
敷盖底层	$Y=b_0+b_1X$	0.791	34	56.84	0.000	2.545 2	0.331 2	
裸地表层	$Y=b_0+b_1X$	0.951	22	206.94	0.000	-0.493 5	0.553 8	
裸地底层	$Y=b_0+b_1X+b_2X^2$	0.640	13	4.52	0.032	-1.756 0	1.083 0	-0.008 5

从前面分析可以看出,2 种措施表层和底层壤中流量特征相似,将 2 种措施数据合并,不分土层做各小区降雨量、雨强、降雨历时、初渗雨量滞后历时渗漏历时与壤中流量曲线回归方程(见表 6、表 7)。壤中流量与因子呈正相关(采取措施后壤中流量与渗漏滞后历时呈负相关),与雨量为直线(措施) 或幂函数关系(裸地),与雨强为 S 曲线(措施) 或对数关系(裸地),与降雨历时呈直线关系,与初渗雨量呈幂函数(措施)、S 曲线(裸地)关系,与渗漏历时呈直线(措施)或 S 曲线(裸地)关系,与渗漏滞后历时呈对数(措施)或 3 次函数关系(裸地)。以雨量、雨强、降雨历时为自变量做逐步回归结果表明,雨量、雨强、降雨历时均对壤中流量产生影响,覆盖、敷盖小区壤中流量受雨量影响较大,而裸地小区壤中流量受雨强影响较大。

表 6　壤中流量(Y)与因子回归方程

项目		方程类型	R	df	F	Sig	b_0	b_1	b_2	b_3
采取措施小区	雨量	$Y=b_0+b_1X$	0. 843	132	324. 60	0. 000	−0. 019 2	0. 001 9		
	雨强	$Y=e^{(b_0+b_1/X)}$	0. 399	132	25. 00	0. 000	−2. 753 4	−0. 012 9		
	降雨历时	$Y=b_0+b_1X$	0. 692	132	121. 39	0. 000	−0. 026 1	6. 1E−05		
	渗漏历时	$Y=b_0+b_1X$	0. 700	131	126. 04	0. 000	−0. 035 8	1. 7E−05		
	滞后历时	$Y=b_0+b_1\ln X$	0. 232	131	7. 55	0. 007	−0. 248 0	−0. 028 8		
	初渗雨量	$Y=b_0X^{b_1}$	0. 404	132	25. 73	0. 000	−3. 945 5	0. 024 5		
裸地小区	雨量	$Y=b_0X^{b_1}$	0. 750	37	17. 07	0. 000	0. 001 9	0. 574 8		
	雨强	$Y=b_0+b_1\ln X$	0. 587	37	5. 00	0. 031	0. 054 3	0. 009 0		
	降雨历时	$Y=b_0+b_1X$	0. 822	37	30. 96	0. 000	0. 000 3	4. 2E−06		
	渗漏历时	$Y=e^{(b_0+b_1/X)}$	0. 491	37	2. 28	0. 139	−4. 187 4	−0. 544 7		
	滞后历时	$Y=b_0+b_1X+b_2X^2+b_3X^3$	0. 587	35	6. 15	0. 002	−0. 000 5	0. 000 1	−2E−07	9. 8E−11
	初渗雨量	$Y=e^{(b_0+b_1/X)}$	0. 675	37	30. 96	0. 000	0. 000 3	4. 2E−06		

表 7　壤中流量(Y)与降雨因子逐步回归结果

项目	b_0	b_1	b_2	b_3	b_4	b_5	F	Sig	R
覆盖	−5. 84E−02	−3. 187E−03	0	0	0	−1. 17E−08	122. 978	0. 000	0. 887
敷盖	2. 040E−02	9. 965E−04	0	−2 657E−05	4 572E−07	0	48. 865	0. 000	0. 840
裸地	7. 935E−03	0	8 138E−02	0	0	1. 107E−07	11. 898	0. 000	0. 631

注: 计算公式:$Y=b_0+b_1X_1+b_2X_2+b_3X_3+b_4X_4+b_5X_5+b_6X_6$ 其中 X_1:雨量,X_2:雨强,X_3:降雨历时,X_4:雨量 X 雨强,X_5:雨量 X 历时,X_6:雨强 X 历时,$b_1\sim b_7$ 分别为多变量的系数。

3.2.2 降雨因子与壤中流历时关系

由于表层和底层壤中流历时有较大差别，分析壤中流历时时按不同土层深、不同措施类别用10种模型做壤中流历时与降雨量、降雨历时、降雨强度回归方程（见表8～表10）。可见：①表层壤中流历时与降雨因子有较好相关性，而底层壤中流历时与降雨因子相关性很差，植被覆盖小区壤中流与降雨因子相关性高于另两个小区；②表层壤中流历时与雨量呈线性（覆盖、敷盖）正相关关系或倒数负相关关系（裸地），采取措施后壤中流历时随雨量增大而增大，裸地壤中流历时随雨量增大而减小；③采取措施后，表层壤中流历时与降雨历时呈线性正相关关系，裸地小区两者之间无显著相关关系；④表层壤中流历时与降雨强度相关性较差，覆盖小区两者之间为复合曲线关系，其他小区两者无显著相关关系；⑤底层壤中流历时与雨量、降雨历时呈线性正相关关系（覆盖底层、裸地底层）或不相关（敷盖底层），与雨强不相关。从逐步回归结果来看（见表11），方程形式较简单，壤中流历时主要受单因子影响，交互作用的影响较弱，裸地表层、敷盖底层未筛选出对壤中流历时有显著影响的降雨因子。

表8 壤中流历时（Y）与降雨量回归方程

项目	方程类型	R	df	F	Sig	b_0	b_1
覆盖表层	$Y=b_0+b_1X$	0.837	38	86.19	0.000	1 100.15	72.416 3
覆盖底层	$Y=b_0+b_1X$	0.924	27	156.27	0.000	4 135.75	76.054 0
敷盖表层	$Y=b_0+b_1X$	0.701	40	38.67	0.000	2 461.98	67.047 6
敷盖底层	$Y=b_0X^{b_1}$	0.095	33	0.31	0.583	6 555.09	0.067 9
裸地表层	$Y=b_0+b_1/X$	0.649	21	15.26	0.001	252.545	13 314.4
裸地底层	$Y=b_0+b_1X$	0.624	14	8.94	0.010	3 932.66	71.607 7

表9 壤中流历时（Y）与雨强回归方程

项目	方程类型	R	df	F	Sig	b_0	b_1
覆盖表层	$Y=b_0b_1^X$	0.338	38	4.90	0.033	3 356.46	0.336 9
覆盖底层	$Y=b_0e^{b/X}$	0.315	27	2.95	0.097	7 474.23	-1.810 9
敷盖表层	$Y=e^{(b_0+b_1/X)}$	0.155	40	0.98	0.329	8.560 7	-0.003 3
敷盖底层	$Y=b_0e^{b/X}$	0.118	33	0.47	0.497	9 011.25	-1.710 9
裸地表层	$Y=b_0+b_1X$	0.100	21	0.20	0.657	7 512.24	-9 640.1
裸地底层	$Y=b_0+b_1\ln X$	0.161	14	0.38	0.547	9 767.64	728.31

表10 壤中流历时（Y）与降雨历时回归方程

项目	方程类型	R	df	F	Sig	b_0	b_1
覆盖表层	$Y=b_0+b_1X$	0.857	38	105.32	0.000	200.131	3.192 6
覆盖底层	$Y=b_0+b_1X$	0.945	27	224.55	0.000	2 166.71	3.251 6
敷盖表层	$Y=b_0+b_1X$	0.781	40	62.45	0.000	1 587.42	2.281 4
敷盖底层	$Y=e^{(b_0+b_1/X)}$	0.182	33	1.14	0.293	9.128 4	-73.140
裸地表层	$Y=b_0b_1^X$	0.245	21	1.34	0.260	2 739.53	1.000 2
裸地底层	$Y=b_0+b_1X$	0.540	14	5.78	0.031	3 970.38	2.225 0

表 11　壤中流历时（Y）与降雨（X_1）、降雨历时（X_2）、雨强（X_3）逐步回归方程

项目	覆盖表层	敷盖表层	覆盖底层	裸地底层
b_0	1 605.581	1 587.417	2 633.875	344.214
b_1				
b_2	1.310	2.281	2.203	
b_3				
b_4	0.009 35			
b_5				
b_6			28.063	82.051
R	0.924	0.781	0.952	0.673
F	107.539	62.446	126.426	11.561
Sig	0.000	0.000	0.000	0.004

3.2.3　降雨因子与壤中流流速关系

对壤中流流速分析表明（见表 12），裸地壤中流流速最慢，底层壤中流流速远大于表层，两种措施相比，覆盖表层壤中流流速大于敷盖，底层则相反。

表 12　壤中流流速　（单位：m/d）

项目	植被覆盖表层	植被覆盖底层	敷盖表层	敷盖底层	裸地表层	裸地底层
平均	0.021	3.645	0.016	4.138	0.008	2.442

从壤中流流速与降雨因子回归结果来看（见表 13 ~ 表 16）：①两种措施表层壤中流流速与降雨量呈显著正相关关系，分别为复合函数（植被覆盖表层）和线性关系（敷盖表层），其他部位壤中流流速与降雨量无显著相关关系。从显著性上看，采取措施后表层壤中流流速与降雨量相关性高于底层，裸地则相反。②除敷盖小区底层外，其他部位壤中流

表 13　壤中流速与降雨量回归方程

项目	方程类型	R	df	F	Sig	b_0	b_1
植被覆盖表层	$Y=b_0X^b$	0.794	38	64.88	0.000	0.001 2	0.754 7
植被覆盖底层	$Y=b_0X^b$	0.316	27	3.00	0.095	8.542 8	-0.345 8
敷盖表层	$Y=b_0+b_1X$	0.681	40	34.61	0.000	0.002 7	0.000 3
敷盖底层	$Y=b_0X^b$	0.122	32	0.49	0.490	2.151 4	1.001 3
裸地表层	$Y=b_0b_1^X$	0.197	21	0.85	0.366	0.007 5	0.996 4
裸地底层	$Y=b_0+b_1X$	0.369	14	2.21	0.159	3.332 6	-0.020 2

表 14 壤中流流速与降雨历时回归方程

项目	方程类型	R	df	F	Sig	b_0	b_1
植被覆盖表层	$Y=b_0+b_1X$	0.359	38	5.65	0.023	0.013 4	5.8E-06
植被覆盖底层	$Y=b_0X^b$	0.424	27	5.94	0.022	49.945 6	-0.419 2
敷盖表层	$Y=b_0X^b$	0.396	40	7.44	0.009	0.007 3	1.000 3
敷盖底层	$Y=e^{(b_0+b_1/X)}$	0.249	32	2.12	0.155	0.655 6	161.653 0
裸地表层	$Y=b_0+b_1/X$	0.660	21	16.15	0.001	0.005 7	1.168 9
裸地底层	$Y=b_0b_1^X$	0.566	14	6.58	0.022	4.135 1	0.999 3

表 15 壤中流流速与雨强回归方程

项目	方程类型	R	df	F	Sig	b_0	b_1
植被覆盖表层	$Y=b_0X^b$	0.582	38	19.49	0.000	0.065 3	0.460 9
植被覆盖底层	$Y=b_0b_1^X$	0.190	27	1.00	0.326	2.267 9	5.205 5
敷盖表层	$Y=e^{(b_0+b_1/X)}$	0.479	40	11.86	0.001	-3.877 5	-0.012 1
敷盖底层	$Y=b_0b_1^X$	0.228	32	1.76	0.194	1.889 8	153.353 0
裸地表层	$Y=b_0+b_1X$	0.725	21	23.30	0.000	0.005 8	0.033 8
裸地底层	$Y=b_0b_1^X$	0.212	14	0.66	0.431	1.172 0	5 507.140 0

流速与降雨历时显著相关，其中植被覆盖表层、敷盖表层呈负相关关系，其他部位为正相关关系，回归方程形式为线性（植被覆盖表层）、幂函数（植被覆盖底层、敷盖表层）、倒数函数（裸地表层）、复合函数（裸地底层）。③表层壤中流流速与雨强显著正相关，函数形式为复合函数（植被覆盖表层）、S 曲线（敷盖表层）、线性函数（裸地表层）；底层壤中流与雨强相关性不显著。④与壤中流流速相关性最好的降雨因子因措施及土层深而异，在植被覆盖表层、敷盖表层与雨量相关性最好，在裸地表层与雨强相关性最好，在各小区底层流速均与降雨历时相关性最好。⑤逐步回归结果表明，各降雨因子对敷盖措施底层壤中流流速均无显著影响，其他部位相关性极显著。裸地小区受单因素影响，采取措施小区受多因素影响。雨量、历时与壤中流速正相关，雨强、交互作用与壤中流流速负相关，雨量、雨强的交互作用对流速无显著影响。

表 16 壤中流流速与雨量（X_1）、降雨历时（X_2）、雨强（X_3）逐步回归

项目	b_0	b_1	b_2	b_3	b_4	b_5	R	F	Sig
植被覆盖表层	3.374E-03	7.196E-04		-4.965E-06	-6.728E-08		0.871	37.893	0.000
植被覆盖底层	4.545			-4.430E-04					
敷盖表层	5.746E-03	4.229E-04		-5.265E-06			0.728	22.024	0.000
敷盖底层	—	—	—	—	—	—	—	—	—
裸地表层	5.840E-03		3.382E-04				0.725	23.300	0.000
裸地底层	3.899			-1.037E-03			0.529	5.450	0.000

3.3　地表径流与壤中流关系

从表 17 可见，裸地地表径流量与壤中流量相关关系不显著，在采取两种措施后，地表径流量与壤中流量呈线性正相关关系，壤中流量大于地表径流量。采取措施后覆盖壤中流量增大幅度大于敷盖措施，相同径流量时覆盖措施下壤中流量更大。

表 17　壤中流量(Y)与地表径流(X)回归方程

项目	方程类型	R	df	F	Sig	b_0	b_1
覆盖小区	$Y=b_0+b_1X$	0.841	22	53.03	0.000	0.009 9	0.723 3
敷盖小区	$Y=b_0+b_1X$	0.683	28	24.55	0.000	0.008 2	0.404 1
裸地小区	$Y=b_0+b_1/X$	0.164	24	0.67	0.422	0.018 2	-0.000 4

4　结论与讨论

通过对径流小区覆盖、敷盖、裸地 3 种情况下 30、60 cm 壤中流，105 cm 地下径流特征观测与分析认为，各措施、土层深渗漏滞后历时最小为 10 min，表层土壤壤中流滞后历时敷盖小区最小，覆盖小区 6～10 月滞后历时小于裸地，其他各月大于裸地，总历时敷盖 > 覆盖 > 裸地；初渗雨量随总雨量的增大而增大，其相关关系为幂函数（覆盖表层）、S 曲线（覆盖底层、敷盖表层）、直线（敷盖底层、裸地表层）、二次曲线关系（裸地底层）；壤中流量与雨量、雨强、降雨历时、初渗雨量呈正相关关系，覆盖、敷盖小区壤中流量受雨量影响较大，而裸地小区壤中流量受雨强影响较大；表层壤中流历时与降雨因子有较好相关性，而底层壤中流历时与降雨因子相关性很差，表层壤中流历时与雨量呈线性（覆盖、敷盖）和倒数关系（裸地表层），底层壤中流历时与雨量、降雨历时呈线性正相关关系（覆盖、裸地）或不相关（敷盖），与雨强不相关，逐步回归结果表明降雨历时对壤中流历时影响最大，降雨量影响最小；壤中流流速与措施及土层深有关，在植被覆盖表层、敷盖表层与雨量相关性最好，在裸地表层与雨强相关性最好，在各小区底层流速均与降雨历时相关性最好。逐步回归结果表明，裸地小区壤中流受单因素影响，采取措施小区受多因素影响。裸地地表径流量与壤中流量相关关系不显著，在采取两种措施后，地表径流量与壤中流量呈线性正相关关系，随地表径流量的增大，覆盖措施壤中流量增大幅度大于敷盖措施。

参 考 文 献

[1] 高甲荣. 秦岭林区锐齿栎林水文效应的研究[J]. 北京林业大学学报，1998，20(6)：31-35.

[2] 黄平，赵吉国. 森林坡地二维分布型水文数学模型的研究[J]. 水文，2000，20(6)：1-4.

[3] 方向京，孟广涛，郎南军. 滇中高原山地人工群落径流规律的研究[J]. 水土保持学报，2001，15(1)：66-68，84.

[4] 尹忠东，左长清，周心澄. 江西省北部燕沟小流域降雨侵蚀力研究[J]. 人民长江，2005，37(7)：55-56.

红壤坡地果园不同耕作措施的水土保持效应研究

左长清[1] 马 良[2]

（1. 江西省水土保持科学研究所，南昌 330029；
2. 江西农业大学国土资源与环境学院，南昌 330045）

随着我国南方地区城镇化的速度不断加快，平原土地资源日益相对减少，利用丘陵山地资源，发展坡地农业已成为必然趋势。在开发利用坡地期间，不当利用和不合理耕作带来严重的水土流失，造成环境恶化、地力衰退、生态破坏及自然灾害加重等恶性后果。据统计，20 世纪 50 年代以来长江流域坡耕地增加了 40% ~ 60%，目前已达 800 万 hm^2 左右，中上游各省区坡耕地面积占其耕地总面积的60%以上。由于不合理坡地耕作方式比较普遍，长江流域水土流失面积已由 20 世纪 50 年代的 29.95 万 km^2，扩大到目前的 56.2 万 km^2，占流域总面积的 31.2%，年土壤侵蚀总量达 22.4 亿 t。

在南方红壤坡地开发果园以及果园套种十分普遍，为了探索控制水土流失的有效途径，寻找最佳的开发模式和耕作方式，研究水土流失发生过程、演变规律，建立水土保持效应的评价指标和体系，提出并完善南方红壤坡地水土资源优势、控制土壤侵蚀的理论体系和技术规范，具有极其重要的理论价值和生产实践意义。为此，我们与台湾中华水土保持学会合作，于2000 年起在江西省德安县开展了这一研究，期望进一步对开发利用红壤土地资源和治理水土流失提供可靠的技术支撑[1]。

1 研究区基本概况

试验布设在江西省水土保持科技园（115°23′ ~ 115°53′E，29°10′ ~ 29°35′N）内，科技园地处鄱阳湖水系的博阳河西岸。成土母质为第四纪红黏土发育红壤，地貌类型为浅丘岗地，海拔为 30 ~ 100 m，坡度小于 25°，是我国红壤的中心区域，具有典型代表意义。

这里地处亚热带季风气候区，四季分明，气候温和，雨量充沛，多年平均降水量在 1 350 mm以上，多年平均气温为 16.7 ℃，年日照时数为 1 650 ~ 2 100 h，多年平均无霜期 249 d。由于受当地气候等因素的影响，这里的森林植被为常绿阔叶林带，植物种类繁多，植被类型复杂多样。但由于长期过度开发利用和不合理经营，地表植被遭到破坏，生态环境相当脆弱，水土流失十分严重，其流失面积占总土地面积的 42.75%，中轻度侵蚀占 80% 以上，土壤侵蚀类型以水力侵蚀为主。试验区选择在山坡的中下部，坡面土层厚度在 0.5 ~ 1.5 m，土壤 pH 值为 5.0，有机质含量为 1.55%，全氮为 0.08%，全磷为 0.07%，全钾为 1.7%，C/N 值为 7.5，各项速效养分低，具有酸、黏、板、瘦等不良特性。

2　研究内容与方法

2.1　试验材料

在试验场同一坡面共布设15个5 m×20 m标准径流小区,其中耕作措施一组4个小区,小区水平投影面积100 m^2,坡度均为12°。为阻止地表径流进出小区,周边设置围埂,其埂高出地表30 cm,埋深45 cm,用混凝土砖块砌成。小区下面筑有矩形集水槽,承接小区径流及泥沙,并引入径流池。径流池根据当地可能发生的最大暴雨和径流量设计成A、B、C三池,每池均按1.0 m×1.0 m×1.2 m方柱形构筑。A、B两池在墙壁两侧0.74 m处装有五分法60°"V"型三角分流堰,其中A池4份排出,内侧1份流入B池,B池与A池一样,其中1份进入C池。每个池都进行率定,池壁均安装有搪瓷水尺,能直接读数计算地表径流量。

另外,按照气象观测要求,建立标准气象站一个,用于观测各种与试验有关的气象因素。

2.2　研究方法

耕作措施组共4个标准径流小区,分别是横坡耕作、顺坡耕作、果园清耕和裸露对照小区,其中前3区在2000年春均种植二年生椪柑。横坡耕作和顺坡耕作区按当地生产习惯,每年套种两季作物,即黄豆和萝卜。果园清耕区与其他小区不同的是及时清除地面杂草。小区管理方法均按《水土保持试验规范》部颁标准进行。处理详述见表1。观测内容包括降雨量、降雨历时、降雨场次、径流量和产沙量等项目。

表1　标准径流小区耕作制度详查表

小区编号	耕作制度	说明
第8小区	横坡耕作	常年有椪柑,间种黄豆和萝卜,每年4月12日~8月10日种黄豆,8月12日~3月12日种萝卜
第9小区	顺坡耕作	常年有椪柑,间种黄豆和萝卜,每年4月12日~8月10日种黄豆,8月12日~3月12日种萝卜
第10小区	果园清耕	椪柑清耕,及时清除地面杂草
第4小区	对照区	全园裸露,以供对照

3　试验结果与分析

3.1　试验期间的降雨特征分析

降雨是水土流失的源动力,与坡面径流及产沙有密切关系。据气象站实测资料,观测期间(2001年1月~2002年12月)共降雨271次,降雨总量2 971.2 mm,降雨总历时2 210.7 h,年平均降雨量1 485.6 mm,年均降雨历时1 105.35 h。其中2001年试验小区降雨总量1 163.20 mm,历时1 022.77 h,平均雨强为1.529 mm/h,雨量较常年偏小。2002年试验小区降雨总量达1 808.00 mm,历时1 187.93 h,平均雨强为1.036 mm/h。

3.2　减流效应分析

3.2.1　减流效应差异性检验

实测4个试验小区观测期内的径流量,其中4号小区径流次数为76次。分析表明,径流总量以第4裸露对照小区最大，达111.385 m^3，年均径流系数0.39，是其他各小区平均值的1.7倍。第8小区径流总量最小，为34.06 m^3，年均径流系数0.119；单场降雨最大产流量出现在第10小区，2002年5月14日降雨带来13.23 m^3 的径流，为同场降雨其他小区最小径流量的12.5倍；第4小区在2002年7月26日产流10.70 m^3 时的径流系数为0.84，为单场降雨最大径流系数。年径流量、单场降雨产流量等径流特征因子的最大值出现在不同小区，反映出不同耕作措施水土保持效应的差异性。

运用数学统计方法对4个小区实测径流量进行单因素方差分析，概率在0.01水平下即为显著。结果显示，耕作措施组内各小区径流量存在极显著差异（$p<0.01$）。并经最小显著差法（LSD）多重比较得出：果园清耕小区与第4裸露对照小区的径流量不存在显著差异性，但横坡耕作及顺坡耕作小区均与裸露对照小区存在显著差异性。因此，横坡耕作与顺坡耕作可明显地减小径流量，具有一定的蓄水减流效应。

3.2.2 减流效应比较

经分析，横坡耕作的第8小区在观测期间径流总量为34.06 m^3，相比顺坡耕作的第9小区径流量减少了0.84倍，比果园清耕的第10小区减少了1.94倍，比裸露对照第4小区减少了径流总量77.32 m^3，其蓄水减流效应为全组中最优。研究中选取观测期间具有代表性的降雨场次进行分析（见表2），在中雨的降雨强度下，横坡耕作与顺坡耕作的产流量与径流系数相差不大，但随着雨强的增大，横坡耕作的保水效应愈加明显，仅2002年5月6日的单场降雨，横坡耕作减少径流量6.13 m^3，比顺坡耕作减少了5.72 m^3。与横坡耕作及顺坡耕作小区产流量相比，果园清耕在蓄水减流方面的效应差很多，甚至在某些场次降雨的产流量比裸露对照小区还大。

表2 不同耕作措施小区单场降雨蓄水减流效应对比

日期（年-月-日）	雨型	降雨量（mm）	降雨强度（mm/d）	径流量（m^3）				径流系数（%）			
				8	9	10	4	8	9	10	4
2002-04-05	大暴雨	47.6	214.2	1.87	2.42	1.65	3.61	39.29	50.84	34.66	75.84
2002-07-26	暴雨	127.9	84.48	4.33	9.29	9.82	10.70	33.85	72.63	76.78	83.66
2002-04-20		70.4	67.27	2.35	3.01	2.43	4.87	33.38	42.76	34.52	69.18
2001-04-30		125.8	59.04	3.28	3.70	5.13	9.31	26.07	29.41	40.78	74.01
2001-03-25	大雨	60.6	38.70	0.25	0.31	1.05	2.06	4.13	5.12	17.33	33.99
2001-11-03		49.9	41.06	0.19	0.22	0.61	1.71	3.81	4.41	12.22	34.27
2002-04-17		56.0	45.78	0.75	0.84	1.69	2.85	13.39	15.00	30.18	50.89
2002-06-27		31.3	48.31	0.12	0.20	1.43	1.01	3.83	6.39	45.69	32.27
2001-06-27	中雨	31.8	22.60	0.08	0.08	0.26	0.14	2.52	2.52	8.18	4.40
2002-06-19		17.2	24.40	0.07	0.06	0.09	0.10	4.07	3.49	5.23	5.81
2002-10-31		19.9	24.28	0.08	0.08	0.15	0.10	4.02	4.02	7.54	5.03

已有研究证明，红壤坡地径流量与降雨量相关性高，且拟合最优经验方程多为幂方程

或二次方程[2]。为定量研究不同耕作措施小区径流与降雨之间关系，评价各小区产流量差异，本次研究拟合了径流量(Q) 同雨量(P)、雨强(I) 等降雨特征因子的单因子回归方程及多因子线性回归方程(略)，并根据相关系(指)数大小，从中筛选出监测预报径流量的经验性方程(见表3)。方程显示，在已测降雨量的大小区间内，径流量随雨量的增大而增大，以蓄水减流效应从优至劣的排序依次为：横坡耕作 > 顺坡耕作 > 果园清耕 > 裸露对照区。

表3 监测预报径流量(Q)经验性方程

小区编号	监测预报经验性方程	相关系数
第8小区	$Q=0.002P^{1.3381}$	0.850
第9小区	$Q=0.0009P^{1.5865}$	0.832
第10小区	$Q=0.0019P^{1.6362}$	0.855
第4小区	$Q=0.0021P^{1.6327}$	0.817

3.3 减沙效应分析

3.3.1 减沙效应差异性检验

分析实测所得4个试验小区观测期内的泥沙量数据，总产沙量以第4裸露对照小区最大，年均侵蚀模数为8 782.62 t/(km^2 · a)，为强度侵蚀；第10小区年均侵蚀模数达7 432.77 t/(km^2 · a)，为强度侵蚀；第9小区年均侵蚀模数达3 673.18 t/(km^2 · a)，为中度侵蚀；第8小区年均侵蚀模数1 550.45 t/(km^2 · a)，为轻度侵蚀；充分反映出不同耕作措施水土保持效应的差异性。

运用数学统计方法对4个小区泥沙量进行单因素方差分析。由于数据呈偏正态分布，因此在方差分析前需要对数据进行对数变换。结果显示，耕作措施组内各小区泥沙量同样存在差异性显著($p<0.01$)。经最小显著差法(LSD)多重比较同样得出：果园清耕小区与第4裸露对照小区的泥沙量不存在显著差异性，但横坡耕作及顺坡耕作小区均与裸露对照小区存在显著差异性。因此，横坡耕作与顺坡耕作可显著地减小泥沙量，具有一定的保土减沙效应。

3.3.2 减沙效应比较

经分析，横坡耕作的第8小区在观测期间泥沙总量为310.089 kg，相比顺坡耕作的第9小区泥沙量减少了68%，比果园清耕的第10小区减少了189%，比裸露对照第4小区减少了233%，计1 446.43 kg，其保土减沙效应同样是全组最优。选取代表性的降雨场次进行分析(见表4)，与顺坡耕作相比，中雨强度下横坡耕作的产沙量和侵蚀模数与之相差无几，但随着雨强的增大，横坡耕作的保土效应愈加明显，仅2002年5月6日的单场降雨，横坡耕作比顺坡耕作产沙量减少10.80 kg，侵蚀模数减少108.06 t/km^2。果园清耕的保土减沙效应相当不理想，甚至在某些场次降雨的产沙量比裸露对照小区还大。

表4　不同耕作措施小区单场降雨保土减沙效应对比

日期(年-月-日)	雨型	降雨量(mm)	降雨强度(mm/d)	径流量(m^3)				径流系数(%)			
				8	9	10	4	8	9	10	4
2002-05-06	大暴雨	82.2	174.07	67.00	77.80	388.81	116.34	669.98	778.04	3 888.1	1 163.4
2002-07-26	暴雨	127.9	84.48	24.09	90.32	200.53	186.30	240.92	903.25	2 005.3	1 863.03
2002-04-20		70.4	67.27	3.20	5.54	7.46	24.86	31.98	55.41	74.63	248.60
2001-04-30		125.8	59.04	11.57	10.30	85.66	154.89	115.73	103.00	856.62	1 548.89
2001-03-25	大雨	60.6	38.70	0.15	0.18	9.11	10.41	1.54	1.77	91.1	104.06
2001-11-03		49.9	41.06	0.05	0.08	0.76	1.86	0.55	0.77	7.64	31.86
2002-04-17		56.0	45.78	1.86	1.91	4.76	43.01	18.61	19.07	47.6	430.06
2002-06-27		31.3	48.31	0.22	0.62	1.21	0.81	2.19	6.18	12.06	8.13
2001-06-27	中雨	31.8	22.60	0.03	0.03	0.86	0.15	0.31	0.34	8.59	1.46
2002-06-19		17.2	24.40	0.09	0.11	0.16	0.15	0.89	1.06	1.58	1.48
2002-10-31		19.9	24.28	0.04	0.06	0.05	0.07	0.38	0.57	0.45	0.69

为定量评价不同耕作措施小区泥沙与降雨、径流之间关系及差异，本次研究拟合了泥沙量(A)同径流量(Q)、雨量(P)、雨强(I)等特征因子和单因子回归方程及多因子线性回归方程(略)，根据相关系(指)数大小，筛选出监测预报泥沙量的经验性方程(见表5)。研究发现，红壤坡地泥沙量与径流量相关性很高，并随径流量的增大而增大，监测预报泥沙量的最优经验方程为幂函数，以保土减沙效应从优至劣的排序依次为：横坡耕作＞顺坡耕作＞果园清耕＞裸露对照区。

表5　监测预报泥沙量(A)经验性方程

小区编号	监测预报经验性方程	相关系数
第8小区	$A=2.4531P^{1.4208}$	0.888
第9小区	$A=2.6543P^{1.6053}$	0.884
第10小区	$A=3.8694P^{1.5668}$	0.851
第4小区	$A=4.2866P^{1.5267}$	0.869

4　结论与建议

(1)从各小区保持水土效应来看，从优至劣的顺序为横坡耕作＞顺坡耕作＞果园清耕＞裸露对照区。由此可见，只要坡面有植被就有保持水土作用，哪怕是只有几棵幼年果树也有作用。因此，增加地表植被十分必要。

(2)耕作效益。从研究结果发现，在红壤坡地果园中，前期采取套种耕作还可获得一定经济效益。无论横坡耕作还是顺坡耕作,其保持水土效应都随作物覆盖度增加而凸现。因此,在坡地搞果业开发要进行套种,增加植被覆盖,减轻水土流失。

(3)改进耕作方式有明显的保持水土作用。通过横坡耕作和顺坡耕作结果比较,在几乎不增加投入的情况下,可减少径流、泥沙。尽管中小降雨时效果不十分明显,但随雨量、雨强的增加,水土保持作用更加明显。建议予以大力推广横坡耕作技术。

(4)在红壤坡地上,单纯的耕作措施不能杜绝水土流失。从研究结果可见,横坡耕作虽有明显的保持水土作用,仍有 1 550.45 t/(km^2 · a) 的水土流失量,超过了南方容许流失量 500 t/(km^2 · a) 的标准。欲要从根本上控制水土流失,还需与其他措施配合。

本文得到台湾中华水土保持学会廖绵、吴辉龙、张贤明、沈福成先生的悉心指导,特此致谢。

参考文献

[1] Zuo Changqing, Zhang Xianming, Wu Chaichun. Preliminary Report on Technical Research for Soil and Water Conservation, Flood Control and Natural Disaster Reduction on Red Soil Hilly and Sloping Lands [C]//Proceedings of 12th International Soil Conservation Organization Conference (Volume). Beijing: Tsinghua University Press, 2002:160-165.

[2] 左长清. 低丘红壤防蚀措施初步研究[J]. 中国水土保持,1988 (12):47-48.

[3] 丁军,等. 南方红壤丘陵区人工林地水文效应研究[J]. 水土保持学报,2003,17(2):141-144.

[4] 水建国,等. 液体地膜防治丘陵红壤地区水土流失的研究[J]. 水土保持学报,2003,17(2):9-11.

[5] 李德荣,等. 百喜草治理稀土尾砂的水土保持效果研究[J]. 水土保持学报,2003,17(4):122-124.

[6] 袁春明,等. 长江上游云南松林水土保持生态效益的研究[J]. 水土保持学报,2002,16(2):87-90.

[7] 马琨,等. 不同雨强条件下红壤坡地养分流失特征研究[J]. 水土保持学报,2002,16(3):16-19.

[8] 廖晓勇,等. 陡坡地皇竹草水土保持效益研究[J]. 水土保持学报,2002,16(4):34-36.

南方红壤坡地不同水土保持措施消流减蚀效果研究

谢颂华[1]　曾建玲[2]　杨　洁[1]

(1. 江西省水土保持科学研究所，南昌　330029；
2. 江西农业大学国土资源与环境学院，南昌　330045)

1　试验区概况

试验地设在江西省北部的德安县江西省水土保持生态科技园内(115°23′~115°53′E,29°10′~29°35′N)。园区面积 80 hm^2，属亚热带湿润季风气候，多年平均降水量 1 350.9 mm，无霜期 249 d，平均海拔 30~90 m。土壤为第四纪红壤，土层平均深60~100 cm，地带性植被类型属亚热带常绿阔叶林。试验区现有植被类型主要为针叶林，不同处理种植的植物有柑橘(*Citrus reticulata*)、百喜草(*Paspalum notatum* Fliiegge)、宽叶雀稗(*Paspalum wettsteinii* Hackel)和狗牙根(*Cynodon dactylon*)。降雨数据取自试验站所设气象观测场，用虹吸式自计雨量计观测降雨，产沙量为径流小区实测数据，小区规格为 5 m×20 m，坡度 12°。

2　试验设计和研究方法

2.1　试验设计

根据坡面地形、地质条件，按照区域内具有代表性、典型性、易于小区建设、便于试验和管理的原则，坡面径流试验场选在园区的东北面，共建 15 个径流小区，具体布设见表 1。径流观测采用五堰口分流体积法，泥沙观测采用取样、烘干称重法。

表 1　坡面径流小区试验设计情况

编号	类型	坡度	坡向	原始坡面	坡面处理	利用方式
1	坡地	12°	西坡	荒坡	全区种草(百喜草)，覆盖度 100%	林草
2	坡地	12°	西坡	荒坡	带状种草(百喜草)，覆盖度 85%	林草
3	坡地	12°	西坡	荒坡	带状种草(百喜草)，间种，覆盖度 70%	农林草
4	坡地	12°	西坡	荒坡	裸露，植被覆盖度 <5%	未利用
5	坡地	12°	西坡	荒坡	全区种草(宽叶雀稗)，覆盖度 100%	林草
6	坡地	12°	西坡	荒坡	带状种草(狗牙根)，覆盖度 70%	林草
7	坡地	12°	西坡	荒坡	全区种草(狗牙根)，覆盖度 100%	林草
8	坡地	12°	西坡	荒坡	种柑橘，横坡间种，覆盖度 60%	农林草

续表 1

编号	类型	坡度	坡向	原始坡面	坡面处理	利用方式
9	坡地	12°	西坡	荒坡	种柑橘,纵坡间种,覆盖度 60%	农林草
10	坡地	12°	西坡	荒坡	种柑橘,覆盖度 20%,纯林	
11	梯田	12°	西坡	荒坡	种柑橘,前埂后沟,梯壁植草	林草
12	梯田	12°	西坡	荒坡	种柑橘,标准梯田,梯壁植草	林草
13	梯田	12°	西坡	荒坡	种柑橘,标准梯田,未种草	纯林
14	梯田	12°	西坡	荒坡	种柑橘,内斜梯田,梯壁植草	林草
15	梯田	12°	西坡	荒坡	种柑橘,外斜梯田,梯壁植草	林草

注: 11、12、14、15 小区植被覆盖度 >70%,13 小区覆盖度为 20%,柑橘栽植密度均为 2.5 m × 3.0 m。

2.2　研究方法

采用数学统计分析中的方差分析和多重比较的方法对不同水土保持措施下径流泥沙观测的结果进行统计学意义上的定量分析。

3　结果与讨论

3.1　不同处理的径流量分析

3.1.1　径流量简单分析

实测 2001 年 1 月 1 日 ~2002 年 12 月 23 日各小区径流量,各小区产流次数为 70 余次。对 15 个径流小区观测结果表明(见表 2):总径流量以 4 小区最大,达 111.38 m^3,径流系数达 39%,为各小区平均值的 3.6 倍。试验所采用的各类水土保持措施都能显著减小总径流量,地表覆盖良好的小区径流系数可控制在 5% 以下。因此,采用水土保持措施能够有效减缓下游径流汇集速度,消减洪峰流量,降低洪水灾害的威胁。在所采取的各类措施中,消减径流的效果又有差异,4、8、9、10、13 小区年径流总量为其他小区的 2 倍以上,径流总量最大的小区为 4 小区。一次性降雨径流量以 9 小区最大,达 12.94 m^3,径流系数为 98%,为同场降雨各小区产流量平均值的 3 倍,该场雨雨量、雨强、降雨历时分别为 131.3 mm、3.55 mm/min 和 2 220 min。可以看出,不同措施下的径流量有较大差别,此外,年径流量、一次性降雨径流量最大值出现在不同小区。因此,究竟各类水土保持措施孰优孰劣,必须对径流进行深入研究分析。

表 2　2001 ~ 2002 年各小区径流总量　　（单位:m^3）

小区	1	2	3	4	5	6	7	8	9	10	11	12	13	14	15
2001 年	3.47	2.92	4.30	31.71	4.27	3.97	4.29	7.85	8.18	24.05	4.44	5.30	9.91	4.81	4.42
2002 年	6.11	7.08	8.00	79.67	10.34	7.12	7.45	26.21	54.41	75.97	8.06	9.37	20.68	9.61	9.24
合计	9.58	10.00	12.30	111.38	14.61	11.09	11.74	34.06	62.59	100.02	12.50	14.67	30.59	14.42	13.66
平均	0.13	0.13	0.16	1.46	0.19	0.14	0.15	0.44	0.82	1.30	0.17	0.19	0.41	0.19	0.18

注: 平均指平均每次降雨的径流量。

从表 2 可知,各小区径流总量差别很大,最大值(第 4 小区)为最小值(第 2 小区)的

9.25倍,各小区径流总量排序为:4>10>9>8>13>5=12=14>15>11>3>7>6>1=2,说明纯乔木林结构的10、13小区和人为扰动的8、9小区比其他水土保持措施的减流效益差。由于4、8、9、10、13小区的总径流量和平均每次降雨径流量远大于其他小区,因此笔者将15个小区分组进行方差分析,第1组为4、8、9、10、13小区,第2组为1、2、5、6、7、11、12、14、15小区。

3.1.2 第1组径流量方差分析和多重比较

运用SPSS11.0软件先作方差齐性检验,对第1组数据作描述性分析后得知变量呈偏正态分布,因此对变量采用对数变换转为正态分布后进行方差齐性检验[1]。变换后齐性检验结果和方差分析结果见表3。

表3 第1组径流量方差分析结果

方差齐性检验					
Levence 统计量	组间自由度 df_1		组内自由度 dg_2		概率 P 值
0.724	4		323		0.576
方差分析结果					
变差来源	离均差平方和 SS	自由度 df	均方和 MS	F 值	概率 P 值
组间	75.049	4	18.762 6	12.294	3×10^{-9}
组内	492.924	323	1.526 6		
合计	567.973	327			

从表3可以看出,径流量的方差齐性检验概率P为0.576(>0.05),表示方差一致,方差分析表中的概率P值为3×10^{-9}(<0.05)。因此,方差分析结果显示第1组5个小区具有明显差异性。再采用费歇法(LSD-最小显著差法)进行多重比较,结果见表4。

表4 第1组径流量多重比较结果

对照小区	参比小区	平均差	标准误差	概率 P	95%置信区间	
					下限	上限
4	8	1.017 525*	0.248 585 8	0.000	0.528 474	1.506 577
	9	-0.265 764	0.204 315 7	0.194	-0.667 721	0.136 194
	10	0.034 419	0.170 172 7	0.840	-0.300 368	0.369 206
	13	1.268 638*	0.252 170 0	0.000	0.772 535	1.764 741

注:*表示在0.05水平平均差具有统计学意义。

以4小区作为对照小区,说明8小区横坡间种的耕作措施与13小区的梯田措施可以明显减少降雨产生的径流量。而顺坡耕种的9小区和纯乔木10小区不能有效减少降雨产生的径流量。

3.1.3 第2组径流量方差分析和多重比较

对第2组(1、2、3、5、6、7、11、12、14、15小区)作单因素方差分析。先对数据进行描述性分析，分析后得知变量也呈偏正态分布，因此对变量采用对数变换转为正态分布后进行方差齐性检验(见表5)。

表5　第2组径流量方差分析结果

方差齐性检验					
Levence 统计量	组间自由度 df_1		组内自由度 dg_2		概率 P 值
0.600	9		749		0.798
方差分析结果					
变差来源	离均差平方和 SS	自由度 df	均方和 MS	F 值	概率 P 值
组间	2.256	9	0.251	1.612	0.107
组内	116.417	749	0.155		
合计	118.673	758			

由表5可知，方差分析结果概率 $P=0.107(>0.05)$，显示各小区间径流量无明显差异。这就表明，在植被覆盖度良好的条件下(植被覆盖度 >70%)，无论是改变草种类型还是进行坡改梯(即坡地改梯地)，对径流量的大小影响并不显著。试验同时表明，在植被覆盖度良好的条件下，草的种植方式和梯田的修筑方式对径流量的影响也不显著。

3.2　不同处理的泥沙量分析

3.2.1　泥沙量简单分析

产沙量观测的时间范围与径流量相同，产沙次数70余次。对15个径流小区观测结果(见表6)表明：总产沙量以4号小区(对照小区)最大，达1 760.52 kg，为极强度侵蚀；最小的为2号小区，仅4.06 kg，属无明显侵蚀。但是2002年情况有所不同，到2002年12月23日止，至少有3个小区侵蚀模数大于2 500 t/(km^2·a)，有5个小区侵蚀强度达到轻度以上。1、2、4、8、9、12、13、15小区产沙量大于2001年产沙量，其他小区产沙量小于2001年产沙量，其中8、9、13小区差值最大，分别为2001年产沙量的20倍、46倍和1.9倍，而其他小区产沙量变化远小于这3个小区。由此可见，在人为扰动小区(8、9)和裸露梯田小区(13)将产沙量维持在较小水平的能力是很差的。从各小区总产沙量来看，地表植被覆盖良好的情况下，产沙量可控制在土壤允许流失量范围之内，侵蚀强度控制在无明显侵蚀。考察单场降雨产沙情况，一次性降雨最大产沙以第9小区最大，为388.81 kg，占观测期间总产沙量的70.48%，为各小区一次性降雨最大产沙量平均值的5.86倍，该场降雨雨量、雨强、降雨历时分别为82.2 mm、7.25 mm/h和680 min。

表6　2001～2002年各小区产沙量　　(单位:kg)

小区	1	2	3	4	5	6	7	8	9	10	11	12	13	14	15
植被覆盖度(%)	100	85	70	<5	100	100	100	60	60	20	100	100	20	100	100
2001年	1.15	0.98	1.42	858.52	5.44	2.37	3.71	14.82	15.59	828.46	2.46	1.87	55.12	2.56	1.72
2002年	3.26	1.08	1.10	898.00	5.25	2.36	2.16	295.26	719.04	658.09	1.14	2.26	104.31	2.24	3.01
平均	0.07	0.01	0.07	23.16	0.20	0.14	0.17	4.13	9.78	19.43	0.19	0.21	2.33	0.25	0.26

从表6可以看出,4、8、9、10、13小区的产沙总量和平均每次降雨产沙量远大于其他小区,同样将其分为2组进行方差分析,即第1组(4、8、9、10、13)和第2组(1、2、3、5、6、7、11、12、14、15)。

3.2.2 第1组泥沙量分析

同样对第1组数据作描述性分析后得知变量呈偏正态分布,同样采用对数变换后进行方差齐性检验(见表7)。由表7可以看出,方差齐性检验概率 $P=0.436(>0.05)$,表示方差一致,方差分析表中的概率 $P=3.36\times10^{-9}(<0.05)$。因此,方差分析结果显示第1组5个小区具有明显差异性,再采用费歇法进行多重比较,结果见表8。

表7 第1组泥沙量方差分析结果

方差齐性检验

Levence 统计量	组间自由度 df_1	组内自由度 dg_2	概率 P 值
0.949	4	323	0.436

方差分析结果

变差来源	离均差平方和 SS	自由度 df	均方和 MS	F 值	概率 P 值
组间	39.509	4	9.877	11.588	3.36×10^{-9}
组内	275.313	323	0.852		
合计	314.822	327			

表8 第1组泥沙量多重比较结果

对照小区	参比小区	平均差	标准误差	概率 P	95%置信区间	
					下限	上限
4	8	0.775 006*	0.185 780 3	0.000	0.409 513	1.140 498
	9	−0.087 934	0.152 695 1	0.565	−0.388 337	0.212 468
	10	−0.862 940	0.206 216 5	0.000	−1.268 637	−0.457 243
	13	0.862 940*	0.206 216 5	0.000	0.457 243	1.268 637

注:*表示在0.05水平平均差具有统计学意义,下同。

以4小区作为对照小区,由表8可以看出,8、13小区的泥沙量与4小区具有明显差异,9、10小区与4小区的泥沙量无明显差异。说明8小区横坡间种的耕作措施与13小区的梯田措施可以明显减少降雨产生的泥沙量。而顺坡耕种的9小区和纯乔木的10小区不能有效减少降雨产生的泥沙。

3.2.3 第2组泥沙量分析

对第2组数据作描述性分析后得知变量呈偏正态分布,同样对变量采用对数变换转为正态分布后进行方差齐性检验(见表9)。

表 9　第 2 组泥沙量方差分析结果

方差齐性检验			
Levence 统计量	组间自由度 df_1	组内自由度 dg_2	概率 P 值
1.595	9	745	0.112

方差分析结果					
变差来源	离均差平方和 SS	自由度 df	均方和 MS	F 值	概率 P 值
组间	7.096	9	0.788	3.239	0.001
组内	181.351	745	0.243		
合计	188.447	754			

由表 9 可以看出，方差齐性检验概率 $P=0.112(>0.05)$，表示方差一致，方差分析表中的概率 $P=0.001(<0.05)$。因此，方差分析结果显示第 2 组 10 个小区具有明显差异性，再采用费歇方法进行多重比较，结果见表 10。

表 10　第 2 组泥沙量多重比较结果

对照小区	参比小区	平均差	标准误差	概率 P	95% 置信区间	
					下限	上限
1	2	0.062 504	0.080 303 3	0.437	−0.095 144	0.220 152
	3	0.008 906	0.080 303 3	0.912	−0.148 741	0.166 554
	5	−0.288 881*	0.080 568 7	0.000	−0.447 050	−0.130 712
	6	−0.062 025	0.080 043 9	0.439	−0.219 164	0.095 113
	7	−0.110 616	0.080 303 3	0.169	−0.268 264	0.047 031
	11	−0.059 320	0.081 118 7	0.465	−0.218 568	0.099 929
	12	−0.069 989	0.080 303 3	0.384	−0.227 636	0.087 659
	14	−0.194 786*	0.080 303 3	0.016	−0.352 433	−0.037 138
	15	−0.110 024	0.080 568 7	0.172	−0.268 193	0.048 144

以百喜草全园覆盖的 1 小区作为对照区，第 5 小区和 14 小区与它有明显差异，这就表明，宽叶雀稗种植小区与百喜草、狗牙根种植小区相比，其效果要差些。同时，在植被覆盖度较大和梯壁植草情况下（>70%），内斜式的梯田较其他形式的梯田保持水土的能力要差，这是由于内斜式梯田在梯面上形成径流后无法通过梯壁而直接沿沟道下泄的缘故。

4　结　语

通过统计学分析，结果表明：①在消流方面，采用种植纯乔木林措施和耕作措施的小区比采用其他水土保持措施的消流效益差，且单纯采用乔木林措施和顺坡耕种与不采取任何措施相比也无明显差异；同时，在植被覆盖度良好的条件下（植被覆盖度 >70%），无论是改变草种类型、草的种植方式,还是进行坡改梯以及采用不同梯田的修筑方式对减少径流量的效果并不显著。②在减蚀方面,采用横坡耕作和坡改梯措施小区的泥沙量与不采取任何措施小区相比,可以明显减少降雨产生的泥沙量;而采用顺坡耕作和单纯植树措施的小区则与不采取任何措施小区相比不能有效减少降雨产生的泥沙。试验还表明,在植被覆盖度较大和梯壁植草情况下(植被覆盖度>70%),内斜式的梯田较其他形式的梯田保持水土的能力要差。可以看出,采取提高植被的结构层次、植被覆盖度和必要的工程措施是南方红壤坡地水土保持的有效途径。

参考文献

[1] 张文彤. SPSS11 统计分析教程·基础篇[M]. 北京:北京希望电子出版社,2002.

蔓荆在鄱阳湖风沙区的适应性及防风作用研究

杨 洁 左长清

(江西省水土保持科学研究所,南昌 330029)

土壤沙化和荒漠化是目前国际国内社会高度关注的重大环境问题之一，它不仅已成为制约全球经济发展和社会稳定的重要因素,而且威胁到整个人类的生存环境。江西省是我国重要的粮食生产基地之一,素称鱼米之乡,然而由于人类长期掠夺式的索取和不合理的经营,这里的水土流失十分严重,现有水土流失面积3.52万km^2，占全省土地面积的21.1%,全省平均每年土壤侵蚀总量达1.65亿t以上,每年造成的直接经济损失在20亿元以上。水土流失不仅使土壤沙化,肥力下降,而且大量泥沙俱下,淤积水库、山塘、渠道等水利设施,降低了灌溉效益;抬高河床,淤塞航道，致使全省通航里程缩短;鄱阳湖年均入湖泥沙也达2 400多万t,淤积泥沙1 200多万t。最新遥感资料显示,江西省风沙化土地面积达282.7 km^2[1]。严重影响人民群众的生产生活,扼制了区域社会经济的可持续发展。探索一个适应南方湿润沙地防沙治沙的技术措施,对南方湿润地区土地风沙化治理极为重要。

国内外治沙经验与成就表明,植物是治沙的主要措施[2],利用植物治沙成本低,作用稳定,既可防风固沙,又可改善沙地土壤理化性状，绿化美化沙地环境，全面改善沙地生态系统。蔓荆(*Vitex trifolia* L.)是马鞭草科牡荆属的落叶灌木，随沙生长,适应性很强。多生于湖滨、海边、细沙洲、河畔及沙滩,本研究是在江西省鄱阳湖滨湖沙地4个调查点,历时5年(1995～1999年)对湿润地区风沙化土地蔓荆生长习性以及蔓荆对风速影响研究的结果。

1 研究区域概况

研究区设在江西省境内鄱阳湖、赣江沿岸风沙地区,位于北纬27.5～30°和东经115°～117°。该地区拥有282.47 km^2 亚热带湿润风沙化土地，气候类型属于典型的亚热带湿润季风气候,高温多雨,干湿季明显。年降水量平均为1 341～1 934 mm,年均气温16.2～19.7 ℃。表面看似乎雨量充沛,热量充足,但年内分配极为不均。10～12月的降水仅占全年降水的10%～15%,气候干燥,冬季又是多风季节,干旱加上多风,加速了该地区的风沙活动。然而3～4月,降雨较多,大风日出现频繁,可以说是风雨同步。常常天降毛毛雨,地面风呼啸,雨在风中,风助雨势,雨滴与沙流交织,形成了我国亚热带风沙天气的独特景观。通过研究风沙地貌特征和发育规律,发现该地区除具有干旱、半干旱地区风沙地貌特点外,还有亚热带湿润风沙化土地特点:风沙地貌发育规模较小,形态结构较简单,主要为风蚀沟,低矮的雏形沙垄,类似的穹沙丘、片状流沙等;在湿润的气候条件下,流沙的扩展和危害以直接的流沙前移为主,只能以斑块状分布,成为绿色海洋中的“荒岛”。

2 试验设计与观测

(1)蔓荆适宜性研究:试验小区选在都昌多宝沙山(鄱阳湖北部)和南昌岗上沙洲(鄱阳湖南部),小区设计为15 m×20 m,2个重复。观测内容如下:①成活率与保存率,栽植后,当年9月中旬调查各小区蔓荆成活率,保存率的调查在次年3月底进行。②物候期及生长情况,蔓荆成活后,观测蔓荆物候期,种植当年的秋季落叶前,调查蔓荆的枝条生长长度,植株地径及覆盖度,第二、第三年开始调查地面生物量、产籽量及覆盖度。

(2) 风速观测,在研究区域内选择新植蔓荆地(种植第二年,覆盖度约15%) 和成年蔓荆地(覆盖度约55%)各2块进行定位观测,并在10 m外地势基本一致的裸沙地上设置2个观测点,采用DM-6型轻便风速仪,定位观测风速[3]。

3 结果分析

3.1 蔓荆对南方沙地的适应性及固沙原理

蔓荆是一种伏地或倾斜的多年生落叶灌木,高2 m左右。幼枝四棱形,密被灰白色细绒毛,老枝渐变圆,毛渐脱落。枝条常匍匐蔓生,长达数十米,分枝直向上。匍匐茎节着生气生根,根系发达,主根深入地下2~3 m。叶面绿色,密生短细毛,背面灰白色,密生细绒毛,开淡紫色唇形花,多花排生成顶生聚伞圆锥花序,花冠长1 cm左右。果实球形,干后体轻浮,质坚硬,不易破碎。果内分四室,每室一粒种子,表面油润光亮白色,显油性,有特异的芳香气味。

蔓荆多生于湖滨、海边、细沙洲、河畔及沙滩,是一种随沙生长、适应性很强的植物,其分布极为广泛。根据在南昌、新建、星子、都昌、永修等地的试验与调查,蔓荆生有匍匐茎和直立茎,既可用种子有性繁殖,又可用枝条扦插繁殖。在种子发芽期间或插条生根期间喜湿润,忌水浸,一旦成活,根深扎后耐旱能力较强。对温度要求不高,能耐受地面60~70 ℃高温和-10 ℃低温,耐干旱,耐瘠薄,耐盐碱,易管理。在对蔓荆的物候试验观测可见(见表1),蔓荆的萌芽期为3~4月,此时正值南方地区春雨连绵时期,对蔓荆的生长繁殖极为有利。凡土质疏松的土壤均可种植,以深厚疏松、排水良好的沙土、沙壤土为最好,尤为流沙地区生长茂盛。蔓荆成活之后,其越冬越夏率高,萌发力强,分枝率高,生长迅速,覆盖度大(见表2)。6~10年生的蔓荆主根可长达数米。

表1 蔓荆物候观测

发育期		都昌多宝山	南昌冈上沙洲
萌芽期	初期	03-30~04-10	03-20~03-30
	中期	04-05~04-15	03-26~04-05
	末期	04-10~04-18	03-30~04-08
展叶期	初期	04-13~04-21	04-03~04-10
	盛期	04-26~05-05	04-15~04-25

续表 1

发育期		都昌多宝山	南昌冈上沙洲
萌枝期	初期	05-28～06-10	05-20～06-03
	盛期	06-10～06-25	06-03～06-15
开花期	始花期	07-01～07-08	06-18～06-30
	盛花期	07-14～07-16	07-02～07-06
	落花期	07-24～07-26	07-06～07-10
果熟期	初熟期	08-26～08-30	07-10～07-20
	后熟期	09-08～09-12	08-10～09-05
落叶期	初期	10-20～10-30	11-10～11-20
	末期	11-20～11-30	11-20～12-05

注：表中数据为观测日期(月-日)。

表 2 蔓荆生物量表

栽种时间	生物量(鲜重)(kg/hm^2)	蔓荆籽(干重)(kg/hm^2)	覆盖度(%)	备注
第一年	264	0～1.5	30～43	荆仔鲜重与干重比为1:0.35
第二年	832.5	19.5～30	50～60	
第三年	966	34.5～48	70～85	
第四年	1 246.5	49.4～64.5	90～100	

蔓荆匍匐茎被流沙埋后能生长不定根，向四周辐射延伸达数十米远，使沙流的移动受阻。由于沙表性质改变，地表粗糙度提高，大大地降低了地表风速，有效阻止流沙的移动，起到了良好的固沙作用。同时蔓荆还可加快沙土成土过程，提高沙地表面黏结力，使地表形成结皮，增强了沙地抗风力。蔓荆植物每年还可提供大量枯枝落叶归还于沙地，积累养分，调节沙地小气候，改良了沙地的生态环境，为动植物创造了得以生存的环境。

3.2 蔓荆对风速的影响

由新植蔓荆地(覆盖度15%)和成年蔓荆地(覆盖度55%)50 cm和200 cm高处的风速观测结果可见(见表3)，无论是新植蔓荆地还是成年蔓荆地均能有效降低风速。在离地50 cm处，新植蔓荆地和成年蔓荆地的平均风速分别为裸露沙地的平均风速的85.9%和66.3%，降幅分别为14.1%和33.7%；在离地200 cm高处，风速也有较为明显的降低，新植蔓荆地和成年蔓荆地的平均风速分别为裸露沙地平均风速的90.1%和82.0%，有效地保护了沙地免于风蚀。这是蔓荆对气流产生阻挡和分割作用结果。当气流沿地表流动时，遇到有蔓荆生长的沙地，一方面由于植被的存在粗化了地表，阻挡气流前进；另一方面植物茂密的枝叶把气流分割成若干小涡旋，消耗了气流动能，使流速下降，因而也使风速下降。

表3 蔓荆植被对风速的影响

植被类型		裸露沙地		新植蔓荆地		成年蔓荆地	
高度(cm)		50	200	50	200	50	200
观测次数	1	9.3	11.1	8.2	10.0	6.6	9.5
	2	9.1	10.6	7.8	9.8	6.1	8.9
	3	9.0	11.4	7.8	10.3	6.4	9.2
	4	9.6	12.0	8.7	10.8	6.8	9.9
	5	8.8	10.6	7.2	9.6	5.6	8.7
	6	9.4	11.0	7.7	10.0	5.9	8.9
	7	9.5	11.6	8.5	10.5	6.2	9.4
	8	9.2	10.9	8.0	9.9	5.8	8.8
	9	8.8	10.8	7.4	9.5	5.3	8.6
	10	9.4	11.2	7.9	10.1	6.2	9.2
平均		9.2	11.1	7.9	10.0	6.1	9.1

沙地种植蔓荆后,地面性质发生了根本变化,使风沙流结构产生巨大变化。根据我们在南昌县冈上乡的观测,种植蔓荆前的沙地,0~20 cm 高度的沙量占风流总沙量的80%;高层沙量较少,20 cm 以上沙量不足风沙流总量的20%;在蔓荆林内风速大减,风沙流迅速沉降,0~20 cm 内沙量占风沙流总量的95%以上,20 cm 以上只占4%多,且风沙流总量很小。

3.3 蔓荆对起沙风速的影响

从表4中可以看出,随着沙地植物覆盖度的增加,起沙风速也相应增加,蔓荆植物覆盖度为30%时,相应的起沙风速为7.58 m/s,较无植被覆盖的流沙地的起沙风速4.92 m/s提高2.36 m/s,增幅达54%;当植被覆盖度达70%时,沙地即可基本固定(见表5)。对比不同植被(见表4),在植被覆盖度相同的沙地,种植蔓荆沙地的起沙风速较禾本科草类沙地的起沙风速大。因此,蔓荆可作为固沙的首选植物。

表4 植物覆盖度与起沙风速变化

沙地类型	植物种	覆盖度(%)	风杯高度(cm)	起沙风速(m/s)
流沙地	无植被	0	100	4.92
流沙地	蔓荆	10	100	5.73
半固定沙地	蔓荆	15	100	6.05
半固定沙地	蔓荆	30	100	7.58
半固定沙地	禾本科草类	15	100	5.93

表5　沙丘移动情况

蔓荆覆盖度(%)	0	36	55	77	95
移动距离(m)	2.17	1.24	0.77	0.2	0.0

4　结论

蔓荆作为亚热带湿润风沙化土地的固沙先锋植物，其防风固沙效果极为显著，研究结果表明：

(1)蔓荆在亚热带湿润风沙地区具有良好的适应性，生长迅速，根系发达，覆盖度大，可广泛用于我国南方江、河、湖滨沿岸以及海岸线的防风固沙。

(2)沙地种植蔓荆后，风沙流结构明显改变，贴地层沙量显著增加，使大部分沙粒沉降于地表，减小了沙丘的前移速度。

(3)覆盖度50%的蔓荆地可使50 cm和200 cm高度的风速分别降低33.7%和18%，低于该下垫面下的起沙风速，使沙地免于风蚀。流动沙地逐渐变为半固定和固定沙地。

(4)蔓荆植物能有效提高起沙风速，蔓荆植物覆盖度为30%时，起沙风速为7.58 m/s，较无植被覆盖的流沙地的起沙风速4.92 m/s提高2.66 m/s，增幅达54%；同样覆盖度情况下，蔓荆沙地的起沙风速比生草沙地高，说明蔓荆固沙能力更强。种植蔓荆5年后可使流动沙丘变为固定沙丘。

参考文献

[1] 江西省第三次土壤侵蚀遥感调查编制组．土壤侵蚀现状和动态变化分析报告[R]．南昌：江西省水利厅，2001.

[2] 王礼先．水土保持学[M]．北京：中国林业出版社，1995.

[3] 刘健华，等．防风固林体系优化模式的选定与实验示范区的建设[C]//中国治沙暨沙业学会论文集．北京：北京师范大学出版社，1995.

红壤坡地水土流失规律研究

左长清　胡根华　张华明

（江西省水土保持科学研究所，南昌　330029）

1　试验区自然概况

试验区位于泰和县老虎山小流域内，地理位置为东经114°54′，北纬26°51′，属中亚热带季风气候，多年平均降水量为1 336 mm。无霜期288 d，平均气温为18.6 ℃，平均大于10 ℃的积温为5 918 ℃，极端最高、最低气温分别为40.4 ℃和 -6 ℃。区内土壤均为第四纪红色黏土发育而成的红壤，厚度一般为3 ~40 m。

2　试验研究方法和数据分析

2.1　研究方法

选择坡度均为10°的自然坡面，建立6个标准径流小区，采取不同的试验措施，即：Ⅰ—空白；Ⅱ—香无；Ⅲ—百无；Ⅳ—香、百混交；Ⅴ—香台；Ⅵ—百台。空白指保持原自然坡面，不采取任何措施；香无指顺坡种植香根草，无工程措施；百无指顺坡种植百喜草，无工程措施；香、百混交指香根草、百喜草隔行混交，无工程措施；香台指顺坡种植香根草同时采取工程措施水平台地；百台指种植百喜草同时采取工程措施水平台地。各小区面积为20 m×50 m，所有种草株行距均为0.3 m×0.4 m。

2.2　试验观测

每月对小区内槽的生长情况进行一次调查；对每场产流降雨及时取样分析，记录土壤侵蚀量。所有数据做到随测、随记、随算、随分析，保证原始数据的准确性。

3　水土流失规律

3.1　各小区侵蚀性临界降雨量

各小区措施不同，产生土壤侵蚀的临界降雨量也不同，为了消除偶然性因素的影响，求得一个较为普遍而又准确的侵蚀性降雨的基本雨量标准值，采用频率分析[1]的方法。经计算Ⅰ ~Ⅵ小区临界侵蚀性降雨量分别为7.1、7.26、7.8、8.1、9.06、12.7 mm。由此得出：自然裸露坡面最容易产生径流；香根草或百喜草单独种植比混交种植容易产生径流；只采取生物措施比生物措施与工程措施相结合更容易产生径流。

3.2　降雨量及地表径流分析

3.2.1　降雨量分布

试验区降雨资料时间为1993年3月 ~1995年4月，月降雨量分布情况见表1。

表 1 试验区年内降雨分布规律

月份	1	2	3	4	5	6	7	8	9	10	11	12	年统计
1993			97.2	105.1	227.4	273.3	214.4	135.5	42.4	65.7	23.8	18.8	1 203.6
1994	19	135.4	145.5	234.3	484.6	339.9	169.1	60.5	70.9	75.7	23.7	100.4	1 859
1995	100.1	133.9	99.2	154.8									
平均	59.6	134.6	113.9	164.7	356	306.6	191.7	98	56.6	70.7	23.7	59.6	1 635.7

由表 1 可以看出，试验区降雨年内分布不均，枯水季节与雨季相差很大，幅度在 25 倍以上。雨季主要集中在 4～8 月，降雨量 1 117 mm，占全年的 68.28%，最大月降雨量达 484.6 mm。

3.2.2 径流系数分析

地表径流是水力侵蚀的原动力，Ⅴ、Ⅵ小区由于采取了生物措施与工程措施相结合，减少了雨滴的击溅动能，增加了入渗，降雨径流系数比单纯采取生物措施或裸露坡面的Ⅰ～Ⅳ小区小。选取 10 次降雨径流资料分析，各小区平均径流系数分别为 0.424 6、0.332 8、0.388 4、0.324 6、0.225 6、0.307 2，按大小排序为Ⅰ＞Ⅲ＞Ⅱ＞Ⅳ＞Ⅵ＞Ⅴ，详见表 2。

表 2 6 个径流小区 10 次降雨径流系数

小区	1	2	3	4	5	6	7	8	9	10	平均值
Ⅰ	0.681 4	0.751 6	0.506 7	0.492 7	0.242 6	0.174 2	0.561 2	0.138 8	0.344 4	0.352 5	0.424 6
Ⅱ	0.245 5	0.060 79	0.130 9	0.403 1	0.111 6	0.304 2	0.305 8	0.487 6	0.528 5	0.750 2	0.332 8
Ⅲ	0.510 4	0.153 9	0.263 4	0.507 7	0.232 9	0.272 3	0.295 8	0.395 3	0.433 5	0.819 0	0.388 4
Ⅳ	0.279 2	0.050 33	0.421 5	0.198 8	0.283 8	0.107 4	0.224 2	0.516 3	0.684 7	0.479 6	0.324 6
Ⅴ	0.259 3	0.053 1	0.118 3	0.787 4	0.113 4	0.085 6	0.031 24	0.150 2	0.052 53	0.604 5	0.225 6
Ⅵ	0.575 2	0.152 9	0.412 5	0.273 5	0.197 1	0.039 57	0.308 9	0.498 0	0.011 5	0.602 8	0.307 2

3.2.3 径流模数与降雨量[2]的线性关系

径流模数是反映降雨产生径流过程的一个重要指标，对 3 年有效观测数据（各区数据对为：Ⅰ区 84 对，Ⅱ区 82 对，Ⅲ区 87 对，Ⅳ区 78 对，Ⅴ区 78 对，Ⅵ区 64 对）进行分析，发现径流模数与降雨量成线性相关，均达显著相关水平，且径流模数随降雨量的增大而增大，Ⅰ～Ⅵ小区线性相关方程分别为 $y_1 = -0.700\,9 + 0.071\,45X$；$y_2 = -0.130\,7 + 0.041\,62X$；$y_3 = -0.226\,3 + 0.049\,18X$；$y_4 = -0.327\,2 + 0.068\,25X$；$y_5 = -0.314\,8 + 0.038\,63X$；$y_6 = 0.731\,9 + 0.081\,03X$

3.3 土壤侵蚀规律

3.3.1 土壤侵蚀模数与降雨量、降雨强度的幂函数[3]关系

将 1993～1995 年的有效数据进行模拟相关方程 $y = a_1(x_1x_2)^{d_2}$，其中 y 为土壤侵蚀模数（$t/(km^2 \cdot a)$）；x_1 为降雨量（mm）；x_2 为降雨强度（mm/min）；计算得出Ⅰ～Ⅵ小区相

关方程分别为 $y_1=8.2471(x_1x_2)^{1.3361}$；$y_2=6.4893(x_1x_2)^{1.4396}$；$y_3=9.3261(x_1x_2)^{1.1832}$；$y_4=5.0524(x_1x_2)^{1.5913}$；$y_5=2.65(x_1x_2)^{1.0996}$；$y_6=2.05(x_1x_2)^{1.2379}$。分析方程可以得出：①6 个径流小区土壤侵蚀量与降雨量、降雨强度的幂函数相关性均达到显著水平，并随降雨量、降雨强度的乘积的增大而增大。②Ⅴ、Ⅵ两个小区采取工程措施与生物措施相结合，土壤侵蚀量显著减小。

3.3.2 暴雨产生水土流失的规律

由于暴雨雨量和雨强大，地表吸收水分以及土壤入渗均很少，绝大部分以径流形式流失，各小区产生径流量、土壤侵蚀量相应都很大，以 1994 年暴雨为例，5 月 31 日、6 月 9 日、6 月 13 日 3 场暴雨产生径流量占全年径流量的15%以上，Ⅰ号最高达65%以上，暴雨土壤侵蚀量占全年土壤侵蚀量的 37%以上；Ⅵ号最高达 62.82%，具体见表 3，可见第四纪红壤坡地侵蚀区有效控制暴雨产生的水土流失是十分重要的。

表3 暴雨径流量、土壤侵蚀量占全年量百分比

小区	Ⅰ	Ⅱ	Ⅲ	Ⅳ	Ⅴ	Ⅵ
暴雨土壤侵蚀量(kg)	404.8	247.91	228.69	148.16	68.08	68.957
全年土壤侵蚀量(kg)	931.42	526.97	608.27	360.86	125.04	109.77
暴雨侵蚀量占全年侵蚀量(%)	47.47	47.05	37.59	41.06	54.45	62.82
暴雨产生径流量(m^3)	26.934 8	16.138 9	17.119 3	22.292 8	12.834 9	4.603 2
全年径流量(m^3)	41.361 3	38.787 6	34.642 0	63.807 3	23.286	29.868 9
暴雨径流量占全年径流量(%)	65.12	41.61	49.42	34.94	55.12	15.41

3.3.3 不同治理措施土壤侵蚀规律

由于 1995 年观测资料到 4 月为止，平均值以 1993、1994 年计算。分析表 5 可以看出，香根草与百喜草混交种植比单独种植减少土壤侵蚀量，采取生物措施比裸露地减少土壤侵蚀量，各种措施比裸露地减少土壤侵蚀量幅度为 15% ~88%；随着植被生长、覆盖度增加，土壤侵蚀量逐年减少。各小区土壤侵蚀量排序为Ⅴ<Ⅵ<Ⅳ<Ⅱ<Ⅲ<Ⅰ，具体见表4。

表4 6 个径流小区年土壤侵蚀量 （单位：kg/100 m^2）

小区	Ⅰ	Ⅱ	Ⅲ	Ⅳ	Ⅴ	Ⅵ
1993	1 071.27	1 046.57	1 095.84	1 124.01	110.8	136.8
1994	931.42	526.97	608.27	360.86	125.04	109.77
平均值	1 001.35	786.77	852.06	742.44	117.92	123.29
1994 年比 1993 年减少量	139.85	519.6	487.57	763.15	有冲毁不比较	27.03

4 结论

(1)试验区 4 ~8 月降雨量占全年的 68.28%，同期土壤侵蚀量占全年侵蚀量 89%的以上，全年暴雨产生的径流量占全年15%以上，土壤侵蚀量占全年37%以上，故此期间增加和保护地面植被覆盖，减轻土壤扰动，对减少水土流失是十分重要的。

(2)采取工程措施与生物措施相结合比采取生物措施减少土壤侵蚀效果好，采取生物措施比裸露地减少土壤侵蚀效果好。

(3)研究得出第四纪红壤坡地侵蚀区径流模数与降雨量存在 $y = ax + b$ 线性函数关系，土壤侵蚀量与降雨量和降雨强度乘积存在 $y = a_1(x_1x_2)^{a_2}$ 幂函数关系，且相关性均达到极显著水平。

(4)研究得出了不同处理的各小区临界侵蚀性降雨量，为同类的红壤坡地侵蚀区水土流失防治提供了科学依据。

参 考 文 献

[1] 贾志军．晋西黄土高原降雨侵蚀力研究[J]．中国水土保持,1991(2):19-22.
[2] 王汉存．赣中红色盆地低丘岗地水土流失及其治理[J]．江西水利科技,1990(1):13-18.
[3] 左长清．风化花岗岩土壤侵蚀规律和预测方程的探讨[J]．水土保持通报,1987,7(3):53-57.

花岗岩侵蚀区植被层次结构优化模式研究

李相玺　左长清　姚毅臣　范明华

（江西省水土保持科学研究所，南昌　330029）

1　前言

种植植物进行治理和控制水土流失的研究，近年来发展很快，如不同土壤侵蚀区适宜植物品种、植物栽培技术及植物改善地力和控制水土流失作用等研究都取得了许多卓有成效的成果。但这些研究大多是单一植物品种或植物措施功能的定性研究，对于多种植物组合效益，群体协调作用研究还不多，尤其是定量研究方面尚无报道。植物对水土流失的控制与植物个体特性、生长情况以及群体结构配置密切相关，而在植物个体相同情况下，其水土保持作用的发挥与其层次配置最为密切，因而研究不同植被层次结构模式的水保生态效能很有必要。为此我们在1991年2月至1995年10月，选择我国南方广泛分布的花岗岩侵蚀区进行了植物层次结构优化模式研究，目的在于通过组建不同结构的植物措施，分析研究其水土保持生态经济效益的层次，进而提出植物措施结构优化模式，为水土流失区的治理开发提供科学方法和依据。

2　试验地概况

试验点位于江西省修水县古市镇罐窑村，地处江西省五大河之一的修河上游渣津水，为花岗岩丘陵坡地，海拔210～230 m，坡向东南，坡度16°。试验面积3 264 m^2，试验区多年平均降水量1 617 mm。多年平均气温16.5 ℃，平均无霜期247 d。地带性植被为亚热带常绿针阔叶林，但由于长期的人为破坏，原生植被不复存在，现有植被为稀疏草地，伴有零星人工马尾松分布，植被覆盖度16%。土壤为花岗岩发育的红壤，土壤A层已流失殆尽，B层裸露，土壤侵蚀面积达70%，为典型的花岗岩强度流失区。

3　试验方法

3.1　样地选择及试验设计

选择地形、土壤和植被条件比较一致，面积为48 m×68 m的坡面作为试验地，以乔灌草（A）、乔草（B）、灌草（C）、乔灌（D）、乔（E）5种植被层次结构模式为处理进行试验。试验按拉丁方设计，将样地按8 m×12 m分成25个小区，小区长边与坡向垂直，小区与小区间留2 m间隔作保护带。取雀稗、胡枝子、马尾松作试验材料，将不同植物按行间混交形式配置到相应的小区（见图1）。种植密度分别为胡枝子0.4 m×0.5 m，马尾松1.5 m×2 m，草行距0.25 m。种植前按10年一遇24 h时暴雨标准修建水平沟，马尾松用穴植法

(0.3 m×0.3 m×0.3 m),胡枝子开沟种植,沟深0.25 m,沟宽0.2 m,雀稗采用开行种植,行宽15 cm,深15 cm。

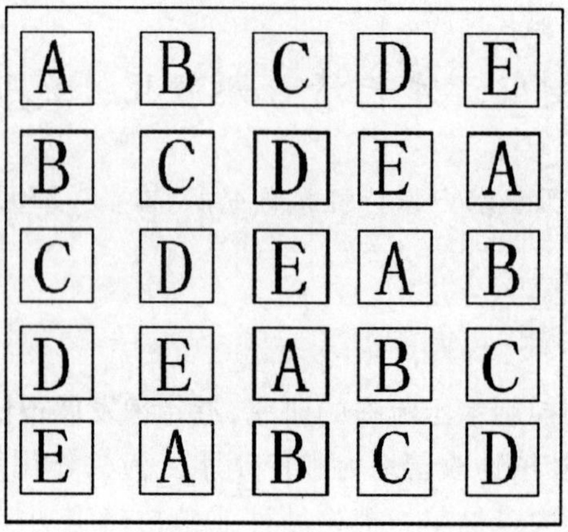

A. 马尾松+胡枝子+雀稗　B. 马尾松+雀稗　C. 胡枝子+雀稗

D. 马尾松+胡枝子　E. 马尾松

图1　试验布置图

3.2　观测方法

每年的秋季进行植物高、地径、冠幅、生长量及植被覆盖度观测调查,采用样株或样方法测定生物量,雨季用蘸水法测定树冠截留量。枯落物量的测定:在试验地每一小区设置2个1 m^2 的固定样方,样方用木板隔开以收集枯落物,每年秋季采集回实验室称重,并按水利部颁发的《水土保持试验规范》(SD 239—87)规定其水容量。土壤侵蚀量用钉子法测定,每一小区布设5个测点。1994年10月分小区采集上层土样分析(0~60 cm混合样)。

4　结果分析

4.1　不同结构模式植物生长差异

对植物生长情况调查结果表明,不同模式植物生长量存在明显的差异,模式A平均生物量最大,模式E最小,总的看来,结构复杂的复层林生物量明显大于单层结构的纯林(见表1)。生长量的差异与植物品种选择和配置技术有很大关系,如同为马尾松,在模式A中其树高和地径生长比模式E中分别提高50%和34.5%,这主要是因为胡枝子和雀稗的种植,改善了马尾松生长的立地条件,水热条件得到改善,有利于马尾松的稳定生长。在试验的初期,上层马尾松的适当遮阴,有利于胡枝子和雀稗的生长,但至试验的第4年、第5年,由于马尾松的过分郁闭,对下层阳性的胡枝子和雀稗有一定的压抑作用,此时应加强林木的抚育管理工作,以有利于某些耐阴植物的自然迁入。

表1 不同结构模式植物生长量调查

模式	树种配置	平均树高（cm）	平均地径（cm）	生物量（t/hm^2）	总生物量（t/hm^2）	覆盖度（%）	总覆盖度（%）	冠幅
A	马尾松	129		5.76	18.21	61.0	90.1	
	胡枝子	81.0		8.54		57.7		
	雀稗	67.0		3.91		38		
B	马尾松	117.0		4.66	9.47	59	78	
	雀稗	63.0		4.81		35		
C	胡枝子	79.8		8.8	13.13	57.3	84.5	37.5
	雀稗	46		4.33		36		
D	马尾松	106.0	3.2	4.12	12.44	55.9	81.9	89.3
	胡枝子	68.8	0.58	8.32		33.8		36.8
E	马尾松	86	2.9	3.42	3.42	41	41	68

4.2 不同结构模式的生态效果

4.2.1 减少土壤侵蚀量情况

表2是不同结构模式下土壤侵蚀深的比较，从表中可以看出，相对于单层马尾松纯林，多层结构的植物群体在种植初期就有一定的减蚀能力，且随着植物生长，不同结构模式对土壤侵蚀控制作用越来越强，其差异也越来越大。1994年调查，模式A相对于模式E减蚀效果达74.9%，B、C、D也分别达到61.6%、65.6%及62.4%，这是因为多层结构的植物群体能较快郁闭，植被覆盖较大，其生物回归量及根系活动量也大，有利于土壤的固定，因而能有效控制土壤侵蚀，减少土壤侵蚀量。

表2 不同结构模式土壤侵蚀量比较

模式	年平均土壤流失厚度(mm)			
	1991年	1992年	1993年	1994年
A	4.35	3.62	2.73	1.01
B	4.43	3.72	2.92	1.53
C	4.40	3.70	2.87	1.37
D	4.43	3.73	2.91	1.50
E	4.77	4.53	4.20	3.99

4.2.2 涵养水源效益

(1)植物冠层截留量。植物的截留量与植物枝叶特性及冠层厚度和生物量密切相关，因而不同结构模式其冠层截留量也有所不同，表3为不同结构模式冠层截留量测定结果。结果表明，在植物品种相同条件下，植被层次多、覆盖度大、生物量大的植物组合比结构层次少、生物量小的植物组合截留量要大，表现为模式 A 的截留量最大，其他的从大到小依次为 C > D > B > E。多重比较表明，模式 A 与模式 B、C、D、E 有显著差异，模式 C、D 间无显著差异，而与 E 有显著差异，说明乔灌草为最佳模式，C、D 次之，B、E 最差。

表 3　不同结构模式冠层截留量及差异显著性检验

模式	树冠截留量(mm)	$X_i - X_5$	$X_i - X_4$	$X_i - X_3$	$X_i - X_2$
A	$X_1 = 0.412$	0.354**	0.236**	0.132**	0.082*
B	$X_4 = 0.176$	0.118**	0.154**	0.05	
C	$X_2 = 0.33$	0.272**	0.104**		
D	$X_3 = 0.28$	0.222**			$Q_{0.05} = 0.067$
E	$X_5 = 0.058$				$Q_{0.01} = 0.096$

(2)枯落物量及枯落物水容量。地表枯落物量影响降雨的入渗和地表径流速度及径流量，也影响土壤肥力、地表温度及水分状况，因而其量的多少也反映植被层次结构的优劣及涵养水源的能力。从 1993 年和 1994 年测定结果(见表 4)看，复层结构的枯落物量及水容重较单层的马尾松纯林有显著增加。

表 4　不同模式中枯落物量及其水容重

模式	A	B	C	D	E
枯落物重(t/hm^2)	1.41	1.18	2.34	1.99	1.03
水容重(t/hm^2)	1.29	1.01	2.08	1.88	0.81

4.3　不同模式的改土效果

1994 年 10 月对不同结构模式的土壤理化性质进行了分析测试，结果见表 5。从表 5 可以看出，复层结构的植物群落较单层的马尾松纯林有明显的土壤改良效果，有机质的改良以模式 B、A 较好，而土壤容重的改良效果 C、D 较好，这与各种模式的生物归还量及根系活动密切相关，生物归还量越大，改良效果越好。

表 5　不同模式土壤理化性质

模式	pH 值	有机质(%)	速效氮(mg/100 g)	全磷(%)	速效磷(%)	速效钾(mg/kg)	容重(g/cm^3)
A	5.23	1.004	6.710	0.069 8	1.582	35.53	1.18
B	5.24	1.211 5	6.522	0.059 8	1.492	38.83	1.20
C	5.44	0.675	6.833	0.075 7	1.638	41.14	1.16
D	5.11	0.823 8	7.188	0.063 8	1.413	38.53	1.12
E	5.05	0.525 1	2.313	0.021 0	1.374	82.10	1.35

4.4　不同模式的经济效果

本研究仅分析其直接经济效益，即各模式的直接生产产品的市场价值减去税收后实际所得。基准年为1991年，取工程经济期为30年，年利率7%。鲜草价格为100元/t，薪柴为130元/t，马尾松林150元/t。对各模式进行了经济效益分析，其中，成本包括工程开挖分摊费、种苗种植费、肥料费和抚育管理费、采运费。计算结果(见表6)表明，净现值最大的是A模式，以下依次为C、D、B、E。获利能力分析：A模式投资较大，产投比最大；B模式投资较小，产投比也较小，说明在水土流失区要获得较好的经济效益，除了层次结构本身，要有适当的先期投资才能保证有较好的投资回报。

表6 不同模式的经济效果 (单位：元/hm^2)

模式	A	B	C	D	E
成本	464	375	405	398	358
收益	1 690.34	783.9	1 385.9	1 095	444.6
净现值	1 226.34	408.9	980.9	697	86.6
产投比	3.64	2.09	3.42	2.75	1.242

4.5 不同层次结构优化模式的选择

4.5.1 评价模型的建立

上述分析表明，仅靠某些单项指标衡量植被层次结构模式的优劣是不全面的，需要建立一个能综合反映植物措施水保生态经济效能的评价指标系统。本文按生态效益与经济效益并重的原则，通过对植物层次结构模式田间试验观测资料分析，筛选出土壤侵蚀量、树冠截留量、枯落物水容量、覆盖度、土壤有机质、枯落物量、土壤容重、生物量、净现值、产投比等10个能反映土地利用程度、环境改造能力、经济增产潜力等属性指标，建立层次分析(AHP)结构模型(见图2)。对不同结构模式的水保生态经济效能进行综合评价，以选择最佳结构模式。

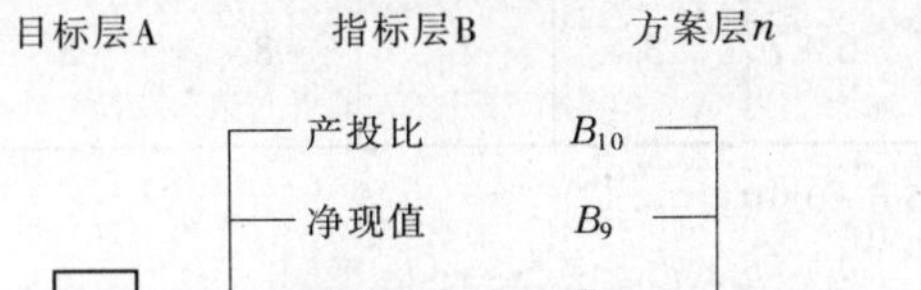

图2 层次结构模式水保经济效能层次分析结构模型

4.5.2 植被层次结构模式水保经济效能的综合评价及排序

本文采用n元参数归一化线性函数模型即加权平均模型来确定各模式的水保经济效

能指数评价值：

$$Y = \sum_{i=1}^{n} \omega_i B_i \tag{1}$$

式中：n 为评价指标数；B_i 为第 i 个评价指标的相对值。其计算方法除 b_1 和 b_6 采用下限效果测度外，其余指标均按上限测度法计算，结果见表7；ω_i 为各评价指标权重，它的确定是应用层次分析法。根据1～9比率标度法，并结合本项研究对象的特点，构造AHP判断矩阵，用解最大特征根及其相应的特征向量的方法，编制程序在微机上进行求算，结果见表8。

表7　不同结构模式10项评价指标相对值

模式	B_1	B_2	B_3	B_4	B_5	B_6	B_7	B_8	B_9	B_{10}
A	1.000 0	1.000 0	0.620 0	1.000 0	0.828 7	0.949 1	0.603 0	1.000 0	1.000 0	1.000 0
B	0.653 6	0.801 0	0.486 0	0.865 7	1.000 0	0.933 3	0.504 0	0.520 0	0.333 4	0.574 2
C	0.729 9	0.679 6	1.000 0	0.937 9	0.557 2	0.965 5	1.000 0	0.721 0	0.799 9	0.939 4
D	0.666 7	0.427 2	0.904 0	0.909 0	0.680 0	1.000 0	0.850 0	0.683 1	0.568 4	0.755 1
E	0.250 7	0.140 8	0.389 0	0.455 1	0.433 4	0.829 6	0.440 2	0.187 8	0.070 6	0.341 2

表8　各项评价指标相对权重值

B	B_1	B_2	B_3	B_4	B_5	B_6	B_7	B_8	B_9	B_{10}
ω_i	0.154 3	0.055 6	0.055 6	0.146 8	0.098 4	0.030 2	0.030 2	0.271 5	0.111 7	0.045 5
重要性排序	2	6	6	3	5	8	8	1	4	7

注：一致性指标比例CR＝0.015 6＜0.10。

通过式(1)计算得到5种层次结构模式水保经济效能评价值如表9所示。由表9可以看出，水保经济效能指数值的变动范围在0.288 9(E)～0.948 8(A)之间，平均为0.677 4，变异率36.1%，可见各种植被层次结构模式水保效能差异很大，其从优到劣的排序为A＞C＞D＞B＞E。若以各模式水保经济效能指数值的平均值(Y)作为中等水平的中限，平均值加半个标准差($Y+S/2$)作为中上水平下限；平均值加一个标准差($Y+S$)作为高水平下限，平均值减半个标准差($Y-S/2$)作为中下水平的上限；平均值减一个标准差($Y-S$)作为水平的上限，则模式A为高水平，C为中上水平，B、D为中等水平，E为低水平。

表 9　不同植物层次结构模式的水保经济效能综合评价指数值

排序	层次	指标权重 ω_i										综合评价
		ω_1	ω_2	ω_3	ω_4	ω_5	ω_6	ω_7	ω_8	ω_9	ω_{10}	
		0.153 4	0.055 6	0.055 6	0.146 8	0.098 4	0.030 1	0.030 2	0.271 5	0.111 7	0.045 5	
	模式	指标相对值(b_i)										指标值
		b_1	b_2	b_3	b_4	b_5	b_6	b_7	b_8	b_9	b_{10}	
1	乔灌草	0.154 3	0.055 6	0.034 5	0.146 8	0.081 5	0.028 7	0.018 7	0.271 5	0.111 7	0.045 5	0.948 8
4	乔草	0.100 8	0.044 5	0.027 0	0.127 1	0.098 4	0.028 2	0.014 7	0.141 2	0.037 2	0.026 1	0.645 2
2	灌草	0.112 6	0.037 8	0.055 6	0.137 7	0.054 8	0.029 2	0.030 2	0.195 8	0.089 3	0.042 8	0.785 8
2	乔灌	0.102 9	0.023 7	0.050 3	0.133 4	0.066 9	0.030 2	0.027 3	0.185 5	0.063 5	0.034 4	0.718 1
5	纯乔林	0.038 7	0.007 8	0.021 7	0.066 8	0.042 6	0.025 1	0.011 8	0.051 0	0.007 9	0.015 5	0.288 9

5　结论

(1)植物措施是花岗岩侵蚀区治理的有效途径,但不同结构模式水保经济效果相差较大,复层结构的植物措施一般比单层结构的植物措施结构稳定,水保生态经济效果要好。

(2)同为复层结构措施,三层结构比二层结构的植物措施水保经济效能要好,但在各单项功能上表现不一,如在提高土地生产率、增加生物产出量方面,乔灌草结构最好,灌草次之,乔灌、乔草较差,但在土壤结构改良方面,乔灌草结构却不如灌草和乔灌结构。

(3)用经济效益和生态效益并重的原则进行植物措施结构优化模式选择,结果表明,乔灌草水保生态经济效能最高,灌草结构次之,乔灌、乔草结构再次,纯乔木林效果最差。

参 考 文 献

[1] 史德明. 南方花岗岩的土壤侵蚀及其防治[J]. 水土保持学报,1991(3):63-72.
[2] 李寅生. 关于林草地减沙效益计算研究[J]. 中国水土保持,1995(2):9-10.
[3] 阮伏水,等. 花岗岩侵蚀坡地重建植被的几个关键问题[J]. 水土保持学报,1995(1):19-25.
[4] 徐万仁,等. 贺兰山主要森林水文作用的初步研究[J]. 生态学杂志,1994(4):55-60.
[5] Ted. C. Sheng. 水土保持措施探讨[J]. 水土保持科技情报,1993(3):36-38.
[6] 赵焕臣,等. 层次分析法[M]. 北京:科学出版社,1986.

花岗岩侵蚀区坡面产流产沙规律的研究

何长高

（江西省水土保持科学研究所，南昌　330029）

花岗岩广泛分布在我国南方诸省（区），总面积达 2.39×10^5 hm^2。由于花岗岩成岩矿物主要为石英和长石，在南方高温多雨的气候条件下，易形成深厚疏松的风化壳[1]。植被破坏后，土壤侵蚀发展迅速。目前，花岗岩区的侵蚀面积达 1.972×10^5 hm^2，其中强度以上侵蚀面积占 21.86%，中度侵蚀面积占 49.54%[2]，是我国南方土壤侵蚀最严重的区域，它给工农业生产和人民生活带来了极大的危害，尽快控制和治理花岗岩区的水土流失刻不容缓。

花岗岩区土壤侵蚀类型较多，有面蚀、沟蚀和重力侵蚀，但面积较大、分布较广的还属面蚀，降雨是南方产生土壤侵蚀的主要外营力。研究和掌握降雨对坡面产流产沙的影响规律是预测预报区域产流产沙的基础，也是合理布设水土流失防治措施的前提。自 20 世纪 50 年代末期，美国威斯奇迈尔和史密斯提出通用土壤流失方程以来，国内外开展了大量土壤侵蚀方面的研究，建立了多种土壤侵蚀预测预报模型[3,4,5]。但由于地区、土壤、岩性等方面的差异，土壤侵蚀的特点各不相同，侵蚀规律差别较大。本文根据实测资料，对花岗岩中、强度侵蚀区坡面产流产沙的特点和规律进行分析和探讨。

1　试验小区布设及试验方法

试验地选择在兴国县塘背小流域，该小流域属亚热带季风气候区，气候温和，雨量丰沛，年平均降水量为 1 411.1 mm，出露地表基岩主要为震旦系混合花岗岩和燕山期中粗粒黑云母花岗岩，其风化壳厚达 10 m 以上，流域内植被稀疏，平均植被覆盖率不足 10%，植被主要为马尾松残次林，水土流失严重，中度以上的流失面积占山地面积的 89.5%。

本试验设立了 2 个小区，分别布设在塘背小流域的自然坡面上，其中Ⅰ号小区集水面积为 2 649 m^2，平均坡度为 25°，坡向为西北向，形状为周边高中间低的长圆形。小区内植被为马尾松残次林，覆盖度为 10% 左右，土壤侵蚀程度为强度，出露地表的土层力粗沙层和碎屑层。Ⅱ号小区集水面积为 7 073 m^2，平均坡度为 25°，坡向东北，形状为周边高中间低的多边形，植被为马尾松残次林和少部分油茶及野生杂草，覆盖度为 25% 左右，侵蚀程度为中度，陡坡处为粗砂层出露，缓坡处有部分红土层。两小区相距约 300 m。

各小区边缘用混凝土砌分界线，小区下方出口处布设集水沉沙池和观测房。集水沉沙池下缘安装薄壁直角三角堰，三角堰过流能力按 50 年一遇最大一日暴雨设计，三角堰口距池底高Ⅰ号小区为 1.39 m，Ⅱ号小区为 0.99 m。观测房内安装自记水位计，观测集水池内水位，并由此推求径流量。小区附近开阔处设置自记雨量计，观测降雨量。产沙量分悬移质和推移质分别进行观测。具体方法是根据过堰水位变化情况，在堰口采集 500 mL 水样，一般每个洪峰采集 5 个水样（即在峰底、峰腰、蜂顶位置），用烘干法测定含沙量，然后结合径流量计算悬移质沙量；降雨结束后，用体积法测定沉沙池内推移质沙量。

2 结果与分析

2.1 产流产沙模型建立

Ⅰ号小区在 1984～1986 年 3 年的观测中，取得 94 场产流产沙的降雨资料，Ⅱ号小区在 1984～1987 年 4 年的观测中，取得了 135 场产流产沙的降雨资料，将这些场次的降雨量，最大 10 min 雨强和对应的径流量、泥沙量的实测数据分别点绘在坐标纸上，发现降雨量和最大 10 min 雨强分别与径流深、泥沙量之间存在一定的相关关系，并与幂函数模型 $y=ax^{\beta}$ 和 $y=ax^{\beta}\cdot z^{\gamma}$ 相适配。为此，根据这一数学模型对它们分别进行回归分析，得到各数学表达式（见表 1）。

表 1 降雨特征指标与产流量、产沙量关系

小区号	数学表达式	相关系数			
		r	$r_{01,2}$	$r_{02,1}$	r_a
Ⅰ	$W_{Ⅰ}=0.168H^{1.254}$	0.911 6			
	$W_{Ⅰ}=2.535I_{10}^{0.591}$	0.440			
	$W_{Ⅰ}=0.157\,1H^{1.192}\ I_{10}^{0.168}$	0.919	0.898	0.283	$r_{0.01}=0.267\,3$
	$S_{Ⅰ}=0.064\,1H^{1.928}$	0.642			
	$S_{Ⅰ}=1.039\,1I_{10}^{1.878\,6}$	0.665			
	$S_{Ⅰ}=0.036\,8H^{1.402}\ I_{10}^{1.403}$	0.792	0.583	0.607	
Ⅱ	$W_{Ⅱ}=0.089\,3H^{1.461\,3}$	0.926			
	$W_{Ⅱ}=4.948I_{10}^{0.457}$	0.275			
	$W_{Ⅱ}=0.080\,6H^{1.438}\ I_{10}^{0.107}$	0.929	0.922	0.166	$r_{0.01}=0.254\,0$
	$S_{Ⅱ}=0.108\,3H^{1.516\,6}$	0.546			
	$S_{Ⅱ}=0.445\,1I_{10}^{2.109\,8}$	0.713			
	$S_{Ⅱ}=0.020\,2H^{0.951}\ I_{10}^{1.964}$	0.747	0.429	0.666	

注：$W_{Ⅰ}$、$W_{Ⅱ}$ 分别代表Ⅰ、Ⅱ号小区径流深，单位为 mm；$S_{Ⅰ}$、$S_{Ⅱ}$ 分别代表Ⅰ、Ⅱ号小区产沙量，单位为 g/m²；H 代表降雨量，单位为 mm；I_{10} 代表最大 10 min 降雨强度，单位为 mm。

2.2 降雨量对产流量、产沙量的影响

根据前面的回归分析可以发现，无论是强度侵蚀区的Ⅰ号小区，还是中度侵蚀的Ⅱ号小区，降雨量与产流量的相关关系非常好，相关系数分别为 0.912 和 0.926，均达到极显著相关水平。由配置的回归方程可知，当降雨量增加 1% 时，Ⅰ、Ⅱ号小区的产流量则分别增加 1.26% 和 1.46%。产流量的增长速率大于降雨量的增长速率，说明降雨量的变化对花岗岩侵蚀坡地的产流量的影响比较显著。在同一坐标系中点绘Ⅰ、Ⅱ号小区的降雨量—径流深关系曲线（见图 1）可以发现，这两条曲线是交叉的，当降雨量小于 21.1 mm

时，Ⅰ号小区（强度侵蚀区）的径流深大于Ⅱ号小区（中度侵蚀区）。而当降雨量大于21.1 mm时，则出现Ⅰ号小区的径流深小于Ⅱ号小区的现象，这是因为Ⅰ号小区植被稀少，植被覆盖率不足10%，出露地表的土壤主要为粗沙层和碎屑层，渗透性较好，保水性能差。而Ⅱ号小区，虽然部分地表仍保留有红土层，其渗透性较粗沙层和碎屑层差，但保水性较好，且该小区植被覆盖率为25%，比Ⅰ号小区高，植被的截流和增渗量较Ⅰ号小区大。在降雨初期或雨量较少时，大部分降雨被植被和表层土壤拦蓄。因此，在雨量较小时，Ⅱ号小区的产流量小于Ⅰ号小区。随着雨量进一步增加，植被和表层土壤的蓄水逐步达到饱和状态后，超过下渗强度的降雨产生地表径流。因Ⅱ号小区土壤总体渗透性较Ⅰ号小区差，故在雨量较大时，Ⅱ号小区的产流量较Ⅰ号小区多。

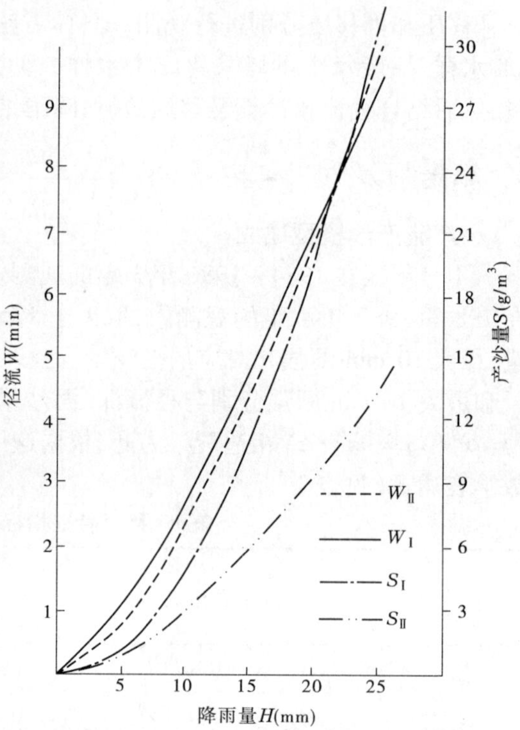

图1　产流量、产沙量与降雨量关系曲线

对产沙量来说，在Ⅰ、Ⅱ号小区，降雨量与产沙量的关系也非常密切，其相关系数分别达到0.642和0.546，而且降雨量增加1%时，Ⅰ号小区产沙量增加1.94%，Ⅱ号小区产沙量增加1.52%，降雨量的变化对花岗岩侵蚀坡面的产沙量的影响同样也非常显著。从两个小区产沙量的对比来看，基本上是Ⅰ号小区大于Ⅱ号小区，这符合常理。因为Ⅰ号小区出露地表的都是粗沙层和碎屑层，它们结构非常松散，抗冲指数为0.22，水稳性指数为5，极易被侵蚀。而Ⅱ号小区部分地表仍保留有红土层，红土层抗冲指数为0.7~1.0，水稳性指数为50~80[2]。Ⅱ号小区总体抗侵蚀能力较Ⅰ号小区强。

2.3　雨强对产流量、产沙量的影响

在Ⅰ、Ⅱ号小区，虽然最大10 min雨强与径流量的关系也较为密切，相关系数分别达到0.440和0.275，呈正相关，且均达到极显著水平。但是，同降雨量与径流量的关系相比，前者相关系数明显低于后者，而且雨强增加1%时，Ⅰ、Ⅱ号小区的径流量只分别增加0.6%和0.5%，说明雨强的变化对径流量的影响程度不如降雨量变化对径流量的影响程度大。从点绘的I_{10}与W的关系曲线（见图2）可以看出，在相同的最大10 min雨强下，一般来说，Ⅱ号小区的径流量都小于Ⅰ号小区，这也主要是由于土壤渗透性差异之故。

从产沙量的情况来看，最大10 min雨强与产沙量的相关关系也达到极显著水平，且比降雨量与产沙量的相关关系好。从两小区的产沙量随最大10 min雨强的变化速率（I_{10}增加1%时，S_1增加1.89%，S_2增加2.12%）和点绘的$S—I_{10}$关系曲线（见图2）来看，虽然S_1线处于S_2线上方，但S_2的增长速度较S_1快，当I_{10}增加到一定程度时，则$S_1 < S_2$，也就是说，最大10 min雨强大于39.17 mm时，花岗岩中度流失区的植被虽较强度流失区好，

但因中度侵蚀区可侵蚀性物质更为丰富，加之树叶的滞留作用，使小雨滴聚集成大雨滴，会出现中度侵蚀区的产沙量大于强度侵蚀区的情况，当然这只是从理论上讲。在1984~1987年的实测中，最大的I_{10}也只有21.5 mm。因此，一般来说，在相同的最大10 min雨强的情况下，Ⅱ号小区的产沙量小于Ⅰ号小区的产沙量。

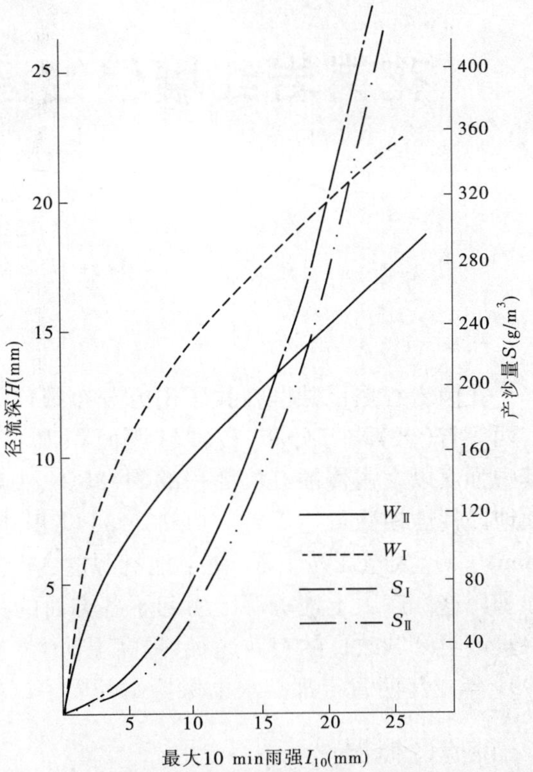

图2 产流量、产沙量与最大10 min雨强关系曲线

3 结论

（1）在花岗岩侵蚀区，降雨量的变化对坡面产流量的影响比最大10 min雨强的变化对坡面产流量的影响显著；但对坡面产沙量来说，则反之。

（2）坡面的产流量、产沙量与降雨量的相关关系达到极显著水平，能反映产流量、产沙量的基本规律，其回归方程可作为预测预报方程，但产流量、产沙量分别与降雨量和最大10 min雨强的复相关关系比其单相关关系有所改善。

（3）在降雨量较小或降雨初期，花岗岩中度侵蚀坡面的产流量比强度侵蚀坡面的产流量小，但在降雨量达到一定量（$H>21.1$ mm）后，中度侵蚀坡面的产流量则超过强度侵蚀坡面的产流量。

参考文献

[1] 阮伏水. 花岗岩风化壳与土壤侵蚀关系的研究[J]. 中国水土保持，1989(12).

[2] 史德明. 南方花岗岩区的土壤侵蚀及其防治[J]. 水土保持学报，1991，5(3)：63-72.

[3] 杨艳生，等. 长江三峡区土壤坡面流失及重力侵蚀[J]. 水土保持学报，1991，5(3)：29-35.

[4] 林昌虎. 砂页岩区山地土壤侵蚀性降雨因子的研究[J]. 水土保持通报，1991，11(4)：11-14，40.

[5] 陈楚群. 土壤侵蚀量多因子灰色模型的建立与应用[J]. 水土保持学报，1991，5(1)：27-32.

花岗岩红壤侵蚀区改良途径的研究

左长清　李相玺

（江西省水土保持科学研究所，南昌　330029）

花岗岩红壤侵蚀区在我国南方分布很广。江西、福建、广东、湖南、湖北、安徽、浙江、广西等省（区）均有分布，侵蚀红壤面积 19.72 万 km^2，占红壤侵蚀区总面积的 28.5%。其中强度以上占侵蚀红壤面积的 21.86%，中度侵蚀面积 9.77 万 km^2，占 49.54%，严重侵蚀地段侵蚀模数可达 1 万 t/(km^2·a) 以上，江西赣南剧烈侵蚀区流失量可达 1.35 万 t/(km^2·a)，大量泥沙下泄，使土地资源遭到严重破坏，形成千沟万壑的"劣地"景观。改造和利用这一广大土地资源已引起了各方面的关注，并进行了多方面的研究。为了进一步探索该类区域改良的有效途径，提高土地生产力，促进区域生产的持续发展，我们于 1987～1991 年在江西省宁都县水土保持站开展了试验研究。

1　试验区概况

试验区位于赣江支流贡水流域宁都县水土流失最严重的区域，试验面积 1 km^2。年均气温 18.9 ℃，极端最高气温 38.4 ℃，极端最低气温 -6.2 ℃。年均降水量 1 700 mm，年均蒸发量 1 557.8 mm，相对湿度 78.25%。山地土壤是由花岗岩母质风化发育而成的红壤，其中 A 层和 B 层流失殆尽，裸露的多是风化发育壳粗沙层或碎屑层。土壤贫瘠，水分缺乏，属强度流失类型。地面植被仅存少量的人工马尾松林，以及铁芒萁等，植被覆盖度不足 10%。

2　研究方法

2.1　试验方法

根据花岗岩红壤侵蚀区的自然特点，试验以植物措施为主，并按随机区组设计法进行布置。依据不同的地形条件布置山地绿肥、薪炭林、牧草和果树试验，试验面积分别为 2 400、3 240、750、1 800 m^2，试验植物品种见表 1。

种植时间：1987 年 2～5 月种植薪炭林、果树和多年生牧草，每年的 4～5 月种植绿肥和一年生牧草。整地采用水平台地，每阶台地水平间距 3.3 m（薪炭林地为 3 m），台地宽 2.0 m，埂宽 0.4 m，埂高 0.35 m，外坡约 60°。

2.2　观测分析方法

生物量调查，薪炭林树种用标准株法；牧草、绿肥用样方法；植物高、地径、冠幅等调查分别采用每木检测和样方法进行。

土壤理化性质，采用综合土样按常规土壤测定法进行室内分析。土壤水分和土壤温度采用定时定位观测(每年的7~9月按不同土壤层次测定)。

表1 试验植物品种

试验区	品种(中文名及拉丁名)
绿肥	小叶猪屎豆 *Crotalaria albida*,大叶猪屎豆 *Crota. Speitablis*,印度豇豆 *Vigna Sinensis*,望江南 *Cassia occidentalis*
薪炭林	刺槐 *Robinia Pseudocacia*,胡枝子 *Lespedeza fonnosa*,多花木兰 *Indigofena amblgantha*
牧草区	圆果雀稗 *Paspunum Orbiculare*,宽叶雀稗 *Pas. ttsteinit*,茅花雀稗 *Pas dilatatum*,棕叶狗尾草 *Setaria Palmifolia*,糖蜜草 *Melinis minuedlora*
果树	柿 *Disopyroe kak*,板栗 *Castanea mollissima*

土壤侵蚀量与径流量采用径流池观测测定。

3 结果分析

3.1 植物生长情况

5年连续观测表明,由于种植前进行了工程措施,各种植物均能在当地条件下正常生长发育。1990年调查,山地植被覆盖率平均达85%,其中牧草区为90%,薪炭林区为90%,果树为75%,山地绿肥为85%;绿肥鲜草产量达2 121 t/hm^2,平均株高、平均冠幅和根鲜重分别达110.6 cm、75.7 cm和5.15 t/hm^2,根深和根幅分别为32.2 cm及40.8 cm。1991年调查,平均薪柴量(烘干重)达2 727 t/hm^2,平均萌芽率为89%,根量为13.66 t/hm^2,牧草鲜草重为18.31 t/hm^2,鲜根重为8.82 t/hm^2。果树5年生时平均树高、冠径分别为2.15 m、1.75 m,栽植的板栗第二年开始挂果,大盒柿在1990年也开始挂果。

3.2 土壤理化性状

种植植物改变了红壤侵蚀区的外部景观,增加了土地的生物量,土壤理化性状得到改善。由表2可见,试验区土壤中的有机质平均值较对照区高0.64%;其有效养分有显著提高,碱解氮25.8 μg/g,相当于施尿素0.266 t/hm^2;速效磷21.1 μg/g,相当于施0.56 t/hm^{2}过磷酸钙。这是因为种植植物后,繁茂的植被冠层拦截了大量降雨,减缓了雨水对土壤的击溅力;加上根系的固持,防止了土壤侵蚀,减少了土壤养分的流失,大量落叶的回归和残留在土壤的根系增加了养分的来源,固氮豆科植物的种植增加了氮素的来源。改善了土壤环境,有利于土壤微生物的活动,进一步丰富了土壤养分。从不同植物的改良效果可知:绿肥为豆科植物,具有较强的固氮能力,则有机质和碱解氮增加最多;果树行间套种了绿肥,则养分增加也较多;薪炭林主要为落叶豆科乔木,具有较大的落叶回归和一定的固氮能力,因而养分改善程度比禾本科牧草要好(详见表2)。

土壤养分的提高,尤其是有机质的提高,促进了土壤物理性状的改良。土壤阳离子代换量较对照区高16.5倍,土壤容重在1.17~1.22 g/cm^3,比对照区减少18.67%~22%,是植物生长最佳容重(1.1~1.3 g/cm^3);土壤总孔隙度为55%,比对照区提高了13%,其中毛管孔隙度占总孔隙度的66%。土壤的通气性、透水性和持水性比较协调,有利于作物生长。

表2 1990年试验区与对照区土壤理化性状对照情况

项目	有机质（%）	碱解氮（μg/g）	速效钾（μg/g）	速效磷（μg/g）	代换量（μg/g）	干土容重（g/cm^3）	总孔隙度（%）	毛管孔隙度（%）
绿肥	1.05	48.5	159	36.5	53.8	1.22	53	35
果树	0.97	43.0	209	17.1	40.5	1.17	56	36
薪炭林	0.65	38.8	138	17.2	22.7	1.17	56	35
牧草区	0.59	38.1	123.4	16.1	21.2	1.18	54	35
对照区	0.18	16.3	69	0.6	2.1	1.50	42	25

3.3 土壤水分状况

由表3土壤水分观测（1991年7～9月）资料分析，经改良后，土壤持水量相对提高，而土壤实际含水量反而降低。薪炭林含水量最低，平均较对照区低3.34%；绿肥和果树区居中，分别降低1.5%和0.9%；牧草区含水量相对较高，仅比对照区低0.4%。其主要因试验区植被较自然荒坡茂密，而7～9月空气相对干燥，植物蒸腾作用大，消耗土壤水分多。

表3 0～60 cm土层土壤含水量 （%）

处理	田间持水量	最大含水量	最小含水量	平均含水量
薪炭林	29	15.6	3.2	9.5
果树	30	16.2	5.3	11.4
绿肥	25	18.8	5.2	12.0
牧草	26	19.0	5.7	12.5
对照	16	21.1	5.5	12.9

3.4 树冠截留作用和土壤侵蚀量的改变

花岗岩红壤侵蚀区种植绿肥、薪炭林、牧草和果树后，短期内地表即被植物覆盖，形成了多林分、多层次的植物群落结构。有效地拦截降雨，缓冲了降雨动能，增加了山地吸收和贮存降雨的能力。据观测，薪炭林和果树试验区平均截留降雨量分别为0.51、0.288、0.266 mm，流失量较对照区少4 394.2 t/km^2（如图1所示）。

3.5 土壤温度变化

水热状况是水土流失区最突出的制约因子。由表4可见，高温干旱季节植被具有明显的降温增湿作用。平均地表温度比对照区低4.5 ℃，0～25 cm土层温度降低2.2～3.8 ℃，林中空气相对湿度增加5.4%，进行多重比较（见表5），每一处理对降低土壤温度均有极显著的差异，其中以薪炭林降低土温效果最佳，依次为果树、绿肥、牧草。这与薪炭林生长量、覆盖度大有对应关系，它阻拦太阳辐射最大，林中空气相对湿度增加5.4%。辐射得热减少，从而降低土温。

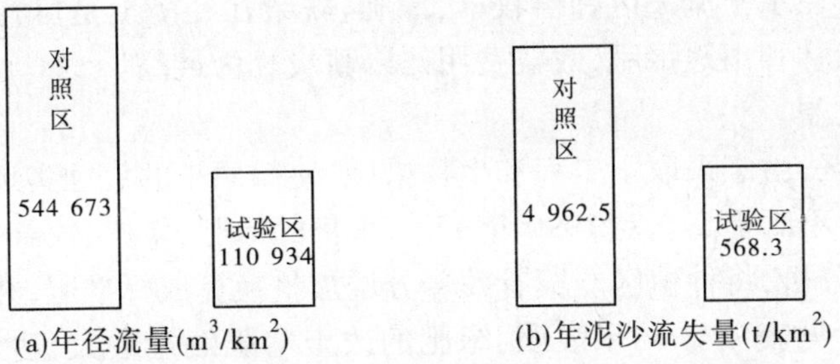

图1 试验区与对照区径流量与流失量对比图

表4 改良措施对土壤温度和空气相对湿度的影响

处理	土层温度(℃)						空气相对湿度(%)			
	0 cm	5 cm	10 cm	15 cm	20 cm	25 cm	6 h	16 h	20 h	平均
对照区	37.8	36.2	36	34	34.7	34.9	70	66.1	75.5	70.5
试验区	34.2	33.5	32.5	31.8	31.5	31.1	75.8	75.1	76.9	75.9
差值	3.6	2.7	3.5	3.2	3.2	3.8	5.8	9.0	1.4	5.4

表5 不同处理对土壤湿度的多重比较

处理	平均温度	$\bar{x}-34.3$	$\bar{x}-32.8$	$\bar{x}-32.7$	$\bar{x}-31.5$	说明
薪炭林	31.2	3.1**	1.6**	1.5**	0.3	
果树	31.5	2.8**	1.3**	1.2**		
绿肥	32.7	1.6**	0.1			$LSD_{0.05}=0.94$
牧草	32.8	1.5**				$LSD_{0.01}=1.23$
对照	34.3					

注：**表示有极显著差异。

4 经济效益

4.1 经济效益分析

本文仅对直接生产的牧草、绿肥和薪柴带来的经济效益进行分析。取工程经济期为30年，年利率为7%，基准年为1991年，价格指标以当地市场价格为准(鲜肥70元/t，鲜草为100元/t，薪柴为125元/t)，各措施获得的直接经济效益见表6。

表6 各处理的直接经济效益 (单位：元/(hm^2·a))

处理	产量	产值	成本	利润	效益费用比
牧草	18.31	1 831	1 191	640	1.54
绿肥	21	1 470	1 088	382	1.35
薪柴	5.46	682.5	275	407.5	2.48

由表 6 可见,在水土流失区种植牧草、绿肥、薪柴在经济上是可行的。纯利润以牧草最高,其次为薪炭林和山地绿肥,效益费用比以薪炭林为最高。

4.2 改土增肥效益

在水土流失区,由于采取了工程和生物措施,使得原来的侵蚀劣地土壤理化性状得到改善,土地生产力不断提高。对 1990 年 11 月采集的绿肥、果树、牧草、薪炭林种植地与对照区的土样进行分析,将种植区土壤有效养分增加量换算成标准肥,并按当地市场价格计算改土增肥效益(见表 7)。结果表明,绿肥的改土增肥效益最大,达 1 490 元/hm^2,其他依次为果树 1 307 元/hm^2,薪炭林 975 元/hm^2,牧草 851 元/hm^2。

表 7　不同处理改土增肥效益

处理	速效氮净增量(μg/g)	氮肥		速效磷净增量(μg/g)	磷肥		速效钾净增量(μg/g)	钾肥		总效益(元/hm^2)
		折合尿素(kg/hm^2)	折价(元/hm^2)		折合钙镁磷肥(kg/hm^2)	折价(元/hm^2)		折合氯化钾(kg/hm^2)	折价(元/hm^2)	
绿肥	32.2	340	408	35.9	1 167	467	90	879	615	1 490
果树	26.7	284	341	16.5	536	214	110	1 074	752	1 307
薪炭林	22.5	239	287	16.6	539.6	216	69	674	472	975
牧草	21.8	231.0	277	15.5	504	202	54.5	531	372	851

5　结语

综合分析,种草、种绿肥、发展果树和薪炭林是花岗岩红壤侵蚀区改良的有效途径。它有效地改善土壤理化性状,增加土壤吸收和贮存降雨的能力;减少地表径流,减少土壤侵蚀量,促进生态环境向良性循环转变,大大提高了土地生产力,有利于农业结构的调整。满足江西省区域农业经济持续发展的要求,可以兼顾长远效益和近期效益,保持经济的持续稳定发展。

参考文献

[1] Aragzn Takekazu. A Research of Slope Failure Uaing Ortho – Photomapn – case Study in Non – granitic Area[J]. The Japan – China Field Workshop on landalide Tukuhi. Japan, october 1989.

[2] 北京林学院. 土壤学(上)[M]. 北京:中国林业出版社,1988.

[3] 史德明. 南方花岗岩区的土壤侵蚀及其治理[J]. 水土保持学报,1991(3):63-72.

[4] 万勇善,等,南方花岗岩侵蚀区土壤退化的研究[J]. 水土保持学报,1991(3):80-87.

[5] Zhuang Rongzhao, Zuo Changqing. Study on the collapse Eroeion and Its Control Techniqe, The Japan – China Symponium of Landahdo and Debris Flows[J]. The Japan Landslide Society, october 1989:309-312.

二、红壤水土流失监测技术研究

新修公路的土壤侵蚀监测与实践

胡根华[1] 左长清[2] 林圣玉[1]

（1. 江西省水土保持科学研究所，南昌 330029；
2. 江西省水利科学研究院，南昌 330029）

开发建设项目土壤侵蚀监测其他监测方法和技术在实践应用中具有一定的局限性，如使用3S技术监测土壤侵蚀，虽然有快速、精确的一面，但是有使用技术复杂，一次性投入高的缺点，制约了其在实践中的运用范围；数学模型法和类比法需要进行修正完善，存在一定的误差。常规监测方法和技术有典型调查技术、径流小区法、体积法和埋桩法[1]，常规监测方法和技术从实践操作可行性、灵活性和能够满足开发建设项目对水土保持监测精度要求方面都具有优越性，并且可以节约大量的人力和物力投入，本文结合江西省水土保持科学研究所已完成的赣定高速公路和江西萍乡洪山大道水土保持监测工作，针对重点监测区域土壤侵蚀常规监测方法和技术在实践中的应用进行总结，供大家商榷。

1 公路项目产生土壤侵蚀特点及重点监测区域

1.1 土壤侵蚀特点

公路路线经过平原、丘陵区、岗地、山区、河流等多种地形地貌，水文、气候、土壤、植被和水土流失类型复杂，建设过程中的路基工程、隧道工程、桥涵工程、互通工程、取土（料）场、弃渣场、管理养护站所、施工生活区等势必改变原有的地形地貌及地表土壤结构，损坏林草植被，降低其原有水土保持功能，南方项目区以水力侵蚀为主，如不采取合理有效的水土保持防治措施，建设期将产生大量的水土流失。

1.2 重点监测区域

根据公路建设项目扰动、开挖和破坏原地貌的特点，土壤侵蚀重点监测区域包括取土场、弃土场、路堤、路堑和临时施工场地。

2 土壤侵蚀常规监测方法和技术在重点监测区域中的应用

2.1 取土场土壤侵蚀模数

2.1.1 取土场边坡

以赣定高速公路（赣州至定南段）7号取土场（桩号K32+175）为例，边坡土壤侵蚀监测采用体积量测法，2004年12月下旬，选择3个测量点，测量坡脚线长度（B），根据调查侵蚀沟的实际形状，概化侵蚀沟为棱柱体[2]，测量每条侵蚀沟上、中、下3个部位断面宽度和深度，坡面长度L，坡面坡度θ，采取坡面土样，分析土壤容重P。

通过体积计算公式$V = SL$，计算侵蚀沟体积，侵蚀土壤总重量为VP，并得出土壤侵蚀模数平均值为 22 540 t/(km^2 · a),计算结果见表 1。

表 1 取土场边坡土壤侵蚀监测表

项目	测量点		
	1	2	3
侵蚀沟断面形状	棱柱形	棱柱形	棱柱形
总体积(cm^3)	3 384 751.0	1 700 265.6	1 559 133.1
沟蚀重量(kg)	1 743	876	870
土壤侵蚀模数(t/(km^2 · a))	31 280	8 020	28 310
平均土壤侵蚀模数(t/(km^2 · a))	22 540		

2.1.2 取土场采挖

经测量,赣定高速公路 K32 + 175 取土场台面面积为 1 600 m^2,2004 年 3 月在采挖台面布设桩钉,桩钉数量为 16,8 月底测量土壤平均流失厚度为 5.1 mm,土壤侵蚀量为 6 324 t/km^2。根据该处 3 ~ 8 月土壤侵蚀量占全年土壤侵蚀量的 60.2%[3],推算出土壤侵蚀模数为 10 500 t/(km^2 · a)。

2.2 弃土场土壤侵蚀模数

2.2.1 弃土场边坡

以赣定高速公路 K89 + 700 左弃土场为例,边坡土壤侵蚀监测采用体积量测法,2004 年 12 月下旬,选择 4 个测量点,根据调查侵蚀沟的实际形状,概化侵蚀沟为棱台体,测量每条侵蚀沟上、下 2 个部位上宽、下宽和深度,测量坡脚线长度(B)、坡面长度(L)、坡面坡度(θ),采取坡面土样,分析土壤容重 P。通过棱台体积公式:

$$V = L[S_1 + S_2 + (S_1 S_2)^{1/2}]/3$$

式中:V 为体积,cm^3;S_1、S_2 为断面面积,cm^2;L 为沟长,cm。计算侵蚀沟体积,侵蚀土壤总重量,土壤侵蚀模数平均值为 25 990 t/(km^2 · a)。计算结果见表 2。

表 2 弃土场坡面土壤侵蚀监测表

项目	测量点			
	1	2	3	4
线路桩号	K89 + 700			
侵蚀沟断面形状	棱台体			
总体积(cm^3)	3 241 634	1 765 352	1 724 958	2 429 795
沟蚀重量(kg)	5 737.3	3 124.7	3 053.0	4 300.7
侵蚀模数(t/(km^2 · a))	28 010	23 680	25 920	26 340
平均土壤侵蚀模数(t/(km^2 · a))	25 990			

2.2.2 弃土场

经测量,赣定高速公路 K89 +700 左弃土场台面面积为 3 500 m^2,3 月在弃土场台面布设桩钉,8 月底测量土壤平均流失厚度为 6.8 cm,土壤侵蚀量为 8 432 t/km^2。依据该处 3 ~8 月土壤侵蚀量占全年土壤侵蚀量的 60.2%[3],推算出土壤侵蚀模数为 14 010 t/(km^2 · a)(土壤容重 1.24 g/cm^3)。计算结果见表 3。

表 3 弃土场台面土壤侵蚀监测表

桩钉数量	平均厚度(cm)	3 ~8 月土壤侵蚀量(t/km^2)	3 ~8 月土壤侵蚀量占全年比例(%)	土壤侵蚀模数(t/(km^2 · a))
16	6.8	8 432	60.2	14 010

2.3 路堤和路堑土壤侵蚀模数

由于路面经过压实,产生水土流失轻微,硬化后不再产生水土流失,路堤、路堑土壤侵蚀主要发生在坡面,因此本文对坡面土壤侵蚀监测予以总结。

2.3.1 路堤

2004 年 9 月选取江西萍乡洪山公路路堤边坡监测点,该路堤修建时间为 2004 年 5 ~8 月。路堤边坡土壤侵蚀监测采用体积量测法,选择 2 个测量点,根据调查侵蚀沟的实际形状,概化侵蚀沟为棱柱体,测量侵蚀沟的方法和计算土壤侵蚀模数的方法同前,依据该处 5 ~8 月土壤侵蚀量占全年土壤侵蚀量的 47.3%[3],推算出土壤侵蚀模数加权平均值为 16 270 t/(km^2 · a)。计算结果见表 4。

表 4 路堤边坡土壤侵蚀监测表

项目	测量点	
	1	2
侵蚀沟断面形状	棱柱体	棱柱体
总体积(cm^3)	464 346.0	174 420.0
沟蚀重量(kg)	500	197
侵蚀模数(t/(km^2 · a))	19 800	12 740
平均侵蚀模数(t/(km^2 · a))	16 270	

2.3.2 路堑

2004 年 9 月同样选取江西萍乡洪山公路路堑边坡监测点,采用体积测量法对路堑边坡的流失量进行监测,选择 2 个典型坡面进行实测,概化侵蚀沟为棱锥体,共测量了 60 条侵蚀沟,采取路堑土样,分析土壤容重为 1.39 g/cm^3,侵蚀沟体积棱锥体计算公式 $V = 1 \times SH/3$,根据该处 5 ~8 月土壤侵蚀量占全年土壤侵蚀量的 47.3%[3],算出土壤侵蚀模数为 14 450 t/(km^2 · a)。计算结果见表 5。

表 5　路堑边坡土壤侵蚀监测表

项目	测量点	
	1	2
断面形状	V	V
沟蚀量(m^3)	0.262 8	0.411 2
年沟蚀量(m^3/a)	0.555 6	0.869 3
5～8 月土壤侵蚀量(t/km^2)	9 286	9 540
平均土壤侵蚀模数(t/(km^2 · a))	14 450	

2.4　临时施工场地土壤侵蚀模数

施工场地大多数经过平整且进行了地面硬化，场地产生水土流失轻微，施工场地土壤侵蚀主要产生于边坡，以赣定高速公路 K3 + 175 施工场地坡面侵蚀监测为例，于 2004 年 12 月下旬选择 8 个测量点，采用体积测量法，将侵蚀沟概化为棱台体，测量侵蚀沟的方法和计算土壤侵蚀模数的方法同 2.2.1 弃土场边坡，算出加权平均土壤侵蚀模数为 6 590 t/(km^2 · a)。计算结果见表 6。

表 6　施工场地坡面土壤侵蚀监测表

项目	测量点							
	1	2	3	4	5	6	7	8
路线桩号	K3 + 175							
侵蚀沟断面形状	棱柱体							
总体积(cm^3)	596 395	403 174	292 453	643 994	271 022	1 513 067	1 023 837	560 021
沟蚀重量(kg)	1 049.7	709.6	514.7	1 133.4	477.0	2 663.0	1 801.9	985.6
侵蚀模数(t/(km^2 · a))	5 810	6 510	5 690	7 900	4 770	7 740	6 510	7 830
平均土壤侵蚀模数(t/(km^2 · a))	6 590							

2.5　赣定高速公路平均每千米土壤侵蚀模数

赣定高速公路重点监测区域取土场 18 个，弃土场 47 个，施工场地 67 个，以及大量路堤和路堑，依据各监测区域边坡和台面面积，以及边坡和台面监测土壤侵蚀模数，算出建设期每个监测区域可能产生的土壤侵蚀量和项目区土壤侵蚀总量。根据项目区监测水土流失面积，推算出项目区土壤侵蚀模数和每千米土壤侵蚀模数。计算结果见表 7。

表7 项目区每千米土壤侵蚀模数

项目	取土场	弃土场	路堤	路堑	施工场地	项目区
流失面积(hm^2)	96.18	80.75	331.93	539.98	43.88	1 092.72
土壤侵蚀(t)	11 282	12 499	54 005	78 027	2 892	158 705
长度(km)						127.061
侵蚀模数(t/(km^2·a))						14 524
平均每千米侵蚀模数(t/(km^2·a))						114

3 结语

本文总结了土壤侵蚀常规监测方法和技术在赣定高速公路及江西萍乡洪山大道水土保持监测中的应用,系统介绍了土壤侵蚀测量方法和土壤侵蚀模数计算方法,计算了公路项目建设期重点监测区域的土壤侵蚀模数、赣定高速公路土壤侵蚀模数和平均每千米土壤侵蚀模数,具体为取土场边坡土壤侵蚀模数22 540 t/(km^2·a),台面土壤侵蚀模数10 500 t/(km^2·a);弃土场边坡土壤侵蚀模数25 990 t/(km^2·a),台面土壤侵蚀模数14 010 t/(km^2·a);路堤、路堑和施工场地边坡土壤侵蚀模数分别为16 270、14 450、6 590 t/(km^2·a);赣定高速公路土壤侵蚀模数和平均每千米土壤侵蚀模数分别是14 524 t/(km^2·a)和114 t/(km^2·a)。

参 考 文 献

[1] 张林,赵辉. 开发建设项目水土流失监测问题的探讨[J]. 湖南水利水电,2001(5):33-36.

[2] 李智广,杨林. 刍议线形开发建设项目水土流失野外巡查观测技术[J]. 水土保持通报,2004(6):45-46.

[3] 红壤侵蚀区可持续发展治理模式研究课题组. 红壤侵蚀区可持续发展治理模式研究成果报告[R]. 1996.

GPSRTD 技术在江西省崩岗侵蚀调查中的应用

谢颂华 张茨林 孟菁玲

（江西省水土保持科学研究所，南昌 330029）

1 前言

崩岗通常指的是发育于红壤丘陵区冲沟沟头因不断崩塌和陷落作用而形成的一种围椅状侵蚀地貌，它由沟头、沟壁、沟头崩积体、冲沟沟床和出口处的洪积扇组成。崩岗多发生于花岗岩区，是我国南方地区最严重的水土流失类型，对生态环境的危害极大，已经严重影响区域经济的协调发展，对崩岗侵蚀进行全面的摸底调查已迫在眉睫[1-2]。虽然国内近几年"3S"技术在水土保持方面取得了不少的研究成果，但是有关崩岗侵蚀区域性调查的报道较为少见，而运用 GPS 技术进行崩岗侵蚀调查就更为少见。本研究应用 GPS 技术开展江西省崩岗野外调查，摸清了江西省的崩岗侵蚀类型及其分布，为今后制订全省崩岗防治规划以及崩岗侵蚀的科学防治奠定了基础。

2 崩岗侵蚀的类型及特点

崩岗的形成受许多自然、人为因素的影响，一般来说，其形成与发育须具备以下四个基本条件[3]：①深厚的土层或风化母质；②有软弱面的发育；③有强大的径流冲击和地下水在软弱面的运动；④地表植被及枯枝落叶层遭到严重破坏。按崩岗的形态特征崩岗可分为弧形崩岗、条形崩岗、瓢形崩岗、爪形崩岗和混合型崩岗；按崩岗所处发育活动情况可将崩岗分为活动型和相对稳定型两种类型。崩岗侵蚀是水力侵蚀和重力侵蚀的综合体[4]，与一般意义的水力侵蚀相比具有类型多、数量大、分布散和侵蚀剧烈的特点，由于崩岗侵蚀数量大、分布散和面积小（一般 100～10 000 m^2），如果采用常规测量方法耗时、费力，采用 TM 遥感影像解译则难以满足测量精度，采用大分辨率遥感影像解译又投入巨大[5]，GPS 可省时、省力、省财，又可获得满意的测量精度，而且 GPS 具有全天候工作、定位精度高和功能多等优点。

3 GPS RTD 技术应用

3.1 采用的 GPS RTD 系统

GPS 定位是利用一组卫星的伪距、星历、卫星发射时间等观测量来实现的，本次应用 GPS 工作原理是由基准站发送改正数，由用户站接收并对其测量结果进行改正，以获得精确的定位结果。这种差分 GPS 定位技术很早就被人们所应用，它实际上是在 1 个测站对 2 个目标的观测量、2 测站对 1 个目标的观测量或 1 个测站对 1 个目标的 2 次观测量之间进行求差,其目的在于消除公共项,包括公共误差和公共参数[6]。由于单纯的手持机定位精度<15 m,难以满足崩岗调查的精度,而 RTK 系统则由于国内技术水平限制其核心部件需要进口,价位过高。因此,本次崩岗调查采用 GPS 基准站(用于接收 GPS 信号,单点位置精度<10 m,RTD 差分精度<3 m)+数传电台及高增益天线(发射差分信号,频率范围:220~240 MHz;数据接口:RS-232,有效距离 50 km)+GPS 手持机(移动站,用于接收差分信号及测量,并行 12 通道,可接收差分信号;捕获时间<45 s(冷启动),首次定位 2 min;水平定位精度<15 m)组合的系统进行定位与测量,组合系统的水平定位精度<3 m;有效测量距 50 km;实时定位。

3.2 野外定位测量技术流程

3.2.1 已知坐标点的选定

由于本次测量采用 GPS 差分定位系统进行,因此必须从待测地所在地的测绘局或土地管理部门获取最近已知点及其准确坐标。

3.2.2 软硬件设置

(1)硬件设置:包括基准站和移动站设置。

(2)软件设置:本次调查基准站设置软件为 STARVIEW,基准站和移动站的软件设置及使用一般都配有完整的使用说明书,这里不再赘述。

3.2.3 定位及测量工作程序

(1)实地了解情况:测量人员到达测区后,对于待测崩岗的情况先作一个详细的了解,主要包括点位情况、点的位置以及上点的难度等。

(2)确定作业方案:根据仪器设备情况以及实地情况确定相应的作业方案。

(3)实施定位:对于崩岗位置坐标的定位采用实时差分定位,手持接收机测量崩岗经纬度,并辅以 1:10 000 地形图验证。定位时以崩岗出口线的中点为经纬度测点,混合型崩岗以多个崩岗连线的中点为测点。

(4)面积测量:采用手持机根据事先确定的点位测量崩岗的投影面积。

4 调查结果

据全省崩岗现状调查,全省现有崩岗 48 058 处,崩岗总面积 20 674.8 hm^2。崩岗广泛分布于江西省 11 个设区市的 77 县市、区,985 个乡镇。

(1)不同类型崩岗的分布:按类型分,江西省崩岗主要以活动型为主,活动型崩岗共计 40 423 处,占总数的 84.11%,面积为 17 321.5 hm^2,占崩岗总面积 83.78%;相对稳定崩岗 7 635 处,占总数的 15.89%,面积为 3 353.3 hm^2,占崩岗总面积的 16.22%。

(2)不同形态崩岗的分布:从崩岗形态来看,各种形态的崩岗在江西省均有分布,其中以弧形和瓢形居多,弧形崩岗数量和面积为 12 866 处和 4 337.8 hm^2,瓢形崩岗数量和面积分别为 14 058 处和 5 399.4 hm^2。

(3)不同规模崩岗的分布:按规模大小来看,面积 3 000 m^2 的大型崩岗共有 17 575 处,总面积 16 672.2 hm^2,分别占崩岗总数和总面积的 36.57% 和 80.64%;面积在 1 000~3 000 m^2 的中型崩岗其次,共有 16 225 处,面积 3 293.6 hm^2,分别占崩岗总数和总面积的 33.76% 和 15.93%;面积在 60~1 000 m^2 的小型崩岗,共有 14 258 处,面积

709.0 hm^2，分别占崩岗总数和总面积的 29.67% 和 3.43%。

(4) 崩岗在各设区市的分布：其中赣州市崩岗数量最多、面积最大，共 33 537 处，14 168.6 hm^2；其后依次是九江市、抚州市、宜春市、吉安市、新余市、上饶市、景德镇市、萍乡市、鹰潭市和南昌市，详见表 1。

表 1　各社区市崩岗侵蚀分布一览表

设区市	崩岗数量	占崩岗总数的百分比(%)	崩岗面积(hm^2)	占崩岗总面积的百分比(%)
赣州市	33 537	69.78	14 168.6	68.53
九江市	5 703	11.87	2 001.9	9.68
抚州市	2 742	5.71	1 337.1	6.47
宜春市	2 043	4.25	859.0	4.15
吉安市	1 490	3.10	784.3	3.79
新余市	286	0.60	480.6	2.32
上饶市	624	1.30	478.8	2.32
景德镇市	912	1.90	309.3	1.50
萍乡市	554	1.15	184.1	0.89
鹰潭市	105	0.22	52.2	0.25
南昌市	62	0.13	18.9	0.09
合计	48 058	100.00	20 674.8	100.00

(5) 崩岗在各流域的分布从流域分布情况来看，赣江流域崩岗数量最多、面积最大，共 37 977 处，16 559.3 hm^2，分别占崩岗总数和总面积的 69.78% 和 68.53%；修河流域其次，共 6 417 处，2 340.6 hm^2，分别占崩岗总数和总面积的 13.35% 和 11.33%；然后依次是抚河流域、信江流域、饶河流域、鄱阳湖区，分别有 1 304 处、757.8 hm^2，482 处、452.7 hm^2，1 075 处、336.3 hm^2，803 处、228.1 hm^2，分别占崩岗总数和总面积的 2.71% 和 3.66%、1.00% 和 2.19%、2.24% 和 1.62%、1.67% 和 1.10%。

5　GPS 应用需注意的问题

(1) 坐标问题。由于 GPS 一般采用 WGS84 坐标系统，而我国大部分已知点及通用的坐标均采用北京 54 坐标系统。因此，在定位时的坐标转换应计算七参数或三参数后转换分 6 度带、3 度带，本次测量为 3 度带将其输入手持移动站进行坐标转化后，直接获取待测点北京 54 坐标系统的经纬度。具体做法：在工作区内找 3 个以上的已知点，利用已知坐标和所测 WGS84 坐标，求解七参数；在测距 <30 km 时可在工作区内找 2 个以上已知点，利用已知坐标和所测 WGS84 坐标，求解三参数。

(2) 定位问题。在进行崩岗定位时，应注意定位时机的选择，本次测量采用的 GPS 系统的精度实际测量时在 1.0 ~ 3.0 m 的范围内波动，一般应选择水平精度 <2 m 时进行定

位读数。

(3)面积问题。由于面积计算是以航线中的航点作为测量点,航点选择的优劣直接影响到面积测量的精确度,因此实际测量中一般应选取航线的转折点,在有弧度的地方应多设航点,在直线时可少设航点, 以提高测量精度。

6 结语

GPSRTD 技术以其特有的优势在各个行业领域得到广泛应用,其在水土保持行业也同样具有广阔的应用空间,但 GPSRTD 在水土保持规划设计、水土流失调查、水土保持定位监测、水土保持工程测量和水土保持数据库建设以及"3S"技术的集成等方面的应用都有待于进一步探索和研究,本文仅就其在水土保持调查方面的应用进行了初步探索 ,以供广大同仁商榷。

参考文献

[1] 鲁胜力. 加快花岗岩区崩岗治理的措施建议[J] . 中国水利,2005(10):44-46.
[2] 赵健. 江西省崩岗侵蚀与防治对策[J] . 中国水利,2006(16):47-48.
[3] 刘瑞华. 华南地区崩岗侵蚀灾害及其防治[J]. 水文地质工程地质,2004,31(4):54-57.
[4] 张学俭,沈雪建. 治理与开发相结合实现生态与经济效益双赢[J]. 中国水土保持,2004(9):1-2.
[5] 郭玉涛. 遥感技术应用于水土保持监测[J] . 中国水利,2004(7):59-60.
[6] 侯林山,王金龙,朱三妹,等. 利用差分 GPS 进行地面沉降监测的研究[J]. 岩土力学,2006(5):811-815.

关于江西省水土保持监测数据库管理的探讨

谢颂华 左长清 汪 洪

（江西省水土保持科学研究所，南昌 330029）

水土保持监测数据库管理就是应用现代计算机技术、网络传输技术，将水土保持监测、研究工作所获取的数据和信息标准化、规范化地存贮到计算机中，同时又能方便地分类，快速地查询、输出、更新和上传、下载，为水土保持决策管理、水土保持研究和生产提供科学依据和数据支撑。

1 水土保持动态监测数据库设计原则

1.1 实用性原则

数据库系统设计的首要原则是在保证效率功能的前提下，最大可能地增强系统的实用性，尽量使用户界面友好，操作简便。

1.2 稳定与安全性原则

由于数据库包含了海量、长时间序列的宝贵数据和图像信息，必须有一个较为稳定、安全的管理系统，以便能更好地保护这些信息。同时，由于数据库允许局域网、行业网甚至公众用户访问，而数据库本身又不具备非常强的自我保护功能，因此系统必须具有较强的数据库自我保护功能。

1.3 宽容和可反馈性原则

宽容性原则指的是将用户所进行的操作都设计为可逆或可更正的，允许用户可以不通过重新编辑实现对过去输入的修改。反馈原则是指将数据库的所有操作都反映在屏幕上，将用户操作的结果反馈给用户，使用户可以实时监视自己的操作。这样，便于对水土保持数据库进行动态变更。

1.4 规范化原则

由于水土保持动态监测数据库数据来源于各个层次，涉及面广，数据库又要能够为各级政府制定水土保持生态环境政策、规划以及宏观决策提供科学依据和数据信息支撑，达到为公众和政府提供主动服务、及时服务和超前服务的目的。因此，对数据库的数据、文件、结构等就要求统一性，达到标准化和规范化。

1.5 广适性原则

一个好的数据库不仅应做到结构合理，而且要对所运行的环境具有较强的适应能力，要求所建立的数据库不仅能在本机服务器上使用，而且能在一般配置的设备和环境下使用。

1.6 可扩展性原则

由于水土保持监测数据库系统是一个长期应用的数据库系统,要求数据库系统要在相当长的时期内能满足工作的需要。而水土保持监测又是水土保持近期发展起来的一项新工作,其工作内容、方法等还不是很完善,因此水土保持监测数据库系统的开发必须具有可扩展性,能够进行二次开发,以便能够根据实际工作的需要随时调整系统的功能,从而达到在长时期内能够满足工作需要的要求,避免重复建设,造成浪费。

2 数据库的标准化、规范化

2.1 数据源标准化和数据库文件的统一化问题

水土保持动态监测数据库的数据源分两大类 ,分别为水土保持数据资料和水土保持图形影像资料,主要来源于省、市、县 3 级水土保持机构、监测站网和科研试验机构。由于各机构对数据的量纲和图件比例尺要求不同以及试验观测、办公条件的限制,导致了所获取的数据观测标准和量纲不统一,数据文件存储和保存的类型与方式也不相一致,给水土保持监测数据库的建立带来了困难。而要建立在时空上能够描述全省各级水土保持情况的高质量的水土保持监测数据库, 必须要有标准化、规范化的数据源。

由于水土保持监测数据的获取涉及省、市、县多层次、多方面的水土保持管理人员、技术人员和科研试验人员,同时,还要保证数据与国家、国际相关机构的通信和交流问题。因此,数据源的标准化是一个非常棘手的问题。标准化应当从全局、系统的角度出发,在数据库系统建立的规划和设计阶段,根据目前以及将来数据的需求,综合考虑历史数据的具体情况,注意数据交换的畅通性,由各层次的水土保持管理人员、技术人员、专家和计算机技术人员共同制定数据的定义、格式、精度、数据文件的类型等标准、规范和相同的保存方式。如文档文件采用 Word 文件保存,数据文件采用 Excel 文件保存,图形影像文件则采用 dxf,eoo,tif,bmp,jpg 和 mpeg 等格式保存。同时,应该在国家主管部门的指导下,建立统一的水土保持监测观测系统,包括野外监测观测设备、分析设备、计算机设备、数据处理与存储设备、网络设备等。因为数据的标准化、规范化依赖于观测系统的标准化、规范化[1]。观测系统的标准化包括仪器设备的品种类型、观测方法和技术的规范化以及数据分析的标准化等方面的问题。

2.2 数据文档文件编制的规范化问题

由于数据库中数据文件本身的有限性,无法将数据的背景信息完整地反映出来,不同的背景信息下,同一数据有可能反映的是完全不同的信息。因此,必须对数据进行准确定义和必要限定,建立完整、统一的对数据作定义、限定和描述的数据文档文件,这对数据库文件中数据的准确使用至关重要。数据文档文件必须以统一的格式记录数据收集时间、地点、观测人员、数据精度、所用仪器,数据的观测、获取和处理方法,以及其他一些特点[2]。

2.3 文档文件的统一化问题

文档文件主要包括 4 个方面:①水土保持相关的法律、法规、文件和部门规章;②水土保持相关技术标准、规程规范等;③水土保持治理成果报告、技术推广报告、科研成果报告和监测成果报告;④水土保持报告、初步设计报告、水土保持方案报告等。这些文件应该都以相同的存储方式如 Word 格式存储，以规范的编写格式编写，统一纸型、字体、字号、段落间距、页边距等，使行业报告和文件规范化。

2.4 数据的共享、交流和发布

为了使监测数据、试验数据能广泛地为水土保持部门决策、管理、科研和生产所用，同时又能与国家资源环境和政府公共信息等信息网进行交流，必须使数据能够共享、交流和网上发布。数据的共享、交流和网上发布不仅可以促进水土保持监测网络自身的不断完善，而且可以加强水土保持决策、管理、监测、科研和生产各部门的广泛交流与合作，促进水土保持事业的蓬勃发展，为水土流失预测预报、水土保持管理和决策提供信息支撑，使水土保持生态环境建设工作跃上一个新的台阶。

2.5 数据的保存问题

长期、连续的水土保持监测数据是水土保持科学规律发现的重要支撑条件，对这些数据长期有效地保存是十分重要的。数据保存主要有两种方式，即数字化保存和纸质保存。而数字化的数据库保存和纸张存储数据的保存又是大不相同的，这种不同主要表现在数据存储介质的不同和由于数据存储介质的不同导致的数据保存技术上的不同两个方面。对不同要求的资料应选择相适的保存方式，以达到对数据长期有效保存的目的。此外，数据保存问题还要涉及数据保存相关的科学、政策、法律、管理、组织机构等方面的问题[3]。因此，数据保存的问题不仅仅是一代人的问题，有可能需要几代人甚至十几代人的不懈努力。

3 数据库的安全性问题

要使各监测站点的监测数据能够安全地使用，必须考虑动态监测数据数据库在建立、修改、使用、传输等操作过程中的安全问题，这是水土保持动态监测数据库管理中非常重要的环节。水土保持监测数据库的安全体系可划分为 4 个层次，即环境层（机房）、操作系统层、网络层和应用层（操作层）。

3.1 环境层机房安全

（1）供配电系统。数据库中心的供配电系统要求能保证对机房内的主机、服务器、网络设备、通信设备等的电源供应不会突然间断，以防止数据因断电丢失。

（2）防雷接地系统。为了保证机房的各种设备安全，要求机房设有 4 种接地形式，即计算机专用直流地、配电系统交流工作地、安全保护地和防雷保护地。

（3）消防报警及灭火系统。这是为了发生火灾时能够及时发现、控制，以便能自动监测火灾的发生，避免重大损失。

3.2 操作系统安全

操作系统安全也称主机安全，由于现代操作系统的代码庞大，因而不同程度上都存在一些安全漏洞，一些广泛应用的操作系统，如 Windows 和 UNIX，都不同程度地存在着安全漏洞和隐患。此外，系统管理员或使用人员对复杂的操作系统和其自身的安全机制了解不够，配置不当也会造成安全隐患。对操作系统这一层次需要功能全面、智能化的检测，以帮助网络管理员高效地完成定期检测和修复操作系统安全漏洞的工作。为了加强主机的安全，应采用基于操作系统的入侵检测技术，利用系统入侵检测技术监控主机的系统事件,从中检测出攻击的可疑特征,并给出相应处理。

3.3 网络安全

数据的网络安全问题主要包括两方面:

(1)数据库自身的安全防护。数据库安全隐患集中在系统认证、系统授权、系统完整性等方面。解决这一问题应采用基于数据库特有的安全漏洞,全面评估所有的安全漏洞和认证、授权、完整性方面的问题。

(2)数据传输过程中的安全保证。解决数据传输过程中安全问题的方法就是合理设计网络拓扑结构,实施网络安全监测系统,设置防火墙系统、入侵检测系统和病毒防范系统等。

3.4 应用安全

水土保持监测数据库安全体系的最高层就是对数据库的扫描检测技术,检查数据库进行操作、使用、管理和维护的内部工作人员。人员素质的差异性,对人员的管理和安全制度的制订是否有效,影响由这一层次所引发的安全问题。要解决这一问题,除按行政、业务划分的组织保证机构以外,必须成立专门的安全组织机构,这个安全组织应当由各级监测机构行政负责人、安全技术负责人、业务负责人及负责具体实施的安全技术人员共同组成。此外,必须制订一系列的安全管理制度,如监测人员数据库操作守则、机房管理制度、电子档案管理制度等;普及安全教育,定期分层次地进行安全培训,对行政、技术的各级人员有针对地进行培训等。同时,应该使水土保持监测队伍规范化,从国家到省、市、县的监测机构、监测人员和工作方式等都应进行规范化。

4 结语

水土保持动态监测数据库的建立主要是围绕如何利用现代信息技术这一手段,将浩繁庞杂的水土保持数据信息挖掘出来,应用于当前我国水土保持工作的实际。笔者从江西省水土保持监测数据库的建设管理的实际工作出发,着重对水土保持监测数据库的设计原则、数据库规范化和标准化以及数据库安全等方面的问题进行了探讨和研究。通过几年的工作和研究实践,笔者认为,利用现代信息技术手段对我国宝贵的水土保持数据资料和信息进行开发和高效利用是完全可行的。同时,由于现代网络技术的迅速发展,使得信息共享成为可能,避免了各个方面的工作人员在使用水土保持数据资料进行有关工作、研究时的重复劳动。可以预计,随着水土保持监测数据库的建立和完善,我国的水土保持数据资料将会在今后的水土保持决策、研究与生产实践中发挥更大的作用。

参考文献

[1] 李智广,曾大林.对水土保持监测网络数据管理的思考[J].资源生态网络研究动态,2001,12(1):13-17.

[2] 陈永宝,唐万龙,潘文聪,等.建立全国基层水土保持站规范化的数据文档文件[J].福建水土保持,2002,14(2):52-56.

[3] 孙鸿烈,刘闯.国际科学技术数据前沿领域发展研究[J].地球科学进展,2003(1):13-18.

面状开发建设项目水土流失监测研究

张茨林[1] 谢颂华[1] 陈文波[2] 江 波[3]

(1. 江西省水土保持科学研究所,南昌 330029;2. 江西农业大学国土资源与环境学院,南昌 330045;3. 永丰县国土资源局,永丰 331500)

近年来,随着我国经济和社会的快速发展,我国的城市化进程也不断加快,导致其建设用地需求不断增加,于是在城市兴起了以面型开发为主的工业园区、经济技术开发区以及高新技术开发区等城镇开发区建设活动。

城镇开发项目区由于基础设施建设需进行"五通一平",改变原有地形地貌,造成挖、填方,破坏原地表植被,不断造成新的水土流失,由于该类建设项目占地面积从几万平方米至几百平方千米不等,导致水土流失量总量巨大,目前已逐步成为城市水土流失最主要的来源。

由于江西省是传统农业大省,因此大面积的农(果)业开发随着经济社会的发展在近年来也得到了长足的发展。但是,基于江西省是山区省,全省 2/3 以上的土地为山地丘陵,且目前适宜农(果)业开发的土地绝大部分都位于山地丘陵区,加之该省属于亚热带季风气候区,若在进行开发时忽视水土保持,极易造成严重的水土流失,导致土壤养分流失,地力减退,使农(果)业的开发走上开发—破坏—治理的短期效益老路。

本文通过对城市开发和农(果)业开发项目的水土流失监测实例,对面状类项目水土流失监测的流程、技术路线和方法等方面进行研究和总结,不但可以弥补我国开发建设项目水土保持理论与实践方面的不足,而且对提高江西省面状类开发建设项目水土保持防治水平,加快江西省乃至我国水土流失防治步伐,提高防治效益,保护和改善生态环境,都具有十分重要的现实意义。

1 开发建设项目的分类

在水土流失监测工作中,不同类型、不同规模的开发建设项目具有不同的水土流失特点,其水土流失形式、位置、危害以及监测重点各不相同,水土流失的防治也不尽相同。2005 年,水利部、中国科学院和中国工程院联合组织的水土流失与生态安全科学考察根据项目类型和行业将开发建设项目划分为 12 类,由于不同行业类型的开发建设项目开展水土流失监测所采用的方法有其同一性,为便于开展水土流失监测技术方法和流程研究,对造成水土流失方式相同或相类似的开发建设项目则有必要对其进行归类。因此,我们在科学考察的基础上从空间尺度的角度将这 12 类开发建设项目又归纳为点状、线状和面状 3 个大类进行水土流失监测的实践和研究。

1.1 点状类工程

点状类开发建设项目是指地域跨度小，地质地貌单一，工程施工对土地扰动面窄，工程建设产生的水土流失影响面小，空间尺度上较小，在水土流失监测过程中不宜采用遥感和遥测等方法的项目，该类项目涉及的行业包括水利水电类项目、采矿类项目、火电类项目和冶金化工类项目等。

1.2 线状类工程

线状类工程是指跨区域呈线状分布的开发建设项目，地域跨度大，地质地貌复杂，施工战线长，扰动土地面积广，土石方量大，工程建设产生的水土流失影响范围广、危害重、空间尺度中等，在水土流失监测过程中可以采用遥感、遥测与地面观测相结合的方法的项目。线状类开发建设项目包括铁路类、公路类、堤防河道整治类、管线类以及输变电线路等。

1.3 面状类工程

面状类开发建设项目是指地域跨度较大，工程施工扰动的土地面积大，工程建设产生的水土流失量大面广，空间尺度上跨度较大，在水土流失监测过程中宜采用遥感和遥测等方法的项目，该类项目涉及的行业包括农、果、林开发类和城镇开发类项目等。

2 南昌市城市开发建设水土流失监测

2.1 项目区概况

南昌市处于江西省中部偏北，赣江、抚河尾闾，鄱阳湖的冲积平原及浅丘地带，滨临我国第一大淡水湖——鄱阳湖，地理位置介于东经115°27′~116°35′，北纬28°09′~29°11′。现辖南昌、新建、安义、进贤4个县，东湖、西湖、青云谱、湾里、青山湖5个区，47个镇、41个乡，辖区范围共有土地总面积7 402 km^2，占全省土地总面积的4.40%。其中，平原面积占土地总面积的35.80%，水域面积占土地总面积的29.80%，岗地、低丘面积占土地总面积的34.40%。

根据《南昌市城市总体规划(2003—2020年)》，南昌市城市用地规模为：到2010年主城区城市建设用地面积220 km^2，人均城市建设用地面积91.70 m^2，建成区范围面积240 km^2。到2020年，主城区城市建设用地面积285 km^2，人均城市建设用地面积95 m^2，建成区范围面积约380 km^2[1]。

2.2 监测程序和方法

对于南昌城市开发水土流失监测采用遥感监测、地面观测和调查统计相结合的方法，监测程序如下：

(1)资料收集。收集项目区气象、水文、泥沙资料，了解和掌握项目区自然、社会经济情况，购置遥感影像，在此基础上，研究制定详细的监测实施方案、工作计划和野外调查监测工作细则，并开展城市开发的调查统计。

(2)监测典型观测点布设。依据制定的监测实施方案和野外调查监测工作细则，对项目区进行全线踏勘调查，通过踏勘调查，选定典型地块设立水土流失观测场，对城市开发造成的水土流失进行定位观测。

(3)遥感影像配准、判读、面积量算及核实。建立解译标志，对遥感影像进行判读，勾绘图斑,编辑处理后,量算城市开发的面积,并野外校核进行科学分析,最终确定城市开发的实际面积。

(4)地面观测及数据整理分析。将地面观测的数据换算为单位面积土壤侵蚀模数,根据城市开发的实际面积计算城市开发造成的水土流失量。

(5)监测结果分析。对监测的结果进行客观分析,为城市水土流失的防治提供基础。

2.3 南昌城市开发造成的水土流失面积监测

2000 年南昌市遥感影像采用美国陆地卫星的 TM 假彩色影像,2005 年南昌市遥感影像采用中巴资源卫星影像图。TM 影像每个像元为 30 m 左右的原始分辨率,投影方式为双标准纬线等面积割圆锥投影。采用全国统一的中央经线和双标准纬线。中央经线为东经 105°,双标准纬线为北纬 25°和北纬 47°,坐标原点为 105°,0°。中巴资源卫星影像为分辨率 20 m 的假彩色影像,采用 Erdas 遥感影像处理平台将中巴资源卫星影像与 TM 影像配准后进行判读解译并勾绘图斑。根据遥感影像解译计算结果,2000 年南昌市城镇建设用地面积为 89.65 km^2,2005 年南昌市城镇建设用地面积为 194.31 km^2, 增加了 104.66 km^2。

根据江西省 2000 ~2005 年开发建设项目调查[2],市区开发建设面积为 590.67 km^2,与遥感监测结果相差较大,经过分析,这主要是由于调查采用的面积为项目立项设计文件中的占地面积,而实际开发区的建设是分年度、分步实施,不是占地范围内全部施工。因此,遥感影像所反映的是实际实施的南昌市城镇开发建设面积,要小于调查统计数据。

2.4 南昌市城市开发建设土壤侵蚀模数测算

为了准确而客观地反映城市开发建设活动所造成的水土流失量,需要设立典型样地测算开发建设土壤侵蚀模数, 在此采用桩钉法和坡面侵蚀沟测量法[3,4]相结合的方式,对城市开发建设的土壤侵蚀量进行野外实地测算。在主城区的南昌经济技术开发区、南昌高新技术产业开发区和红谷滩新区共布设了 7 块有代表性的固定桩钉测定样地,共埋设桩钉 150 多枚。样地的测量结果详见表 1。

调查测定结果的统计分析表明,南昌市城市土壤侵蚀在开挖面、堆积平台台面和堆积平台外缘斜坡均有发生,而且相当严重,堆积平台的土壤侵蚀模数接近 2.0×10^4 t/(km^2·a),堆积斜坡面土壤侵蚀模数高达 1.4×10^5 t/(km^2·a)。通过对堆积平台外缘斜坡与堆积平台台面的土壤侵蚀量进行加权平均,测算出在未采取任何水土保持措施的情况下,南昌市城市开发建设平均土壤侵蚀模数为 2.61×10^4 t/(km^2·a)。

2.5 结果分析

根据南昌市开发区实地观测结果和南昌市水土流失遥感监测结果,2000 ~2005 年南昌市市区新增人为水土流失面积 104.66 km^2,是南昌市原有水土流失面积的 1.4 倍,新增人为水土流失量 2.73×10^6 t。针对南昌市城市水土保持面临的突出矛盾和问题,南昌市应坚持“预防为主,全面规划,综合防治,因地制宜,加强管理,注重效益”的水土保持方针,遵循自然规律和经济规律,以水土保持为主线,以改善人居环境,实现人与自然和谐相处为目的,以控制人为水土流失和维护生态安全为目标,充分发挥水土保持在城市社会经济可持续发展中的基础作用和城市生态环境建设中的主体地位,正确处理好长远与当前、开发与保护、整体与局部的关系,建立良好的城市生态环境,促进城市社会经济的可持续发展和全面建设小康社会战略目标的实现。

表1　土壤侵蚀量桩钉调查测算结果

部位	编号	测定地点	年侵蚀量(m^3)	土壤侵蚀模数($t/(km^2 \cdot a)$)
堆垫平台	1	南昌经济技术开发区	490.60	19 176
	2	红谷滩新区	494.24	19 037
	3	南昌高新技术产业开发区	508.12	19 919
		平均	497.65	19 377
堆积坡面	1	南昌经济技术开发区	5.63	55 541
	1	南昌经济技术开发区	26.07	143 358
		平均	15.85	99 450
	2	红谷滩新区	11.58	95 296
	2	红谷滩新区	11.54	76 115
		平均	11.56	85 706
	3	南昌高新技术产业开发区	3.87	70 831

3　德安县农(果)业开发水土流失监测

3.1　监测方法

由于目前遥感影像的分辨率还无法准确区分农、果业开发与林业开发,因此在目前条件下,农(果)业开发的面积我们采用面上调查统计的方法,而水土流失量则采用地面小区观测的方法获得。

3.2　农(果)开发面积调查

江西省2000~2005年开发建设项目水土流失调查结果显示[2],2000~2005年江西省德安县农(果)业开发总面积为5 811 hm^2。

3.3　农(果)业开发的小区观测

3.3.1　小区布设区域概况及试验设计

小区布设在江西省德安县江西水土保持生态科技园内。园区面积80 hm^2,属亚热带湿润季风气候,多年平均降水量1 350.9 mm,无霜期249 d,平均海拔30~90 m。土壤为第四纪红壤,土层平均深60~100 cm,地带性植被类型属亚热带常绿阔叶林。试验区现有植被类型主要为针叶林,小区采用裸露坡面、柑橘坡面种植和柑橘梯面种植作为类比果业坡面开发中、坡面开发后和梯田开发后的类比情况(见表2)。降雨数据取自试验站所设气象观测场,用虹吸式自记雨量计观测降雨,产沙量为径流小区实测数据,小区规格为5 m×20 m,坡度12°。径流观测采用五堰口分流体积法,泥沙观测采用取样、烘干称重法。

表 2　小区试验设计基本情况

处理	基本情况	类型	坡度	坡向	类比情况
1	裸露	坡地	12°	西坡	果业坡面开发中
2	种柑橘	坡地	12°	西坡	果业坡面开发中
3	种柑橘,修梯田	梯田	12°	西坡	果业坡面开发中

注:柑橘栽植密度均为 2.5 m×3.0 m。

3.3.2　观测结果

观测结果表明,2001 ~2002 年,处理 1 的水土流失量最大,其平均值为 878.26 kg/a;最小的为处理 3,其平均值为 79.72 kg/a(见表 3)。

表 3　2001 ~2002 年各处理水土流失情况

项目	水土流失(kg/a)			侵蚀模数(t/(km^2 · a))		
	处理 1	处理 2	处理 3	处理 1	处理 2	处理 3
2001	858.52	828.46	55.12	8 585	8 285	551
2002	898.00	658.09	104.31	8 980	6 581	1 043
平均	878.26	743.28	79.72	8 783	7 433	797

3.4　结果分析

根据调查统计,德安县农(果)业开发在开发过程中的水土流失量为 5.10×10^5 t,而全县农(果)业在不修筑梯田的情况下开发建设后水土流失量为 3.86×10^5 t,若修筑梯田则水土流失量降为 4.14×10^4 t。可见,农(果)业开发在采取水土保持措施后其保土效益显著。

4　监测流程及方法总结

面状类开发建设项目地域跨度较大,施工扰动的土地面积大,产生的水土流失量大面广,空间尺度上较大且时间尺度长,在水土保持监测过程中宜采用遥感、遥测以及调查统计等监测方法,并可结合应用地面小区观测。其一般的监测技术流程主要分为以下 3 个阶段:

(1)监测准备阶段,包括基础资料收集、监测实施方案的制定等。

(2)监测实施阶段,包括监测方法的选取、监测点的布设以及监测设施设备的购置等。

(3)监测结果分析阶段,包括监测数据的整理分析、对项目的评价等(见图 1)。但是,由于面状类开发建设项目时间跨度长,短的至少 3 ~5 年,长的可达十几年甚至更长,因此,它是一个动态和不断变化的过程。进行监测结果分析评价时,一般都只是做阶段性评价,不下结论,只给出项目实施下一步应注意的方面及对今后水土流失防治的指导性意见,以便于项目实施单位有的放矢,科学防治。

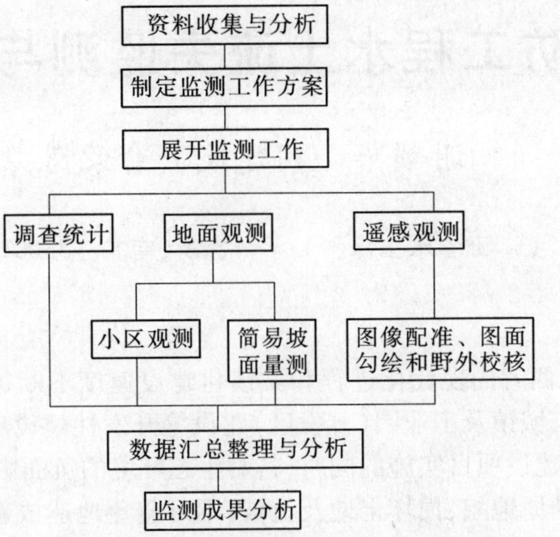

图1　面状开发建设项目水土流失监测技术流程

参考文献

[1] 江西省水土保持科学研究所. 南昌市城市水土保持规划(2003—2020年)[R]. 2006.

[2] 江西省水土保持科学研究所. 中国水土流失与生态安全科学考察2000～2005年江西省开发建设项目调查报告[R]. 2006.

[3] 中华人民共和国水利部. SL 277—2002　水土保持监测技术规程[S]. 2002.

[4] 张茨林,谢颂华,等. 电厂建设项目土壤加速侵蚀系数测算研究[J]. 水土保持研究,2006,13(5):172-174.

堤防工程水土流失监测与评价

谢颂华　胡建民　喻荣岗

（江西省水土保持科学研究所，南昌　330029）

“十五”期间，江西省的现代化进程和城镇化建设速度不断加快，全省铁路、公路、水利、电力、能源、建材、城镇及工业园（开发区）建设等开发性建设项目蓬勃发展，建设活动日益频繁。然而，在建设项目实施的同时，其对生态环境的负面影响也日益凸显出来。由于开发建设活动扰动原地貌、损坏土地及植被，不可避免地造成新的人为水土流失，导致当地生态环境恶化，严重影响周边地区人民群众的生产和生活。在江西省委、省政府“三个基地，一个后花园”的战略构想下，为了加强开发建设项目的水土保持管理，防治人为造成新的水土流失，保护不可再生的水土资源，迫切需要对开发建设项目造成的水土流失实施全程的监测监控，以便业主和水土保持相关部门根据监测成果，及时采取相应的防治措施，减少和降低其对生态环境的负面影响。然而，我国目前尚未形成一套有效的开发建设项目水土保持监测的技术方法体系。本文针对这一问题，就江西省长江干流江岸堤防加固整治工程水土保持监测的内容、技术、方法和结果等作一探讨。

1　项目及项目区概况

江西省长江干流河段全长 151.9 km，除去伸入内河及鄱阳湖部分，实际长度 142.6 km。该河段岸线全长 229.6 km，防洪堤总长 196.55 km，其中，长江干堤 122.89 km，江心洲堤（江新洲和棉船洲）73.66 km。江西省长江干流江岸堤防加固整治工程区位于长江中下游南岸的九江市行政区内，起自瑞昌市的巢湖，止于彭泽县的牛矶山，地理坐标为：东经 115°40′～116°45′，北纬 29°50′～30°02′。工程的主要建设任务是采用加高加固、堤基渗流控制、护岸工程、防汛公路、穿堤建筑物除险加固等工程的建设，对瑞昌市码头镇至彭泽县帽子山的江岸、堤防及穿堤建设物进行加固和整治，并对江新洲、棉船洲的部分江岸进行整治。工程总投资 1.90×10^9 元。工程总工期 4 年。工程地处亚热带季风气候区，多年平均年降水量 1 300～1 500 mm。受季风气候影响，降雨主要集中在 4～6 月，该时期降雨量约占年降水量的48%。区内年平均气温 16.5～18.0 ℃，年均≥10 ℃积温为 5 000～5 200 ℃，年太阳辐射总量 449.2～476.8 kJ/cm^2，年日照时数 1 650～2 088 h，无霜期 245～260 d[1,2]。

2　监测范围及监测分区

根据江西省长江干流江岸堤防加固整治工程建设的特性，该工程水土流失监测区域为工程建设的水土流失防治责任范围，包括项目建设区和直接影响区，监测范围总面积

921.94 hm^2[3]。具体包括:主体工程永久建筑物建设用地、土料开采用地、施工临时用地和施工管理及职工生活福利区建设用地;直接影响区是指项目建设区以外由于开发建设活动而造成的水土流失及其直接危害的范围。该工程主要为移民动迁安置用地。

由于施工管理及职工生活福利设施用地区分布在工程沿线城镇范围内,建设所需用地面积很小,且分布零散,对周边环境影响不大。因此,此次对该区域不作重点监测。针对移民安置,建设单位组织对农村移民采用见缝插针、就近后靠以及利用附近土料开采后的场地安置等方式,在本村、本乡进行安置,对城镇移民利用原城镇住宅小区进行安置。该工程移民安置没有集中连片大面积的移民安置区,不会对原地貌、土地和植被造成大面积的扰动和损坏,因此此次对该区域也不作重点监测。鉴于此,将该工程水土流失监测范围划分为3个主要监测区进行监测:主体工程监测区,包括江岸整治、土堤加高培厚、压浸台等永久建筑物占地范围,监测区域面积427.98 hm^2;土料开采监测区,共有土料场93个,监测区域面积为384.45 hm^2;施工临时用地监测区,包括施工场地、仓库、临时道路等施工临时设施占地,监测区面积为109.51 hm^2。

3 监测程序和方法

3.1 监测程序

江西省长江干流江岸堤防加固整治工程水土流失监测的工作程序分为3个阶段:

(1)前期准备阶段。组建监测工作组,收集项目区气象、水文、泥沙资料、有关工程设计资料,在此基础上,研究制定了详细的监测实施方案、工作计划和野外调查监测工作细则。

(2)监测实施阶段。对项目区进行全线踏勘调查,通过踏勘调查,选定典型地块设立水土流失观测场,对工程建设的水土流失情况及水土保持措施的拦渣保土效益进行长期定位观测,同时开展面上的调查监测,收集调查监测数据。

(3)成果分析评价阶段。整理分析监测数据资料,在分析研究项目区环境状况、水土流失状况和水土保持防治效果等的动态变化的基础上,对本工程建设过程中的水土保持综合防治情况作出客观的评价。

3.2 监测方法

根据工程建设特性、水土流失及其防治的特点,江西省长江干流江岸堤防加固整治工程采用地面观测与调查监测相结合的方法进行水土流失监测。在工程建设对原地貌、土地及植被扰动和损坏严重,容易产生弃土、弃渣而且可能造成较严重水土流失的区域,设立简易水土流失观测场,对径流量、水土流失量和拦渣保土量等指标,进行定点、定位的地面观测。对项目区水土流失面积、水土流失危害、环境状况、水土保持设施的运行情况等采用调查监测法进行监测。

4 监测结果分析

4.1 项目区环境状况动态变化分析

4.1.1 扰动原地貌、损坏土地和植被情况分析

监测结果显示,江西省长江干流江岸堤防加固整治工程扰动原地貌、损坏土地和植

被面积921.94 hm^2,其中:水田29.72 hm^2,旱地760.62 hm^2,荒山荒地57.86 hm^2,水域25.54 hm^2,其他土地48.20 hm^2(见表1)[4]。

表1 工程扰动原地貌、损坏土地和植被情况汇总 (单位:hm^2)

项目名称	水田	旱地	荒山荒地	水域	其他	小计
主体工程检测区	26.21	373.86	0.53	24.39	2.99	427.98
土料开采检测区	0.76	312.23	57.33	0.00	14.13	384.45
施工临时用地检测区	2.75	74.53	0.00	1.15	31.08	109.51
合计	29.72	760.62	57.86	25.54	48.20	921.94

4.1.2 生态环境变化情况

江西省长江干流江岸堤防加固整治工程建设对下游和周边地区基本没有造成较大危害。但由于工程施工对项目区原地貌、土地及植被的扰动和损坏,项目区地形地貌、土壤和植被发生了较大变化,工程建设前的荒草、灌丛区植被遭到不同程度的破坏。在主体工程施工完后,通过因地制宜地采取有效的防治和恢复措施,项目区共恢复林草植被面积381.44 hm^2,恢复系数为48.30%,使生态环境得到了改善。特别是堤防边坡的种草、压浸台的植树种草绿化,不仅可以固堤护坡,防止堤防坡面土壤的冲刷,而且增加了堤防的植被覆盖,美化绿化了大堤沿线的生态环境,促进了水利工程建设的园林化、景观化。

4.2 水土保持防治措施实施情况分析

4.2.1 水土保持防治措施实施情况

该工程在建设过程中采取积极的水土保持措施,防治建设过程中新的水土流失。项目区共完成水土流失治理面积589.60 hm^2,治理率为64.0%。

4.2.1.1 主体工程监测区

(1)堤身护坡工程:现浇混凝土护坡,护坡长23.425 km,现浇混凝土5.25×10^4 m^3;预制块混凝土护坡,护坡长30.184 km,混凝土预制6.59×10^3 m^3;浆砌石护坡,护坡长8.098 km,浆砌石7.39×10^4 m^3;干砌石护坡,护坡长37.530 km,干砌石2.25×10^5 m^3;膜袋混凝土护坡,护坡长2.56 km,膜袋混凝土5.20×10^3 m^3;种草护坡,外坡护坡长2.07 km,内坡护坡长76.27 km,种草2.07×10^6 m^2。

(2)压浸台植树种草绿化工程:植树9 900株,种草1.25×10^6 m^2。

4.2.1.2 土料开采监测区

完成土地整治利用158.33 hm^2,其中:农业利用面积14.93 hm^2,牧业利用面积59.68 hm^2,水域利用面积16.84 hm^2,建设用地面积66.88 hm^2。

4.2.1.3 施工临时用地监测区

完成土地整治利用109.51 hm^2,其中:农业利用面积56.09 hm^2,牧业利用面积5.35 hm^2,水域利用面积0.58 hm^2,交通道路用地面积47.49 hm^2。

4.2.2 土地整治恢复情况

该工程土料开采和施工临时用地总面积493.96 hm^2。其中:土料开采损坏土地384.45 hm^2,施工临时租用土地109.51 hm^2。到2002年8月底,项目区共完成土地整治利用面积 267.84 hm^2，土地整治率达 54.22%，其中：土料开采区土地整治利用面积 158.33 hm^2，土地整治率为 41.18%；施工临时用地土地整治利用面积 109.51 hm^2，土地整治率为 100%。项目区土地整治后作为建设用地的 66.88 hm^2，作为交通用地的 47.49 hm^2，作为农业用地的 71.02 hm^2，作为牧业用地的 65.03 hm^2，作为水域利用的 17.42 hm^2。

4.3 水土流失动态变化情况分析

4.3.1 建设前项目区水土流失现状

由于项目区自然条件较好，光热资源和水资源丰富，植被覆盖度较高，工程建设前项目区水土流失情况较为稳定。据实地踏勘调查，工程建设前项目区水土流失面积为 163.75 hm^2，占项目区土地总面积 17.76%。其中：轻度水土流失面积 138.71 hm^2，占水土流失总面积的 84.71%；中度水土流失面积 25.04 hm^2，占水土流失总面积的 15.29%。项目区的土壤侵蚀模数平均为 580 t/（km^2·a），年土壤侵蚀总量为 5 344 t。

4.3.2 施工期间项目区水土流失状况

在工程施工建设期间，堤防的加高培厚、土料的开采和施工便道的拓宽与路面平整等对区内的水土流失均带来较大的影响，特别是土料开采形成的裸露地表，缺乏植被覆盖、土壤结构疏松，很容易产生水土流失。为了准确客观地掌握工程施工过程中的水土流失情况，此次监测采用桩钉法和坡面侵蚀沟测量法相结合的方式对工程施工过程中产生的水土流失进行监测。此次监测在工程沿线的 1 号料场、2 号料场、3 号料场、4 号料场、5 号料场、6 号料场、永安堤和芙蓉堤等地选择了 8 块有典型代表性的样地，布设了 8 个水土流失简易观测场，共埋设桩钉 260 多枚，除 5 号料场、6 号料场、永安堤和芙蓉堤 4 块样地受到自然崩塌或施工破坏而未获得观测结果外，其 4 块样地的有效观测结果见表 2。

表 2 项目区典型样地土壤侵蚀量桩钉法观测结果

观测部位	编号	样地位置	侵蚀厚度（mm/a）	局部侵蚀模数（10^4 t/（km^2·a））
采挖边坡	1	1 号料场	12.47	1.87
	2	2 号料场	16.46	2.47
	3	3 号料场	13.00	1.95
	4	4 号料场	17.53	2.63
	平均		14.87	2.23
采挖平台	1	1 号料场	10.67	1.60
	2	2 号料场	9.87	1.48
	3	3 号料场	10.80	1.62
	4	4 号料场	10.27	1.54
	平均		10.40	1.56

注：土壤容重取实测平均值 1.5 g/cm^3。

为了更准确地反映工程建设过程中的水土流失情况，此次监测还选取 9 个典型坡面地块进行沟蚀量的测量，共测量坡面侵蚀沟276条，其有效测量结果见表3。

对实测数据加以统计分析，项目区开挖、占压等扰动地貌尚未采取水土保持措施时，其水土流失均比较严重。土料开采监测区采挖边坡土壤侵蚀模数达 2.23×10^4 t/(km^2·a)，采挖平台土壤侵蚀模数达 1.56×10^4 t/(km^2·a)，经加权平均折算为全台面后得土料开采监测区土壤侵蚀模数达 1.59×10^4 t/(km^2·a)；主体工程监测区土堤加高培厚土壤侵蚀模数达 9.90×10^3 t/(km^2·a)；施工临时用地监测区土壤侵蚀模数为 1.56×10^4 t/(km^2·a)。据此计算，项目区在施工建设期间扰动土地尚未采取水土保持措施时产生新的水土流失总量为 1.21×10^5 t/a。

表3　项目区典型样地坡面沟蚀量调查结果

项目	1号料场采挖边坡	牛角芜堤背水坡	2号料场采挖边坡	马湖堤背水坡	3号料场采挖边坡	大阪跃进堤背水坡	7号料场采挖边坡	8号料场采挖边坡	梁赤公路采挖边坡
条数	25	16	18	25	55	38	64	20	15
断面形状	V	V	V	V	V	V	V	V	V
平均长度	4.30	9.41	9.70	8.50	5.70	8.00	8.00	7.35	7.20
平均断面宽度(cm)	30.00	12.05	39.61	10.20	21.20	10.0	21.50	26.00	10.50
平均断面深度(cm)	11.83	5.28	17.86	4.80	17.00	5.50	13.4	14.8	6.30
平均断面面积(cm^2)	177.45	31.81	353.72	24.5	180.20	27.50	144.05	192.40	33.10
年沟蚀量(m^3)	1.91	0.48	6.18	0.62	5.65	0.88	7.38	2.83	0.36

注：表中数据已折算成侵蚀期1年。

4.3.3　工程竣工后项目区水土流失情况

项目区各项整治工程和水土保持防治措施的实施，使水土流失得到了较大程度的遏制，水土流失面积和水土流失量比施工期都大为减少。主体工程监测区，大堤堤身迎水坡采取了现浇混凝土护坡、预制块混凝土护坡、膜袋混凝土护坡、浆砌石护坡、干砌石护坡及种草护坡等护坡措施，背水坡采取了种草护坡，压浸台进行了植树种草绿化，这些措施使主体工程监测区的水土流失基本上得到了控制，除下游天灯堤、长棉堤、红光堤、大坂跃进堤、船行堤等少数堤段主体工程刚刚完工，背水坡和压浸台植被尚未恢复，还存在一定的水土流失外，绝大多数堤段的水土流失量已经降到了国家规定的限值以下。施工临时用地监测区，工程完工后，施工便道主要成为当地乡村的交通要道，围堰租地、临时堆料租用的土地基本得到了恢复，水土流失也基本得到了控制。土料开采监测区，有些已成为移民安置的建设用地，有些已整治恢复为农业用地，有些已成为水域用地，但还有些土料开采区依靠生态自然修复措施恢复植被，植被覆盖率还比较低，尚存在一定的水土流失，需进一步采取有效的水土保持措施进行重点防治。监测结果显示，工程竣工后项目区尚有水土流失面积 367.19 hm^2，其中，轻度水土流失面积 100.70 hm^2，中度水土流失面积 78.84 hm^2，极强度水土流失面积 39.40 hm^2，剧烈水土流失面积 148.25 hm^2，年均水土流失量为 3.37×10^4 t。

5 监测评价

5.1 项目区水土流失动态变化情况分析

监测结果显示，项目区水土流失面积由建设前的 163.75 hm^2 增加到施工期间尚未采取水土保持措施时的 921.94 hm^2，再下降到竣工后的 367.19 hm^2，年水土流失量由建设前的 5 344 t 增加到施工期间尚未采取水土保持措施时的 120 582 t，再下降到竣工后的 33 668 t（见表 4）。

表 4 防治责任范围内水土流失动态变化情况

项目			主体工程检测区	土料开采检测区	施工临时用地检测区	合计
水土流失面积（hm^2）	建设前		8.61	155.14	0.00	163.75
	施工期间	面积	427.98	384.45	109.51	921.94
		与建设前比较增减值（+、-）	+419.37	+229.31	+109.51	+758.19
	工程竣工后	面积	141.07	226.12	0.00	367.19
		与建设前比较增减值（+、-）	-286.91	-158.33	-109.51	-554.75
水土流失量（t）	建设前		1 203	3 867	274	5 344
	施工期间	流失量	42 370	61 128	17 084	120 582
		与建设前比较增减值（+、-）	+41 167	+57 261	+16 810	+115 238
	工程竣工后	流失量	6 868	26 526	274	33 668
		与建设前比较增减值（+、-）	-35 502	-34 602	-16 810	-86 914

5.2 水土保持工程效果评价

江西省长江干流江岸堤防加固整治工程建设严格实行项目法人制、招投标制、建设监理制和合同管理制，加大了水土保持工程建设的监督检查力度，从而确保了水土保持工程的质量。已实施的水土保持工程措施安全稳定，运行良好；已实施的水土保持林草措施成活率 80%。项目区各项水土保持措施的实施，使水土流失面积下降到竣工后的 367.19 hm^2；水土流失量下降到竣工后的 33 668 t，水土保持措施保土效益达 72.08%。主体工程绝大多数堤段及施工临时用地的水土流失基本控制在国家规定的限值内。堤防经过加高加固整治和植树种草绿化，不仅使堤防本身防御洪水的标准得到了明显提高，达到了防御 1954 年型洪水标准，且有效地减少了工程实施造成的水土流失，明显降低水土流失的危害程度，较好地保护和改善工程沿线的生态环境，为项目区及周边地区经济发展和居民生活创造了安定和谐的环境。

6 结语

开发建设造成的水土流失是我国现代化建设新形势下水土保持工作的新课题,它不仅具有流失原因特别、侵蚀方式复杂、危害严重等特点,而且流失形式、成因、规律等也都不同于一般意义上的水土流失,其治理的措施、对策同样不同于一般意义上水土流失治理。对于开发建设项目在建设过程中哪些地段产生了水土流失?造成的水土流失强度有多大?是否会对下游和周边地区造成不利影响?都需要对建设全过程进行跟踪监测取得第一手资料,根据监测结果进行科学评价分析,及时采取相应的防治措施,以有效控制开发建设活动造成新的水土流失。因此,进一步加强开发建设项目水土保持监测的理论研究与实践,对提高开发建设项目水土流失防治质量和科技含量,加快我国水土流失防治步伐,提高防治效益,保护和改善生态环境,都具有十分重要的现实意义。

参 考 文 献

[1] 江西省水土保持科学研究所. 江西省长江干流江岸堤防加固整治工程水土保持方案报告书报批稿[R]. 2000.

[2] 江西省水土保持科学研究所. 江西省长江干流江岸堤防加固整治工程水土保持措施技施设计报告[R]. 2002.

[3] 江西省水土保持科学研究所. 江西省长江干流江岸堤防加固整治工程水土保持监测成果报告[R]. 2002.

[4] 九江长江干堤加固整治工程建设指挥部办公室. 江西省长江干流江岸堤防加固整治工程征地拆迁报告[R]. 2002.

江西省水土流失动态监测与分析

左长清[1,2]　谢颂华[2]

（1. 河海大学现代农业工程系，南京　210098；
2. 江西省水土保持科学研究所，南昌　330029）

江西省地处长江中下游南岸，境内地貌类型复杂多样，以山地、丘陵为主，其面积约占全省土地总面积的78%。该区土壤类型以地带性红壤为主，约占全省土地总面积的65%。该区植被主要是处于不同演替阶段的次生群落。江西省属亚热带湿润季风气候区，降水丰沛，雨量年内分配不均，且多以大雨、暴雨形式出现。江西省以上这些独特的地形、地貌、土壤、植被、气象等自然条件，加上人为因素的影响，极易产生水土流失。目前，水土流失已经成为制约该省社会经济可持续发展的重要因素。因此，对全省水土流失动态变化进行快速、实时的跟踪监测，进一步加强水土保持、防止土地退化是社会经济可持续发展的迫切要求。水土流失动态监测是对土壤侵蚀的发生、发展过程和影响环境及其控制效果的测定与分析，是资源与环境监测的重要领域，也是水土保持工作的重要组成部分。及时、准确、系统地监测水土流失及其防治现状，将促进水土保持基础信息工程建设，加速水土保持管理的信息化，为政府定期发布水土流失公告，制定水土保持生态环境政策、规划以及宏观决策提供科学依据。如何对水土流失进行动态监测和科学的预测预报是近期水土保持界普遍关注的热点问题，也是决策部门迫切需要解决的问题。当前，“3S”技术、计算机网络和通信技术已经得到迅猛发展，是目前资源环境调查和动态监测最有效、最先进的手段，并应用于国民经济各领域。“3S”技术具有省时、省工、省力、准确率高等优势，是一种宏观、经济、快捷的调查和监测方法。因此，应用“3S”技术推动和发展水土流失动态监测是水土保持事业持续发展的必然选择。

1　三次遥感监测

1.1　1987 年的土壤侵蚀遥感监测

1987 年的第一次土壤侵蚀遥感监测以 MSS（4，5，7 波段）遥感影像为信息源[1]，通过手工制图和面积量算，初步查清了江西省的水土流失情况，面积统计单位为地市一级，成图比例为 1:50 万。由于当时客观条件的限制，无法分县对土壤侵蚀情况做进一步研究，精度相对来说较低。但第一次土壤侵蚀遥感调查已显示出应用先进的遥感技术对土壤侵蚀进行遥感监测具有全面、现时、快速等优点。

1.2　1996 年土壤侵蚀遥感监测

1996 年江西省又以 1995～1996 年的 TM（4，3，2 波段）假彩色合成遥感影像为信息源（分辨率 30 m×30 m，数据格式为 Erdas 的 image 格式）[2]，应用 GIS 软件和计算机技术对江西省土壤侵蚀进行了一次全面监测，成图比例为 1:10 万。该次调查遥感影像以县为单位提供，所有影像经过了几何纠正和统一的投影处理，可以保证图像数据的空间位置配准。投影方式为双标准纬线等面积割圆锥投影，采用全国统一的中央经线和双标准纬线，中央经线为东经105°，双标准纬线为北纬25°和北纬47°，坐标原点为105°和0°。该次调查野外实地校核平均精度为87.24%。

1.3　2000年土壤侵蚀遥感监测

2000年江西省对全省土壤侵蚀状况进行第三次遥感监测[3]，在继承前两次土壤侵蚀遥感监测的基础上，以Arcview3.0和Arc/Info7.12为软件平台，以上次土壤侵蚀遥感数字图为背景，1999～2000年TM(4,3,2波段)假彩色合成遥感影像为信息源(分辨率30 m×30 m，影像与第二次土壤侵蚀遥感监测所采用的标准相同，但数据格式为tiff格式)，对江西省土壤侵蚀(包括水蚀和风蚀)进行了动态监测，并对江西省各县(市)的土壤侵蚀数据库作了动态更新且进行了分析，成图比例为1:10万。该监测采用野外踏勘建立解译标志→遥感影像解译初判→交叉核判→质量检查→野外验证→专家论证的技术路线，野外验证平均判读精度达91.77%。

2　监测结果

2.1　江西省土壤侵蚀总面积变化情况

监测结果显示，江西省土壤侵蚀总面积由1987年的46 153.00 km^{2}下降到1996年的35 224.09 km^2，再下降到2000年的33 472.19 km^2(见表1)。对比3次遥感监测结果发现，十几年来，江西省水土流失从总体上呈下降趋势，而1987～1996年间呈总体快速下降趋势，1996～2005年间呈稳步下降趋势。

表1　江西省土壤侵蚀面积变化

年份	土壤侵蚀面积(km^2)	土壤侵蚀面积占土地总面积*(%)
1987年	46 153.00	27.62
1996年	35 224.09	21.08
2000年	33 472.19	20.03
1987～1996年增减	-10 928.91	-6.54
1996～2000年增减	-1 751.90	-1.05

注：*土地总面积采用水利部提供的数字化行政区图的总面积167 073.01 km^2。

2.2　江西省各土壤侵蚀强度等级面积变化情况

1987～2000年的10余年间3次遥感监测不同侵蚀强度等级水土流失面积结果见表2。

从1987～1996年的土壤侵蚀强度的变化来看，全省的土壤侵蚀面积虽然在总体上呈减少趋势，但减少主要集中在轻度侵蚀和中度侵蚀类型上，分别减少46.9%和19.3%，而强度以上的侵蚀面积却明显增加。其中强度侵蚀面积增加1 456.39 km^2，极强度侵蚀增加802.57 km^2，剧烈侵蚀增加907.65 km^2，分别比1987年增加了22.2%、51.2%和145.6%。从1996～2000年土壤侵蚀强度的变化来看，各级土壤侵蚀强度的面积均有不同程度的减少。从减少的绝对量来看，轻度侵蚀减少最多，为817.69 km^2，其后依次为极强度侵蚀325.40 km^2，剧烈侵蚀306.57 km^2，强度侵蚀288.78 km^2，中度侵蚀13.44 km^2。从减少的幅度来看，剧烈侵蚀减少的幅度最大，为20.03%，其后依次为极强度侵蚀

13.74%，轻度侵蚀 6.23%，强度侵蚀 3.70%，中度侵蚀 0.13%。

表2 江西省各土壤侵蚀强度等级面积变化 （单位：km^2）

年份	土地总面积	侵蚀总面积	轻度侵蚀	中度侵蚀	强度侵蚀	极强度侵蚀	剧烈侵蚀
1987 年	167 073.01	46 153.00	24 725.20	12 879.60	6 358.93	1 566.20	623.13
1996 年	167 073.01	35 224.09	13 113.96	10 395.24	7 815.32*	2 368.77	1 530.78
2000 年	167 073.01	33 472.19	12 296.27	10 381.80	7 526.54	2 043.37	1 224.21
1987～1996 年增减	—	-10 928.91	-11 611.24	-2 484.36	1 456.39	802.57	907.65
1996～2000 年增减	—	-1 751.90	-817.69	-13.44	-288.78	-325.40	-306.57

注：* 指强度侵蚀面积包括 1996 年工程侵蚀面积 47.08 km^2。

2.3 各设区市土壤侵蚀分布变化情况分析

从各设区市 1987～1996 年土壤侵蚀变化来看，全省 11 个设区市（除萍乡外），因行政区域土壤侵蚀面积均有不同程度的减少，由大到小依次为宜春市 3 043.09 km^2，赣州市 2 769.79 km^2，吉安市 1 707.79 km^2，九江市 741.76 km^2，新余市 624.45 km^2，南昌市 574.55 km^2，景德镇市 538.00 km^2，上饶市 413.71 km^2，鹰潭市 336.84 km^2，抚州市 206.17 km^2。从减少的幅度来看，减少幅度最大的是新余市，为66.08%，其后依次为景德镇市 56.16%，宜春市 48.21%，南昌市 28.67%，吉安市 25.88%，鹰潭市 25.54%，赣州市 23.09%，九江市 14.66%，上饶市 7.69%，抚州市 4.08%（见表3）。

表3 江西省各设区市土壤侵蚀面积动态变化 （单位：km^2）

地区	1987 年	1996 年	2000 年	1987～1996 年		1996～2000 年	
				增减	增减幅度（%）	增减	增减幅度（%）
赣州市	11 995.00	9 225.21	8 663.42	-2 769.79	23.09	-561.79	6.09
吉安市	6 598.00	4 890.21	4 624.09	-1 707.79	25.88	-266.12	5.44
上饶市	5 380.00	4 966.29	4 700.59	-413.71	7.69	-265.70	5.35
抚州市	5 055.00	4 848.83	4 602.80	-206.17	4.08	-246.03	5.07
九江市	5 061.00	4 319.24	4 166.25	-741.76	14.66	-152.99	3.54
宜春市	6 311.00	3 267.91	3 120.87	-3 043.09	48.21	-147.04	4.50
南昌市	2 004.00	1 429.45	1 392.22	-574.55	28.67	-37.23	2.60
萍乡市*	527.00	554.24	521.73	27.24	5.17	-32.51	5.87
鹰潭市	1 319.00	982.16	958.38	-336.84	25.54	-23.78	2.42
新余市	945.00	320.55	309.29	-624.45	66.08	-11.26	3.51
景德镇市	958.00	420.00	412.56	-538.00	56.16	-7.44	1.77
全省合计	46 153.00	35 224.09	33 472.19	-10 928.91	23.68	-1 751.90	4.97

注：* 因 1987～1996 年行政区域调整增加莲花县导致萍乡市土壤侵蚀面积增加。

从表3可见,1996～2000年全省11个设区市土壤侵蚀面积均有不同程度减少,由大到小为赣州市561.79 km^2,吉安市266.12 km^2,上饶市265.70 km^2,抚州市246.03 km^2,九江市152.99 km^2,宜春市147.04 km^2,南昌市37.23 km^2,萍乡市32.51 km^2,鹰潭市23.78 km^2,新余市11.26 km^2,景德镇市7.44 km^2。从土壤侵蚀减少的幅度来看,减少幅度最大的是赣州市,为6.09%,其后依次为萍乡市5.87%,吉安市5.44%,上饶市5.35%,抚州市5.07%,宜春市4.50%,九江市3.54%,新余市3.51%,南昌市2.60%,鹰潭市2.42%,景德镇市1.77%。

2.4　江西省水土流失变化发展趋势

据中国科学院20世纪50～60年代的考察报告,江西省70、80年代的统计资料,以及3次遥感动态监测显示,江西省水土流失面积20世纪50年代初为1.10万 km^2,60年代为1.80万 km^2,70年代为2.40万 km^2,80年代初为3.40万 km^2,1987年达到4.62万 km^2,到1996年变为3.52万 km^2,2000年全省水土流失面积为3.35万 km^2(见图1)。

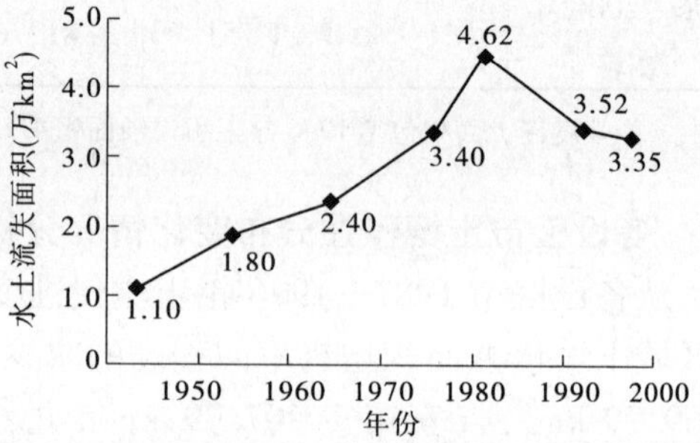

图1　江西省水土流失动态变化趋势示意图

从图1可以看出,江西省土壤侵蚀从20世纪50年代到80年代末,一直呈上升趋势,特别是70年代末期到1987年,水土流失面积上升最快,进入90年代以来,该省土壤侵蚀面积迅速扩大的趋势得到有效的遏制,水土流失面积逐年减少。

3　江西省水土流失动态变化原因分析

3.1　20世纪50～80年代初水土流失迅速发展原因分析

20世纪50年代至80年代初期,江西省水土流失面积由1.10万 km^2 增加到4.60万 hm^2,水土流失状况迅速发展。其主要原因是这一期间人口迅速膨胀,人们为了满足衣食住行的需要,向大自然过度索取,加之长期以来形成的粗放耕作、重利用轻管理、轻培肥以及顺坡耕作习惯,加剧了水土流失。特别是20世纪70年代末到80年代初农村实行家庭联产承包责任制,分田分山到户,有些农民怕政策改变,乱砍滥伐、毁林开荒的现象严重,造成森林植被迅速减少,涵养水源能力下降,水土流失面积迅速增加,使得1987年水土流失面积增加至新中国成立以来的最高峰,达到4.62万 km^2。

3.2　1987～1996年的水土流失动态变化的原因分析

1987～1996年江西省土壤侵蚀总面积由1987年的46 153.00 km^2 下降到1996年的35 343.59 km^2。土壤侵蚀面积在总体上呈减少趋势,但减少主要集中在轻度侵蚀和中度侵蚀类型上,强度以上的侵蚀面积却明显增加。强度以上侵蚀面积明显增加的主要原因:一是群众法制观念不强,一些行业相关人员水土保持法制观念淡薄,实施的开发建设项目不编报水土保持方案,有些项目虽编报了水土保持方案但不严格按审批的水保方案实施。二是建设单位生态环境保护的意识不强,重开发轻保护,在开发建设中肆意破坏植被,随意倾倒弃土、弃渣,且未采取水土保持措施防治工程建设中的水土流失。三是难治理的区域因资金限制没有得到有效治理。

3.3 1996～2000 年的水土流失动态变化的原因分析

1996～2000 年各级强度侵蚀面积的减少说明了江西省通过开展群众性的水土保持和治理工作,各项水土保持治理措施发挥了明显的成效,不仅使区域土壤侵蚀面积逐渐减少,而且由于加强了开发建设项目的水土流失防治工作,使强度以上侵蚀面积也逐渐减少,土壤侵蚀程度减弱,生态环境正向好的方向发展。其主要原因:一是国家对水土保持综合治理投入力度加大,治理速度加快;二是水土保持宣传力度加大,群众对水土保持工作有了认识,治理水土流失的积极性得到了提高;三是水土保持科技含量得到较大提高,治理成效显著;四是农村能源结构调整力度增强,农村使用电、煤、沼气的比例提高;五是随着市场经济的形成,农村劳动力进城务工,为恢复森林植被提供了休养生息的机会。

总的来看,1987～2000 年 3 次遥感动态监测期间,江西省水土保持生态环境建设的工作取得了较为明显的成效,全省的土壤侵蚀面积有所减少,土壤侵蚀强度有所减轻,水土流失导致的生态环境恶化的状况有所缓解。

分析江西省十余年间水土流失面积减少、程度减轻的原因,归纳为以下几个方面:一是国家和江西省各级政府加大了水土保持生态环境建设的投入,水土保持综合治理的规模不断扩大。二是通过广泛宣传和典型示范,增强了人们的水土保持意识,同时通过大规模的开发性治理,群众从中得到了更多的实惠,有力地促进了水土保持生态环境建设深入而广泛地开展。三是《中华人民共和国水土保持法》颁布实施后,江西省加强了水土保持监督执法工作,特别是近年来,该省以查处大案要案为突破口,狠抓水土保持"三同时"制度和"三权一方案"的落实,从而大大减轻了人为水土流失的产生。四是一批先进实用的水土保持科技成果的推广应用,大大提高了水土流失治理的科技含量和质量。五是群众生活水平的提高,生活能源结构的改善,减少了植被资源的破坏,促进了封禁管护治理质量和成效的提高,巩固了治理的成果。

4 结语

十余年来,虽然江西省水土流失恶化的趋势得到了遏制,生态环境正在向好的方向发展,但全省仍然还有 3.35 万 km^2 的水土流失,而且强度侵蚀以上的面积达 1.08 万 km^2,占土壤侵蚀总面积的 32.25%,生态安全的基础仍然脆弱。就该省现有的水土流失而言,如按目前每年 2 000 km^2 的治理速度计算,需要 17 年才能初步治理一遍,其中还不包括重复治理和新增水土流失的治理。可见,江西省水土流失的形势依然十分严峻,水土保持工作任重而道远。

参 考 文 献

[1] 水电部南京水文水资源研究所,江西省水土保持委员会办公室.应用遥感技术编制江西省土壤侵蚀侵蚀图研制成果报告[R].1988.

[2] 江西省水土保持委员会办公室,中国科学院南京土壤研究所.江西省水土流失遥感调查成果报告[R].1998.

[3] 江西省水利厅《江西省第三次土壤侵蚀遥感调查》编制组.江西省第三次土壤侵蚀遥感调查土壤侵蚀现状和动态变化分析报告[R].2001.

梨温高速公路工程水土保持监测与评价

张茨林　谢颂华　喻荣岗

（江西省水土保持科学研究所，南昌　330029）

1　项目概况

上海至瑞丽公路(GZ65)江西梨园至温家圳段高速公路(简称梨温高速公路)东起玉山县梨园上朱坞村,与上瑞线浙江段相连,西至进贤县温家圳,与已建成通车的温厚高速公路相接,途经上饶、鹰潭、抚州、南昌等4个设区市的11个县(市、区),地理位置处于北纬28°14′~28°49′、东经116°05′~118°20′。路线呈东西走向,全长244.759 km,经过的主要水系为信江水系。工程总投资52.68亿元,于2000年12月28日开工建设,2002年12月28日正式通车试运行,工程建设总工期24个月。全线设计行车速度100 km/h,路基宽26 m,路面宽22.5 m,双向四车道,全封闭、全立交。

2　监测范围及监测分区

2.1　监测范围

梨温高速公路工程水土流失监测的区域为工程建设的水土流失防治责任区,包括项目建设区和直接影响区,监测范围总面积1 864.04 hm^2。其中,项目建设区是指工程建设的征地范围和租地范围,具体包括主体工程永久占地、主体工程施工临时占地、土料开采占地、弃土弃渣占地以及管理服务区建设占地;直接影响区是指项目建设区以外由于开发建设活动而造成的水土流失及其直接危害的范围,主要为移民动迁安置占地,该工程建设迁移人员中农业人口全部在当地后靠安置,城镇人口也在原城镇全部安置,没有集中连片的移民安置区,因此不将移民安置区纳入水土流失防治责任范围。

2.2　监测分区

由于不同地面扰动类型的区域水土流失的程度和特点各不相同,所采取的水土保持措施也各有差异。按照不同地面扰动类型将该工程水土流失监测范围划分为5个监测区域进行监测:主体工程监测区,面积1 511.04 hm^2;取土场监测区,面积216.29 hm^2;弃土场监测区,面积27.41 hm^2;管理服务用地监测区,面积28.53 hm^2;施工临时场地监测区,面积80.77 hm^2。

3　监测内容

3.1　水土流失环境因子状况监测

监测内容包括两个方面:一是影响水土流失的地形、地貌、土壤、植被、气象、水文等自然因子以及工程建设对这些因子的影响;二是工程建设对土地的扰动面积,挖方、填方的数量及面积,弃土、弃渣量及堆放面积等。

3.2 水土流失状况监测

监测内容主要包括项目区的水土流失面积、分布,水土流失量和水土流失强度变化情况,对下游和周边地区生态环境的影响,造成的危害等。

3.3 水土保持防治措施执行情况监测

主要是监测项目区各水土保持防治措施实施的进度、数量、规模及其分布状况。

3.4 水土流失防治效果监测

重点监测项目区采取水土保持措施后,水土流失的控制效果是否达到了开发建设项目水土流失防治目标的要求。监测内容主要包括水土保持工程措施的稳定性、完好程度、运行情况,水土保持植物措施的成活率、保存率、生长情况和覆盖度,各项防治措施的拦渣、保土效益等。

4 监测方法

该项工程委托监测单位开展监测时,工程建设已进入后期阶段。因此,根据实际情况,对该工程主要以调查为主进行水土流失监测。对于项目区土壤侵蚀环境因子状况,采用详查、访问调查和资料收集与分析相结合的方法获取数据信息;对于项目区原有水土流失情况,采用类比法,结合土壤侵蚀遥感调查资料和工程设计有关图件资料获取数据信息;对项目区建设后水土流失状况,采用详查,结合 GPS 测量、侵蚀沟测量等方法获取数据信息;对项目区水土保持防治措施实施情况,采用详查、访问调查和资料收集与分析相结合的方法获取数据信息;对项目区水土流失防治效果,采用详查、典型抽样调查和类比相结合的方法获取数据信息。

4.1 详查

通过野外实地踏勘、测量,对项目区工程建设扰动原地貌、土地和植被,挖方、填方数量和面积,弃土弃石弃渣量及堆放面积,以及工程建设造成的水土流失及其危害等进行全面综合调查。在调查过程中,对于典型的坡面或取土场、弃土场,采用 GPS 进行辅助测量,并对典型的沟蚀断面进行沟蚀量测量,具体方法为:采用随机抽样的方式,选择有代表性的侵蚀沟,在每条侵蚀沟的上、中、下三段选择若干个典型断面,并做好标志,对每个断面的侵蚀宽度、深度进行测量,侵蚀沟概化为棱锥、棱柱、棱台形状计算体积。计算得侵蚀体积后推算坡面沟蚀量,计算公式为:

$$A = VP$$

式中:A 为土壤侵蚀量,t;V 为侵蚀沟体积,m^3;P 为土壤容重,g/cm^3,土壤容重取实测平均值(主体工程为 1.46 g/cm^3、取土场为 1.30 g/cm^3、弃土场为 1.07 g/cm^3)。最后依据《水土保持监测技术规程》推算该区侵蚀量。本次监测选取了取土场、弃土场和路基边坡不同类型典型坡面地块进行沟蚀量的测量,共测量坡面侵蚀沟 187 条。

4.2 抽样调查

采用随机抽样调查的方式,监测项目区水土保持防护工程(包括护坡工程、排水工程)的稳定性、完好程度和运行情况,水土保持林草措施的成活率、保存率、生长情况和覆盖度等。

4.3　资料收集

向工程建设单位、设计单位、施工单位、监理单位、质量监督单位收集有关工程资料，从中分析出对水土保持监测有用的数据。该工程监测主要收集了以下资料：项目区地形图和土地利用现状图，以及主体工程有关设计图件、资料；项目区土壤、植被、气象、水文、泥沙资料；监理、监督单位的月报及有关汇总报表，有关征地及工程量合同书、决算书等。

4.4　访问法

通过访问群众，了解和掌握工程建设造成水土流失对当地及周边地区的影响和危害，公众对建设项目的意见、对本项目水土保持工作的认识，以及当地水土保持工作人员、专家意见。

5　监测结果分析

5.1　项目区环境状况动态变化分析

5.1.1　项目区防治责任范围动态变化分析

梨温高速公路工程实际发生的水土流失防治责任范围面积比批复的防治责任范围面积增加了88.33 hm^2，其主要原因是公路沿线地质地貌复杂，工程地质环境条件比设计预计变化大，为避开不良地质的影响，主体工程局部路段进行了变更。工程取土场、弃土场面积及数量与水土保持方案相比均有所变化，其中：取土场面积216.29 hm^2，共计132个，与水土保持方案相比增加67个，但面积减小63.3 hm^2；弃土场56个，面积为27.41 hm^2，与水土保持方案相比增加48个，面积增加6.96 hm^2。

5.1.2　项目区水土流失环境因子状况动态变化分析

5.1.2.1　原地貌、土地、植被扰动情况分析

监测结果表明，梨温高速公路工程对原地貌、土地和植被的扰动与破坏面积总计为1 864.04 hm^2，其中耕地760.13 hm^2，园地570.80 hm^2，林地61.26 hm^2，水域55.53 hm^2，建设用地28.77 hm^2，荒山荒地387.55 hm^2。工程建设对原地貌、土地和植被扰动情况详见表1。

5.1.2.2　工程建设弃土弃渣及拦蓄情况分析

本工程土石方数量大，仅路基土石方量就达2 979.90万 m^3，工程建设产生弃土弃渣共计277.29万 m^3，其中：永久性弃土弃渣101.08万 m^3，临时性弃土弃渣176.21万 m^3。永久性弃土弃渣来源于工程建设所需土石方进行全线远近调配后多余的弃方。临时性弃土弃渣一部分来源于工程沿线取土场土料开采时虽达不到路基填筑土质要求，但可用于取土场取土结束后土地整治利用的表层剥离土；另一部分来源于为了保护土地资源、保持土地生产力而在取土场取土时预留的表层剥离土。在施工过程中，施工单位将临时性弃土尽量堆置于取土场取土后形成的工作台面，且取土结束后用于土地整治利用，对环境影响较小；永久性弃土则集中堆置于专用弃土场。调查监测结果显示，该项目弃土场56个，占地总面积为27.41 hm^2，弃土弃渣通过采取拦挡、护坡、绿化和土地整治恢复等措施，较好地防止了弃土弃渣的流失。据调查估算，工程弃土弃渣的拦挡量约为209.42万 m^3，拦渣率为75.52%。

表1　工程扰动原地貌、损坏土地和植被情况汇总　（单位:hm^2）

行政区域	耕地	园地	林地	水域	建设用地	荒山荒地	小计
上饶市	382.29	334.22	26.23	21.66	22.07	140.45	926.92
玉山县	114.62	76.82	1.33	0	9.68	40.89	243.34
广丰县	1.45	5.59	0	0.16	0.02	0.49	7.71
信州区	30.64	30.79	0.09	1.45	0.19	8.07	71.23
上饶县	122.46	90.60	5.28	9.72	12.03	39.14	279.23
铅山县	26.85	25.86	0.08	2.46	0.15	20.94	76.34
横峰县	32.35	15.08	10.93	1.85	0	4.34	64.55
弋阳县	53.92	89.48	8.52	6.02	0	26.58	184.52
鹰潭市	190.59	75.35	16.03	2.73	1.38	171.09	457.17
贵溪市	113.49	57.49	7.53	1.73	0	95.65	275.89
余江县	77.10	17.86	8.50	1.00	1.38	75.44	181.28
抚州市	85.78	100.18	10.49	5.09	3.86	42.37	247.77
东乡县	85.78	100.18	10.49	5.09	3.86	42.37	247.77
南昌市	101.47	61.05	8.51	26.05	1.46	33.64	232.18
进贤县	101.47	61.05	8.51	26.05	1.46	33.64	232.18
全线合计	760.13	570.80	61.26	55.53	28.77	387.55	1 864.04

5.1.2.3　生态环境变化情况分析

工程建设前项目区林草植被面积为1 019.61 hm^2，由于工程建设对项目区原地貌、土地和植被的扰动与破坏，项目区地形地貌、土壤和植被发生了较大变化。主体工程完工后，项目区可进行植被恢复的面积为756.95 hm^2，通过因地制宜地采取有效的防治和恢复措施，项目区共恢复植被面积693.60 hm^2，植被恢复系数达91.63%，生态环境得到一定程度的改善。

5.2　水土保持防治措施实施情况分析

5.2.1　水土保持防治措施实施情况

项目区共完成水土流失治理面积1 740.83 hm^2，防治责任范围内水土流失治理程度达93.39%。工程采用防护、排水、植树、种草等水土保持工程和植物措施进行水土流失防治，共计完成水土保持工程措施工程量121.93万m^3，种草或铺植草皮546.32万m^2，植树187.68万株，并完成土地整治恢复面积260.63 hm^2。

5.2.2　扰动土地治理情况分析

该工程主体工程压占、土料开采损坏、弃土弃渣压损、管理服务用地压占和施工临时占用土地总面积1 864.04 hm^2。项目区共完成扰动土地治理面积1 799.25 hm^2，其中永久性建筑物占地1 110.30 hm^2、水土保持防治面积684.14 hm^2、水域面积4 181 hm^2，扰动土地治理率达96.58%。

5.2.3　临时租用土地的整治恢复情况分析

该工程土料开采破坏、弃土弃渣压损和施工临时用地共损坏土地总面积324.47 hm^2。项目区共完成临时租用土地整治面积260.63 hm^2，土地整治率达80.32%（详见表2）。

表2　项目区临时租用土地的整治恢复情况　（单位：hm^2）

分区名称	总面积	土地整治恢复后各种用途占地面积							土地整治率（%）
		建设用地	交通用地	农业用地	林业利用	牧业用地	水域用地	小计	
取土场监测区	216.29	3.67		2.78	31.08	125.02	4.81	167.36	77.38
弃土场监测区	27.41	0		0.43	3.46	14.74		18.63	67.97
施工临时用地监测区	80.87	39.82	3.53	0	1.93	29.36		74.64	92.36
项目区	324.47	43.49	3.53	3.21	36.47	169.12	4.81	260.63	80.32

5.3　水土流失动态变化情况分析

监测结果显示，工程建设后各项土地整治工程和水土保持防治措施的实施，使水土流失得到了较大程度的遏制。项目区水土流失面积由建设前的771.52 hm^2 增加到建设中尚未采取水土保持防治措施时的1 864.04 hm^2，又下降到建设后的243.32 hm^2（见图1），使得建设后的年水土流失量降低到12 950 t，土壤侵蚀模数为695 t/(km^2·a)，项目区水土流失控制比达1.39。其中，主体工程监测区水土流失面积由建设前的606.37 hm^2 增加到施工期间尚未采取水土保持措施时的1 511.04 hm^2，再下降到竣工后的0；取土场监测区水土流失面积由建设前的82.64 hm^2 增加到施工期间尚未采取水土保持措施时的216.29 hm^2，再下降到竣工后的196.77 hm^2；弃土场监测区水土流失面积由建设前的18.33 hm^2 增加到施工期间尚未采取水土保持措施时的27.41 hm^2，再下降到竣工后的22.33 hm^2；管理服务监测区水土流失面积由建设前的6.78 hm^2 增加到施工期间尚未采取水土保持措施时的28.53 hm^2，再下降到竣工后的0；施工临时用地监测区水土流失面积由建设前的57.40 hm^2 增加到施工期间尚未采取水土保持措施时的88.07 hm^2，再下降到竣工后的24.22 hm^2。

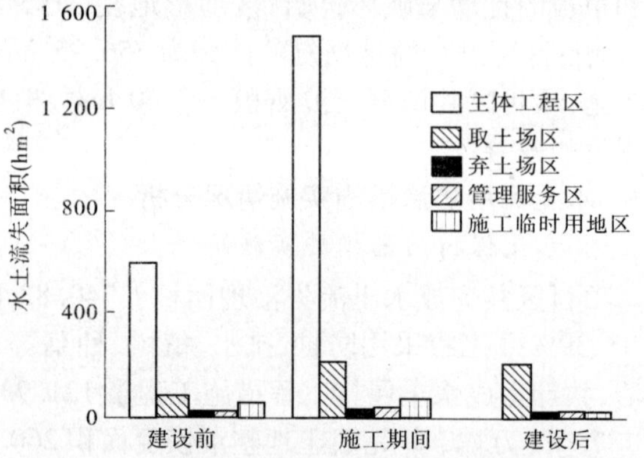

图1　项目区水土流失面积动态变化柱状图

5.4　水土保持防治效果分析评价

5.4.1　主体工程监测区水土保持防治效果

梨温高速公路主体工程路堤、路堑的浆砌石护坡、浆砌石框格护坡、浆砌石挡土墙、浆砌石护面墙等工程护坡安全稳定、运行良好，种草护坡和草皮护坡以及互通绿化等林草措施成活率达80%以上,林草植被生长旺盛。这些水土保持措施使主体工程监测区的水土流失基本上得到了控制,土壤侵蚀模数已降到国家规定的限值[500 t/(km^2·a)]以下。

5.4.2 取土场监测区水土保持防治效果

取土场监测区通过土地整治恢复和生态自然修复,使损坏土地的生产力得到了一定的重建和恢复,但由于工期缩短和干旱季节等原因,一部分取土场仍然仅依靠自然修复能力恢复植被,植被覆盖率还比较低,尚存在一定的水土流失。监测结果显示,该区尚有水土流失面积196.77 hm^2,须进一步采取有效的水土保持措施进行重点防治。

5.4.3 弃土场监测区水土保持防治效果

弃土场监测区通过土地整治和自然修复,使损坏土地的生产力得到了一定的重建和恢复,但有些弃土场同样仅依靠自然修复能力恢复植被,仍存在一定的水土流失。监测结果显示,该区尚有水土流失面积22.33 hm^2,须进一步采取有效的水土保持措施进行重点防治。

5.4.4 管理服务用地监测区水土保持防治效果

管理服务用地监测区在工程完工后,收费站、养护区、停车区和服务区成为梨温高速公路的重要交通设施,除了作为建设用地进行硬化的土地外,全部进行了林草恢复和绿化,水土流失得到了有效控制。监测结果显示,管理服务用地改造为建设用地6.30 hm^2、绿化用地22.23 hm^2,林草成活率为85%,保存率达80%,植被覆盖度达50%以上,基本消除了水土流失危害。

5.4.5 施工临时用地监测区水土保持防治效果

在工程完工后,施工临时用地监测区的施工便道主要成为当地乡村的交通要道,临时堆料租用的土地基本得到了整治,水土流失也基本得到控制。监测结果显示,施工临时用地监测区水土流失面积由57.40 hm^2 下降到建设后的24.22 hm^2,施工临时用地改造为建设用地39.82 hm^2、交通用地3.53 hm^2,整治恢复为林业用地1.92 hm^2、牧业用地29.36 hm^2;施工期间产生的新的水土流失面积得到有效控制。

6 综合评价

在工程建设过程中,由于积极地采取工程措施与植物措施相结合的水土保持措施进行综合防治,因此有效地防治了工程建设产生的新的水土流失。工程建设扰动土地治理率达96.58%,水土保持综合治理程度达93.39%。该工程已实施的拦渣挡土工程、边坡防护工程和截排水工程等水土保持工程措施安全稳定、运行良好,拦渣率为75.52%;路基、路堑的种草护坡,取土场、弃土场和管理服务用地的植树种草绿化等水土保持林草措施成活率达80%以上,防治责任范围内植被恢复系数为91.63%,林草植被覆盖度达37.21%。项目区各项水土保持措施的实施,使水土流失面积下降86.69%,年水土流失量降低到12 950 t,土壤侵蚀模数降低为695 t/(km^2·a),项目区水土流失控制比达到1.39。所有这些水土保持工程措施与植物措施的实施,增强了公路边坡的稳定性,增加了项目区的植被覆盖,控制了项目区的水土流失,总体上发挥了较好的保持水土、改善生态环境的作用。

高速公路弃土弃渣防治技术探讨

张华明　彭冬水　奚同行

（江西省水土保持科学研究所，南昌　330029）

2004 年 9 月，京（北京）福（福州）高速公路江西段、沪（上海）瑞（瑞丽）高速公路江西段全线通车，江西省高速公路总里程达到 1 442 km，实现了与周边六省和省会南昌市与省内 10 个市的全面高速化。根据江西省“十一五”高速公路建设规划，至 2010 年底全省高速公路将达到 3 026 km。高速公路拓展了江西生产力布局，加快工业化、城市化进程，扩大对外开放，强化与沿海发达省市的经济互补性，使江西尽快成为承接沿海省市的“三个基地，一个后花园”，对加快江西经济和社会发展起到了重要的促进作用。高速公路工程是线性建设项目，沿线地貌类型多样，施工过程中要高挖低填，往往产生大量的弃土弃渣。据估算，山丘区高速公路每千米弃土弃渣量可高达 3. 4 万 m^3，弃土场堆渣量平均为 9. 3 万 m^3。这些弃土弃渣结构松散，孔隙度大，降水入渗快，易形成崩塌、滑坡和泥石流，直接破坏周边及其下游生态环境，危害当地群众的生命和财产安全。弃土弃渣是高速公路建设项目水土流失的主要来源，选择适宜的弃土弃渣场地和对弃土弃渣表面进行整治利用是防治水土流失的重要环节，也是该类建设项目水土保持方案设计的重点和难点。

1　弃土弃渣产生的原因

（1）经调配平衡后产生的弃方。路基挖方大于填方，经平衡调配后多余的土方。

（2）受分标段建设产生的弃方。高速公路通常分标段进行招投标，由多个施工建设单位承建，而施工建设单位之间往往缺乏联系，标段的土方没有进行平衡调配，故挖方少的标段则需要借方，而挖方多的标段则会产生弃方。

（3）特殊路段地表剥离产生的弃方。在一些水田和淤泥路段，对路基原始地表的腐殖土和淤土进行剥离而产生的土方。

（4）受其他因素影响产生的弃方。部分路段路基挖方受地理位置、运距较远和运费较高等因素的限制，就近处理的土方。

2　弃土弃渣防治技术探讨

2. 1　弃土弃渣场地的选择

江西省地处我国南方红壤丘陵侵蚀区，水是造成水土流失的主要动力。由于弃土弃渣的堆置，再塑了堆置地的地形、地貌，改变了该区域的产流汇流条件；同时，江西是一个人口多、耕地少的省份，所以弃土弃渣场地的选择应考虑以下要求：①应避免选择在雨水汇流量大、冲刷严重的地方；②应不占或少占耕地、果园，多选用荒山和荒地；③应选择肚大口小,有利于布设拦渣工程的地形。除以上三点外,还应考虑景观路、生态路建设要求,弃土弃渣场地应尽量布置在高速公路视野范围之外。

2.2 弃土弃渣防治技术

水是我国南方红壤丘陵侵蚀区产生水土流失的主要动力。因此,防治弃土弃渣的水土流失,首先应理顺该区域的水系,其次是弃土弃渣拦挡和临空面的防护,最后是做好弃土弃渣堆积台面的植被恢复。即排水工程、边坡防护工程和植被恢复工程。

2.2.1 排水工程

排水工程是为了保证弃土弃渣安全稳定,兴建的排除弃土场周边坡面及区域内洪水危害的工程措施。排水工程一般修建在弃土场边缘四周,其基础应尽量修筑在自然山坡上,以避免弃土的不均匀沉降带来的不利影响。排水工程设计应根据集水面积、产渗流系数以及降雨强度等确定其结构形式、布置方式和过水能力,设计洪水标准一般按10年一遇24 h最大降雨强度,采用有关文献介绍的方法进行计算。排水工程主要由挡水埂、排水沟、急流槽、墙前边沟和沉沙池组成。挡水埂是减少坡面水土流失、维护坡面稳定的重要措施;在弃土弃渣临空面顶部靠近坡肩以上3~5 m处,围绕弃土堆积坡面修筑。挡水埂可采用弃土夯筑,断面为梯形,尺寸(上顶×下顶×高)为0.4 m×1.0 m×0.3 m。排水沟修筑在弃土堆积台面与自然山体坡面交界处,主要用于收集、疏导堆积台面雨水径流和截留山体坡面汇集雨水,避免弃土弃渣遭到地表径流冲刷。排水沟采用浆砌石砌筑,过水断面为直角梯形,紧贴自然山坡的边坡坡比为1:1,紧贴弃土弃渣侧的边坡坡比为1:0,其过水深度和底宽采用最佳水力横断面法确定。弃土弃渣堆置场地设计清水洪峰流量按下式计算:

$$Q_b = 0.278KiF$$

式中:Q_b为最大清水洪峰流量,m^3/s;K为径流系数;i为平均1 h降雨强度,mm/h;F为弃土场集水面积,km^2。

槽的功能主要是将弃土堆积台面汇集雨水导流至坡脚处的排水沟渠内。急流槽采用浆砌石砌筑,沟槽基础做成阶梯状,增加整体稳定性,槽底面镶嵌小石块,用于消力和减小流速,减少径流的冲刷力。急流槽过水断面为矩形,具体尺寸计算与排水沟的设计一致。

墙前边沟修筑在拦渣工程前面,上承急流槽排水口,下接沉沙池。墙前边沟采用浆砌石砌筑,过水断面为梯形或矩形。具体尺寸计算与排水沟的设计一致。沉沙池修筑在排水系统末端,主要用于沉淀弃土场来水挟带的泥沙,减少弃土场水土流失对其下游和周边的危害。沉沙池包括进水口、出水口和池体三部分,采用浆砌石砌筑。进水口与出水口过水断面为矩形,具体尺寸计算与排水沟设计一致;池体为方形,尺寸应满足水流入池后能缓流沉沙为准,宽度一般为进水口宽度的2倍,长度一般为池体宽度的2倍,池深为1.5~2.0 m。

2.2.2 边坡防护工程

边坡防护工程包括拦渣工程和护坡工程。

拦渣工程是为了拦挡弃土弃渣,在弃土临空面的底部修筑的拦挡工程。由于弃土弃渣场地多选择在荒坡荒谷内,其占地面积一般不受建筑物或其他设施限制,所以拦渣工程在满足拦挡功能的前提下,应尽可能控制其高度,一般控制在2 m以内。如在弃土堆积边坡坡比为 1:2.0 的情况下，挡墙位置只要向前推进 2 m，其高度就至少可以降低 1 m。这样只是稍微增加弃土场的占地面积，但是可以降低拦渣工程的高度，节省投资，也有利于该工程稳定和施工。拦渣工程多采用浆砌石挡渣墙。挡渣墙墙体采用重力式结构，墙身、基础均采用 7.5 号浆砌石砌筑。其设计应满足稳定性要求，即抗滑安全系数和抗倾覆安全系数应分别不小于 1.3 和 1.5；同时其基底最大压力设计值应小于等于地基承载力设计值。在石料缺乏的区域，可采用装土草袋来修筑拦渣工程。护坡工程是为了稳定弃土堆积边坡，避免裸露坡面遭受雨滴直接击溅和地表径流冲刷，而采取的水土保持措施。弃土边坡根据填土高度进行削坡开级，临空面边坡坡度按边坡稳定验算结果确定，一般为 1.0:1.75 ~ 1.0:2.03。

护坡工程分为工程护坡、植物护坡和综合护坡三种。工程护坡能提高边坡的稳定性，对雨滴击溅和地表径流冲刷的防治效果好，但投资较大，适应变形能力也较差，但易随弃土弃渣的不均匀沉降而遭到破坏；植物护坡能适应弃土弃渣的沉降变形，控制水土流失，而且对公路沿线生态环境改善具有重要意义，但在种植初期，其对水土流失的防治效果较差，需加强管护，确保植物保存率和成活率；综合护坡兼有工程护坡和植物护坡的优点，它是在工程护坡措施间隙上种植植物，它不仅具有增加坡面的强度，提高边坡的稳定性的作用，而且具有绿化、美化的功能。所以，针对弃土弃渣比较松散、不均匀沉降等特性，其堆积边坡应优先采用植物护坡或综合护坡。

2.2.3 植被恢复工程

植被恢复工程是指在弃土弃渣堆垫台面上，通过人为措施恢复原来的植物群落，或重建新的植物群落，以防止水土流失的水土保持植物工程。由于弃土弃渣是经过人为扰动的不成熟土壤，具有有机质和养分缺乏、持水性能差和物理性质不良等特点，大多不利于植物的生长，所以选定植物一般应具备以下几个特性：①具有较强的适应能力。对干旱、瘠薄、病虫害等不良立地因子有较强的忍耐能力。②有固氮能力。根系具有固氮根瘤，可以缓解养分不足。③根系发达，有较高的生长速度。根蘖性强，根系发达，能网络固持土壤，地上部分生长迅速，枝繁叶茂，能尽早尽快和尽可能长时间的覆盖地面，有效地阻止暴雨击溅和径流冲刷，同时，落叶丰富，易于分解，以便较快形成松软的枯枝落叶层，提高土壤肥力，改善土壤的蓄水保土能力。④播种栽植较容易，成活率高。种子发芽率强，繁殖量大，苗期抗逆性强、易成活。同时，植物选择应优先选用天然生长的乡土植物，适当引进水土保持先锋树草种，并保持正常的生长发育，维持生态学稳定性。

弃土场植被恢复工程根据弃土堆积台面弃土弃渣组成物质的不同而采用不同的植被结构，对以土质为主的弃土场可采用乔、灌、草组合的立体植被进行防护，对以石质为主（如隧道弃渣）的弃土场，应在弃土堆积台面上进行覆土整治后，再进行植被恢复，可采用灌、草组合或只撒播草籽等方式进行防护。

3 结论和建议

采用合理有效的水土保持措施是治理弃土弃渣水土流失的必要手段，但减少弃渣量、综合利用弃土弃渣和对施工过程进行监督管理是控制水土流失的最有效手段。为此，提出以下几点建议：

(1)减少弃土弃渣量。首先,高速公路设计时应控制好路面高程,尽量做到挖填平衡;其次,分标段建设时,施工单位之间应加强联系,尽可能对标段间的土石方进行平衡调配,减少弃方量。

(2)综合利用弃土弃渣。一是结合小城镇建设、工业园区建设、小流域综合治理和荒地开垦等开发建设项目,综合利用弃土弃渣,使之变废为宝;二是将路基处产生的腐殖土和淤土用做取土场的表层覆土,既可以减少弃土弃渣的占地面积,又有利于取土场的整治利用,一举两得。

(3)暴雨径流冲刷是造成江西省高速公路弃土弃渣水土流失的主要原因,所以弃土弃渣应避免在雨季进行;同时,业主应邀请当地水行政主管部门共同对施工单位的施工活动进行监督管理,确保水土保持措施及时落实到位。

参考文献

[1] 焦居仁,姜德文,蔡建勤. 开发建设项目水土保持[M]. 北京:中国法制出版社,1998.
[2] 李文银,王治国,蔡继清. 工矿区水土保持[M]. 北京:科学出版社,1996.
[3] 李玉娥,杨华军,余广川. 洛三高速公路弃土场、取土场类型与防护措施[J]. 中国水土保持,2003(4):29.

关于江西省水土流失动态监测的构想

胡建民　左长清

（江西省水土保持科学研究所，南昌　330029）

1　江西省水土流失动态监测的意义

江西省地处长江中下游南岸，土地总面积16.7万 km^2，1997年末全省总人口达4 150万人，人口密度为248.67人/km^2。受自然因素和不合理人为活动的长期影响，水土流失极为严重，是我国南方水土流失最严重的省份之一。为了重整河山，使红土地旧貌换新颜，新中国成立以来，特别是20世纪90年代以来，江西省各级党和政府十分重视、关心水土保持生态环境建设工作，狠抓水土流失的综合治理和荒地资源的合理开发。据统计，到2000年底，全省通过兴修水平梯田，建设水土保持林，种草，发展经济果木林，修筑各类水土保持防护工程等水土保持措施，已开展综合治理小流域841条，综合治理水土流失面积累计达到293万 hm^2，完成土石方5.81亿 m^3，累计投工24.6亿个。经综合治理开发，许多地方由过去的山光、水尽、田瘦、人穷的恶劣环境过渡到生态、经济、社会良性发展的轨道上，区域经济得到持续、快速、健康的发展，农村生产生活条件有了显著改善。

尽管在水土流失综合治理方面，江西省作出了很大努力，取得了显著成效。但由于环境条件的限制和人为活动的影响，该省水土流失仍呈加剧的趋势。据1997年遥感调查，江西省水土流失总面积达352万 hm^2，占土地总面积的21.1%。其中轻度流失面积123万 hm^2，中度流失面积105万 hm^2，强度及其以上的流失面积125万 hm^2，分别占流失总面积的34.8%、29.7%和35.5%[1]。与1988年相比，虽然全省水土流失总面积减少109万 hm^2，减幅为23.69%，但强度以上的流失面积含裸岩增加了35.3万 hm^2，增幅为46.17%。据测算，全省年土壤侵蚀量达1.65亿t，每年因水土流失造成的直接经济损失在20亿元以上。因此，江西省水土保持生态环境建设形势依然严峻。然而，要彻底根治水土流失，实现山川秀美，首先必须掌握水土流失的现状、特点、原因及其发生发展规律等，这是防治水土流失的重要基础工作。《中华人民共和国水土保持法》第29条规定："国务院水行政主管部门建立水土保持监测网络，对全国水土流失动态进行监测预报，并予以公告。"可是长期以来，江西省缺乏水土流失动态监测机构，水土流失动态监测工作几乎是空白，因此各级水土保持部门及其有关政府决策机构无法及时而准确地掌握本省本地区水土流失的现状、动态变化规律及其发展趋势，无法了解各项水土流失治理措施的效益状况，难以发现水土保持工作中存在的问题与不足，这在一定程度上影响到今后水土保持工作的有效开展，使水土保持工作陷入被动局面。水土流失动态监测是水土保持工作的重要内容，是水土流失预防、监督和治理的基础。运用"3S"（RS、GPS、GIS）等高新技术和常规技术相结合，对全省水土流失及其防治状况进行动态监测，能够及时而准确地了解全省各种地质、地貌、气候、植被及人类活动的长期变化过程，摸清全省水土流失的现状、演变规律及其发展趋势，掌握水土保持工作状况及其存在的问题等，从而为各级政府防治水土流失，改善生态环境，保护、改良和合理利用水土资源，发展国民经济，提高群众生产、生活质量，实现可持续发展战略提供基础数据资料。

2 江西省水土流失动态监测原则目标

2.1 监测原则

2.1.1 必要性

根据实际需要，合理布设监测站点，配备人员和设备，有针对性地确定具体的监测范围和内容，制订科学的监测方案。

2.1.2 互补性

监测方法既采用“3S”等现代高新技术，也运用传统的常规调查方法；既进行宏观监测，也进行中观和微观监测，互相结合，互相补充，使监测数据更精确、更完整。

2.1.3 科学性

科学地选择能够客观反映监测范围内水土流失本质特点的指标，要求监测指标具有空间型的面状特性，其属性特征能够覆盖研究区域的全部或部分地区，具有空间分异特点；同时，尽可能地应用现代科学技术进行科学权衡和量化表达，以便于研究结果的空间区域分异对比和时间序列对比。

2.1.4 层次性

运用层次分析法把各监测指标按其相互关系与隶属关系分不同层次聚集组合，形成一个多目标、多层次的分析结构模型，以便于科学地分析监测数据，得出正确的监测结果。

2.1.5 动态性

水土流失动态监测应经常性地进行，以便于及时掌握水土流失和水土保持的动态变化过程，并通过其自身的演变规律建立科学的数学模型，来预测预报水土流失的发展趋势。

2.2 监测目标

目前，江西省乃至全国范围内尚未建立一个完善的水土流失动态监测网络，也没有一套成熟的、系统的、各方适用的监测方法，监测指标体系不完整、不规范，缺乏通用的、可操作的水土流失评价与预报模型和水土保持管理信息系统。鉴于此，江西省水土流失动态监测的目标是：根据全国水土流失监测网络规划的要求，在全省范围内逐步建立一个完善的水土保持监测网络，健全机构、配齐人员和设备。加强水土流失监测监控技术研究，通过实践，探索一套简便易行、各方适用、切合全省实际的监测方法，并建立一套完整、规范、操作性强的监测指标体系和评价预报模型，在此基础上建立全省水土保持管理信息系统，从而对全省的水土流失及其防治工作进行经常性监测，及时而准确地公告监测结果，并进行预测预报，为全省国土整治、环境改善和社会经济可持续发展提供决策支持。

3　江西省水土流失动态监测内容

3.1　监测范围

根据《中华人民共和国水土保持法实施条例》第23条的规定，江西省水土流失动态监测范围应包括全省范围内的水土流失及其防治监测，重点监测赣江、抚河、信江、修水、饶河5个流域和鄱阳湖区的水土流失及其防治状况。

3.2　监测内容

根据水土流失现状特点和今后水土保持工作的发展方向，结合土地利用状况，遵循区内相似性和区间差异性原则，全省可以分为预防保护区、监督区和治理区三个水土保持功能区。江西省人民政府已发布了“三区”公告。因此，江西省水土流失动态监测应以此为基础开展工作。

3.2.1　预防保护区

(1)监测预防保护区的分布、范围与面积变化情况；

(2)监测区内的地形、地貌、岩性、土壤、植被、气候等自然条件变化状况；

(3)监测区内的水土流失现状及其变化趋势；

(4)监测区内水土保持工程措施、农业耕作措施特别是生物措施的分布、类型、数量及其蓄水保土、改善环境、发展生产等方面的作用。

3.2.2　监督区

(1)监测项目建设区和直接影响区的分布范围、面积及其在开发建设前的地形、地貌、土壤、植被状况；

(2)监测项目建设区和直接影响区的气象、水文、河流及泥沙状况；

(3)监测项目建设区和直接影响区在开发建设前的土地利用状况、水土流失现状及其防治情况；

(4)监测开发建设活动对地貌、土壤和植被的破坏情况；

(5)监测开发建设项目的弃土、弃石、弃渣量及其造成的水土流失与危害等；

(6)监测开发建设项目所采取的水土流失防治措施及其效果等。

3.2.3　治理区

江西省水土流失主要以水力侵蚀为主，广泛分布于该省各种岩性和母质发育而成的土壤上，在花岗岩、变质岩地区存在滑坡、崩岗等重力侵蚀，在江河尾闾和鄱阳湖滨湖沙地还存在风力侵蚀。因此，从侵蚀营力来分，全省可以分为水力侵蚀区、重力侵蚀区和风力侵蚀区。

(1)水力侵蚀区。①监测与水土流失有关的地形、地貌、岩性、土壤、植被、气候等自然条件的变化状况；②监测土地利用现状及其变化趋势；③监测水土流失区人口、各业产值、经济收入及其生活状况等；④监测水土流失的分布、类型和面积状况；⑤监测水土流失的强度、危害及其发展趋势；⑥监测小流域及河流的水位、流量、泥沙等水情要素变化情况；⑦监测水土流失的类型、分布、数量、规模、措施投入状况及其所取得的生态、经济效益和社会效益。

(2)重力侵蚀区：①监测滑坡、崩岗的分布、类型、数量和规模等；②监测滑坡、崩岗的发生发育过程、发展趋势及其成因,并进行预测预报;③监测滑坡、崩岗的危害等;④监测滑坡、崩岗治理措施的类型、分布、数量、工程土石方量、投入规模及其效益状况等。

(3)风力侵蚀区:①监测风力侵蚀的分布范围和面积;②监测侵蚀区的风力变化情况;③监测风力侵蚀的成因、风蚀量大小等;④监测风蚀沙化对生产、生活及环境的危害;⑤监测防风固沙措施的类型、分布、数量、投入规模的逐年变化情况及其蓄水保土、减少土壤冲刷量和地表径流量,增加耕地面积与作物产量,改善种植业结构等方面的综合效益。

4 江西省水土流失动态监测方法

江西省水土流失动态监测工作应根据《中华人民共和国水土保持法》和《中华人民共和国水土保持法实施条例》的要求,结合江西省水土流失及其防治的现状特点,加强水土流失监测的网络体系、技术体系和指标体系"三大体系"建设,在此基础上建立全省水土保持管理信息系统,及时而准确地监测、预报和公告水土流失及其防治进程。

4.1 加强水土流失监测网络体系建设

根据《江西省水土保持生态环境建设规划》,江西监测分站6个,监测点46个。总站设在南昌市,江西省水土流失监测站网为:全省设监测总站1个,设在水土保持科研所内,配备人员20人,负责管理和协调各分站的工作,并具体负责南昌市辖区的水土流失监测工作;6个监测分站,分别设在赣州、九江、宜春、上饶、吉安、抚州等6个地市,每个监测分站配备人员10~15人;46个监测点,分别设在46个有代表性的县(市)内,每个监测点配备人员5~8人。为了尽量利用现有的设施和人员,减少经费开支,各有关县市可根据实际需要,对本县(市)现有水土保持试验站(场)、水文站进行筛选,经充实、改造或明确任务,作为监测点。利用现代通信传输系统将各监测站、点联接成网,从而在全省建成一个布局合理、监测范围涵盖该省全境的水土流失监测网络体系。

4.2 加强水土流失监测技术体系建设

水土流失类型多样、强度各异、成因复杂,危害范围广且程度不一,因此单纯用一种或两种技术方法是无法准确地获取水土流失数据信息的。目前,"3S"技术即遥感(Remote Sensing)、全球定位系统(Global Positioning System)和地理信息系统(Geographical Information System),因其快速、精确、省时、省力等多方面的优点,使其在环境、资源的调查与监测中应用越来越广泛,近年来,"3S"技术运用到水土保持领域,并得到迅速推广。但由于受气候、时相等客观因素的影响以及遥感图像判读解译等人为因素的制约,局部地区的遥感数据资料或判读结果难免会出现与实际情况不符的现象,必须辅以野外勘查、试验观测、模型预测预报等常规调查方法进行修正、补充。因此,江西省水土流失动态监测工作必须把"3S"等现代高新技术与传统的常规调查方法结合起来,建立水土流失监测技术体系,多方位、多层面监测水土流失及其防治状况。

4.3 建立水土流失监测指标体系

水土流失现状、水土保持的效果和质量如何,只有通过各项指标的量化表达和综合评判方能知晓。水土流失监测指标群的选择与指标体系的建立能为水土流失及其防治效果评价提供定量化的判别标准。因此,江西省水土流失动态监测必须选取能全面客观地反映该省水土流失本质特点的指标群,并广泛征询在该省水土流失及土地开发利用研究中具有权威性的专家的意见,充分利用这一领域中众多专家的知识与经验,建立专家知识库,科学地计算出各指标的权系数。同时运用层次分析法把各监测指标按其相互关系和隶属关系分不同层次聚集组合,形成一个多目标、多层次的监测指标体系,以便对水土流失监测数据进行科学、系统地综合分析与评价。这样,通过"三大体系"的建设,并以 GIS 作为技术支持,建立全省水土保持管理信息系统,在 GIS 支持下对监测数据进行输入、存储、处理、分析和输出等,及时公告监测结果,从而为各级政府、各个部门提供可资利用的详实数据和基础资料。

参 考 文 献

[1]江西省水土保持委员会办公室,等. 江西省水土流失遥感调查成果报告[R]. 1998.

南方水土流失区生态修复的监测方法与体系

李相玺[1] 王辉文[2] 彭冬水[1]

(1. 江西省水土保持监督监测站,南昌 330009;
2. 江西省水土保持科学研究所,南昌 330029)

水土保持生态修复工程是一项旨在注重依靠大自然的自我修复能力,在加强预防保护和开展人工辅助治理的前提下,在较短时间内实现大面积水土流失的初步治理和生态恢复,最终实现人与自然和谐共处的水土保持措施,具有省钱、省工、效果好的特点,目前已经成为世界各国治理水土流失、改善生态环境的重要途径之一。水土保持生态修复技术措施相关研究引起了各方的广泛关注,进行了大量研究,但目前生态修复的监测研究尚不规范,仍然缺乏系统性和定量分析,影响了评价的效果。本文从分析水土流失区生态修复项目的特点入手,建立一套成熟、完善的监测方法和技术指标体系,以期为恢复生态系统提供评价技术。

1 生态修复项目特点

生态修复项目是一个综合的系统工程,具有显著的特点。一是项目系统的多样性。退化生态系统的恢复与重建包括退化森林系统、草地系统、农田系统、水体系统、土壤环境等一系列子系统,监测成果不仅要反映整个系统的综合成效,还应能反映各个子系统的成效变化。二是生态修复措施多样化。生态修复不同于传统的水土保持生物及工程措施,传统水土保持措施注重于技术,而生态修复注重于利用政策法律法规等行政手段对生态修复区实行严格的管护,减少不必要的人为干扰,使生态系统在休养生息中得以自我恢复。项目成效不直接反映水保措施成果,而是反映各种自然恢复力与人工辅助合力的综合体现。三是生态修复项目区域差异性。我国水土保持生态修复项目区域分布广,从南到北跨越亚热带、暖温带、温带及寒温带等气候带,生态系统的结构、功能和自然恢复能力差异很大,系统退化程度和自我恢复的条件要求也不同,因此评价生态修复成效的监测方法与技术指标也不完全相同。四是生态修复项目具有时效性。生态系统功能的恢复是一个动态、渐进的过程,生态修复工程的治理成效并不能在项目实施期内完全显现,在工程结束后的一定延续期内仍有显现,其延续时间与恢复时段内自然条件的差异及修复时间长短、生态系统类型、退化程度、恢复方向、人为促进程度密切相关。生态修复的监测应根据退化系统类型、地域分布、恢复方向等选择合适的方法进行适当的长时间监测。

2 项目监测的原则

2.1 综合原则

受损生态系统的恢复是一个十分复杂的过程,反映不同结构和功能的生态指标繁多,实际工作中监测评价如此繁多的指标既无可能也没有必要。针对我国南方水土流失区生态修复项目的特点,监测工作应以项目的成效监测为主,选择最能反映项目成效的综合性指标进行。

2.2 对比原则

由于水土保持生态修复项目区域面积广,系统功能效益的改善提高,除修复措施的作用外,还有其他措施的综合作用,因此要保证修复成效监测的真实性和准确性,应进行对比监测。一方面,对同一对象前后不同时段进行不同时期的纵向对比观测;另一方面,在对修复区进行监测的同时,在相同区域选择一个环境一致的非修复区,进行同步观测(横向对比),这样才能获得比较系统全面的监测数据,客观科学地评价修复成果。

2.3 可操作原则

监测内容和方法应当考虑技术经济可行性,所采用的监测设备和需要的技能可被项目区的一般技术人员掌握。考虑到生态修复项目大多地处偏僻,技术经济相对落后,目前应以地面常规监测为主,结合遥感监测,以满足可持续实施的要求。

2.4 短期和长期结合原则

生态修复工程具有长期性和复杂性,修复成效不仅在实施期显现,延续期也显现,所以项目监测既要考虑短期监测,更要坚持长期监测。一般短期应安排 3 ~ 10 年(包括项目实施期和延续期),长期应结合水土保持监测站网设置,选择重点项目区开展较长期的生态修复成效监测。

2.5 监测指标整体性和可获性原则

(1)整体性:监测指标必须能够概括地反映研究区域水土流失的总体特征。

(2)可获性:水土流失的监测与评价程序复杂、工作量大,因此各监测指标的数据获取应尽可能地方便可行。

3 监测程序

水土保持生态修复效益监测与评价是一项复杂的系统工程,其工作程序大致可分为三个阶段,一是前期准备阶段;二是监测实施阶段;三是监测成果分析评价阶段。

3.1 前期准备阶段

组织监测工作组,收集生态修复区自然条件与社会经济情况资料,以及有关地形图和规划文本图件资料等,进行初步现场踏勘调查和资料整理分析,明确生态修复工程既定目标及实现这一目标需要的条件,研究制定详细的监测实施方案、工作计划和野外监测工作细则,制定有关技术标准和监测登记表格。

3.2 监测实施阶段

依据制定的监测实施方案和野外工作细则,对项目区进行全面踏勘调查,通过踏勘调查,选定有代表性的典型地段(块)设立固定观测场,对水土流失动态变化及生态修复的效益进行长期定位观测,并按照拟定的工作计划,开展面上的调查或遥感监测,及时掌握项目区水土流失及生态修复措施与效益的变化状况,尽可能保证监测内容全面、方法科学、资料翔实准确。

3.3 监测成果分析评价阶段

整理分析监测数据资料，在分析研究项目区土壤侵蚀因子、水土流失动态变化情况和水土保持生态修复效果的基础上，对项目区实施水土保持生态修复效果作出客观的评价，并对水土保持修复的成功经验以及存在的问题等进行归纳和总结。

4 监测指标

南方水土流失区生态修复项目的监测不可能也没有必要对所有内容都进行监测，只要对与修复工程成效密切相关的内容进行监测，主要监测指标包括土壤侵蚀因子、水土流失状况指标、生态修复工程执行情况、水土保持生态修复效益等。

4.1 土壤侵蚀因子指标

包括植被、地形地貌、地面组成物质（土壤）、气象、水文等自然因子以及开矿、修路、陡坡开荒、滥伐等人为活动。

4.1.1 植被状况

主要监测指标包括植被类型、群落植物构成及其高度、多度和密度、盖度和郁闭度、频度、生物量等特征值。

4.1.2 地形地貌

包括地貌类型、沟壑密度和地面坡度组成3个方面。地貌类型可参考当地有关资料，在地形图上读取；沟壑密度采用水文网络法在较大比例尺的地形图上量算；坡度测量采用代表断面法在大比例尺的地形图上量算，或者将地形图进行扫描数字化，生成坡度图，获取地面坡度。

4.1.3 地面组成物质（土壤）

主要监测指标有：土壤类型、土壤质地、土壤厚度、土壤结构等物理性质；土壤有机质，pH值，N、P、K含量等肥力指标。监测方法可查阅当地土壤志或农业区划等相关资料，并采用典型样地调查和取样分析获取数据。

4.1.4 气象水文

主要包括降雨、径流、光照、气温、风和蒸发量等，主要以收集有关气象水文观测站的资料分析获得。

降雨：包括年降雨量、年降雨量的季节分布和暴雨情况。

降雨量包括最大年、最小年、丰水年、枯水年、平水年和多年平均值及实施期间各年降雨量、各月降雨量；暴雨出现季节、频次及强度。

径流量：包括最大年、最小年和多年平均值。

光照与气温：主要包括年均气温、最冷月和最热月平均气温、极端最高、最低气温、≥10 ℃年活动积温、无霜期、日照时数等。

风：包括平均风速、大风日数。

蒸发量：主要包括多年平均蒸发量、最大年蒸发量、最小年蒸发量。

4.2 水土流失状况

主要监测水土流失类型、面积、分布、水土流失量和危害。

4.3 生态修复工程执行情况监测

主要包括生态修复区各种水土保持生态修复措施的数量、面积、规模、分布，补植林草的成活率、保存率，小型水利水保工程、小水电、沼气等生态能源工程的保存率和安全稳定性。

4.4 水土保持生态修复效益监测

4.4.1 生态效益

生态修复工程生态效益包括生物多样性变化状况、土壤理化性状变化、蓄水保土效益。生物多样性变化状况主要包括植物的种类，林草生长量、郁闭度、覆盖度，植被的类型、结构、分布和功能等。结合项目区植被状况监测来获取所需数据资料。土壤理化性状变化指标主要有枯枝落叶层厚度、土壤有机质、pH 值和 N、P、K 含量等肥力指标变化状况等。蓄水保土效益主要包括生态修复区水土保持措施的蓄水效益、缓洪效益、保土效益以及修复区内主要河流的洪峰流量、泥沙含量变化情况等。

4.4.2 经济效益

主要监测生态修复的直接经济效益，即对实施生态修复的项目区土地上生长的植物的增产量和增产值进行监测，具体包括增产的植物枝叶、活立木蓄积量、果品、饲草及其他产品等效益。

4.4.3 社会效益

主要包括修复区人口与劳动力组成、农民人均纯收入、人均产粮、农村能源结构、土地利用结构的变化、产业结构的调整及劳动生产率变化情况等指标。

5 监测方法

监测方法的采用要充分考虑监测与生产运用和科研相结合，遥感自动测报新技术与常规观测相结合，实现监测信息的快速获取、传输与分析处理。根据水土保持生态修复项目的具体要求，考虑项目区现有人力、物力和其他各种技术资源，水土流失区生态修复项目监测应以常规人工观测为主，有条件的可采用自动遥测。

5.1 自动遥测

自动遥测可实现数据采集、信息传输和处理与互联网技术的一体化，具有采集数据量大、传输处理速度快、劳动强度小等特点，在水文、雨情测报方面已广泛应用，就水土保持生态修复而言，自动遥测可用于监测雨量、水位、含沙量、日照、气温、湿度、风速、蒸发等水文气象指标。典型的自动遥测系统可由远程的现场监控站、现场总控站、中继站和通信网、主控中心等构成(见图 1)。

5.2 人工监测

5.2.1 长期定位监测

长期定位监测是指针对特定指标设立固定监测点进行长期观测。水土保持生态恢复监测应在项目区内选择有代表性的地区，设置固定观测场，布设常规的观测设施，长期人工观测降雨，径流小区的产沙量、径流量，径流站的水位、流速、含沙量、地下水水位等水文气象信息，每半年对每个小区进行 1 次土壤有机质、渗透率、土壤导水率、土壤黏结力等测定，每 3 ~4 年进行 1 次土壤机械组成、交换性阳离子含量、土壤团粒含量等测定。植被监

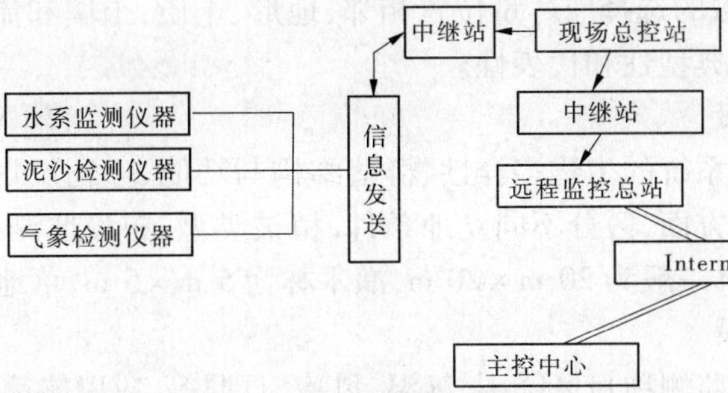

图1 自动测报系统构成及信息传输示意图

测通常在有代表性的典型地段设置固定样地，监测植被的变化情况，植物种类的组成采用种类—面积曲线法；多度或密度、产草量等采用随机样方法；盖度采用线段法或针刺法，植被监测一般在初春、秋末各进行1次。

5.2.2 临时定位监测

临时定位监测是为了补充完善长期定位的不足，对某些特定监测指标设定临时监测点进行监测。生态修复临时监测应包括崩岗、崩塌等重力侵蚀、修复区与非修复区每次暴雨洪水沟道侵蚀情况等。具体测定方法可采用GPS、全站仪等进行。

5.3 调查监测

调查监测是目前水土保持生态监测使用最广的方法，它适用于自然和社会经济条件、系统恢复成效、土地利用结构及农业生产结构等各指标的调查。具体包括收集资料、普查、典型调查、抽样调查和询问调查等。实际使用时应根据项目指标选择和调整。

5.3.1 普查

生态修复前期工作和竣工验收阶段，应以小班为单位或线路调查法对项目区植被、土壤、地质，水土流失类型、面积、强度，土地利用情况等进行普查。普查通常采用现场调绘目测和资料收集方法进行，随着遥感技术的普及，目前逐步采用遥感卫星影像法监测流域植被和水土流失情况。

5.3.2 典型调查

水土保持生态修复监测中，社会经济变化情况、农民生活变化状况、生态修复措施的经济效益等，主要是通过设立不同植被类型的典型样方和农户、地块、行政区域进行典型调查来获取。

5.3.3 询问调查

在项目实施前和结束时采用座谈与问卷方式调查公众对生态恢复政策法规理解和认识程度，群众生态保护意识、生态修复的总体看法及项目实施满意度，以更全面地评价生态修复的效益。

6 监测站点布设

监测站点布设直接影响监测的效果，是监测工作的技术基础，总体而言，站点布设应以提高监测效率和成果质量为原则，在满足监测技术要求的前提下，应选择在交通和通信较为方便的地方，站点应尽量相对集中，以最大限度降低监测费用；对比区（即修复区和非修复区)和典型小流域的选择应尽量位置相邻,地形、土质、土壤和流域形状等相似,流域面积相近、适中,具有典型性和代表性。

6.1 植被监测样地布设

植被样地主要监测系统的生物多样性、群落结构与功能、生物产量的变化情况,应考虑植物群落与其生境两方面,区分不同立地条件、植被类型,布设监测样地。样地大小依植被类型而不同,乔木林一般为20 m×20 m,灌木林为5 m×5 m,草地为2 m×2 m。

6.2 气象雨量站点布设

气象雨量站点主要监测项目区降雨、气温、风速、日照等,应以能反映项目区总体状况为原则,充分利用现有气象雨量观测设施,视区域面积大小每个项目区设3个以上雨量站。

6.3 径流小区与卡口站布设

径流小区主要监测生态修复工程对土壤侵蚀的影响,涉及土地利用、坡度、坡长和不同地貌部位等因素,须布设多个小区,一般每项目区设1个标准小区,垂直投影长20 m、宽5 m,坡度5°或15°,无植被覆盖,撂荒1年以上,其他小区参照标准小区规格,针对典型地类或植被类型和典型修复措施设置,以评价分析修复措施蓄水保土或防治土壤侵蚀的效果。土地利用主要考虑裸地、荒地、耕地、林地(灌木林、乔木林、经济林)、草地(天然和人工草地)、园地;坡度主要考虑按小于5°、5°~10°、10°~15°、15°~20°、20°~25°、25°~30°、30°~35°分级,坡长主要考虑按10、20、30、40 m分级。

卡口站观测主要监测项目区流域的水位、流速、径流量及含沙量等,主要布设在典型小流域或集水区的出水口处。

6.4 效益监测布设

为科学准确地反映生态修复实施后的经济效益与社会效益,应在项目区内设立固定监测户或监测地块以观测项目实施过程中的社会经济变化情况。固定观测点应以村民小组为主,设5~10组典型农户和地块调查监测。调查点长期固定,连续监测,每组典型按调查内容分好、中、差3种类型,综合调查,对生态修复项目实施前后生产生活状况、投入产出效益等进行对比监测。

7 结语

水土保持生态修复监测评价是一项系统工程,反映项目成效指标繁多,监测方法不一,一项内容可用多种方法进行监测,一种方法可以监测多项内容,当前项目监测应根据不同水土保持生态修复项目的具体要求,结合当地实际情况,考虑实际工作需要和经济技术可行性,突出植被和水土流失防治效果监测重点,选择综合性、代表性的监测指标,常规监测与遥感自动监测相结合,合理布设监测站网,开展长期监测,才能确保监测成果质量。

三、红壤水土流失治理技术与对策研究

红壤侵蚀区优良水土保持草本植物的选择及评价

喻荣岗[1] 左长清[1] 杨 洁[1] 王昭艳[2] 李小强[1] 刘柏根[3]

(1. 江西省水土保持科学研究所,南昌 330029;2. 中国林业科学研究院林业研究所,北京 100091;3. 江西省宁都县水土保持局,宁都 342800)

红壤主要分布于长江以南广阔的低山丘陵,包括江西、湖南两省大部分,云南、广东、广西、福建等省(区)的北部,以及四川、贵州、安徽、浙江等省的南部[1]。红壤地区受中亚热带的生物气候条件以及地形条件的影响,原始植物品种类型繁多,植物群落结构复杂,植被资源相当丰富,但随着人类的繁衍、扩张和掠夺性经营,物种减少,群落结构退化,植被资源遭受到前所未有的严重破坏。红壤由于失去“绿色外衣”的遮蔽,绝大部分地区均存在着不同程度的水土流失,原先山清水秀、水草肥美的地方,在人和自然双重力量的作用下逐步退化成为“红色沙漠”。缺乏植被资源的有效保护而引起的水土流失、洪涝灾害、干旱缺水和粮食安全问题等灾害性连锁反应已经成为红壤地区发展的限制性因素,尤其是水土流失问题已经严重影响了区域社会经济的可持续发展。如何治理和控制红壤侵蚀地区的水土流失,问题症结就在于如何快速有效地恢复植被,维护和提高土壤地力,改善生态环境。

草本植物具有覆盖地表快、适应性强的特点,不仅可以与水土保持农业、林业措施一起配置,而且还可以在不能种粮、植树的地方生长。因此,在侵蚀劣地种植优良的水土保持草本植物,可以快速覆盖地表,恢复侵蚀区植被,控制水土流失。此外,大多数草本植物还可以用做饲料或肥料,发展畜牧业,改善地力,具有一定的经济价值。在水土流失区,尤其是在不能发展农业和林业的地区的侵蚀劣地,草业先行是较好的水土保持策略。而开展优良水土保持草本植物的选择及评价研究是“适地适草”的基础。本研究在花岗岩侵蚀区和第四纪红壤侵蚀区进行3年的定位试验,并运用模糊数学和层次分析法原理,开展水土保持草本的选择与综合定量评价研究,不仅可以补充、丰富和完善江西省优良水土保持植物种质资源库,同时为水土保持植物优选提供切实可行的技术路线和评价依据,甚至为南方红壤侵蚀区乃至全国侵蚀区植被恢复和重建提供技术支撑。

1 试验区概况

宁都试验区位于江西省宁都县境内,属亚热带湿润季风气候区,气候温和湿润,四季更迭分明。多年平均降水量为1 604 mm,无霜期279 d,多年平均气温18.7 ℃,≥10 ℃的活动积温5 795.4 ℃,大风日数7 d,年均日照时数1 938.6 h,太阳总辐射量109.94 ×4.18 kJ/cm^2。

定位试验样地布设区域均属丘陵地貌,地形破碎。土壤为花岗岩发育而来的红壤,A

层表土已经流失殆尽，地表裸露的多为花岗岩风化壳的粗砂土层，砂砾含量达 55% ~ 60%，侵蚀类型以沟蚀为主，侵蚀程度为中度。地带性植被为亚热带常绿阔叶林，现存植被类型主要以稀疏灌丛为主，植物种类有硬骨草、铁芒萁、芭茅、地衣等。

德安试验区位于德安县境内，属亚热带湿润季风气候区，气候温和，雨量充沛，四季分明。多年平均降水量为 1 350 mm，多年平均气温 16.7 ℃，年日照时数 1 650 ~ 2 100 h，多年平均无霜期 249 d。

定位试验样地布设区域以浅丘岗地地貌为主，地形较为破碎。土壤主要为第四纪红色黏土发育而来的侵蚀性红壤，土壤表土或亚表土遭受侵蚀，地表裸露，地力瘠薄，质地多为轻黏土，侵蚀类型以沟蚀为主，侵蚀程度为中度。地带性植被属亚热带常绿阔叶林，现存植被类型以灌丛为主，垦殖利用后的人工植被类型主要有农作物、油茶、果树、茶叶等。

2　试验材料及试验布设

采取定位试验方法，建立固定的试验区样地。单个草本试验样地面积为 120 m^2，每个草本品种设置 3 次重复。连续 3 年在野外试验比较。2002 年春季开始播种，播种条带宽 0.30 m。播前整地，深度为 15 ~ 20 cm，播后薄覆土。生长过程中不施肥、不灌溉，只在苗期进行除杂草的管理。宁都试验区草木品种有百喜草（*Paspalum notatum* Flugge）、马唐（*Digitaria sanguinalis*）、棕叶狗尾草（*Setaria palmifolia.*）、圆果雀稗（*Paspalum orbiculare*）、宽叶雀稗（*Paspalum wettsteinit* Hackel）、鸡眼草（*Kummerowia striata*（Thunb.）Schindl）、茅花雀稗（*Paspalum dilatatum*）、柱花草（*Styiosanthes guianensis* Aubi SW）、糖蜜草（*Melinismi nuciflora*）、荻草（*Triarrhena lutarioriparia var. lut ariori paria*）、虾公草（*Rhizoma Woodwardiae* Japonlcae）。德安试验区草木品种有百喜草（*Palspalum notatum* Flugge）、黑麦草（*Lolium* L.）、狗牙根（*Cynodon dacty lon*）、假俭草（*Eremochloa ophiuroides*）、类地毯草（*Axonopus affinis*）、宽叶雀稗（*Paspalum wettsteinit* Hackel）、画眉草（*Eragrostis pilosa*）、苏丹草（*Sorghum sudauense*）、结缕草（*Zoysia Japonica*）、茅花雀稗（*Paspalum dilatatum*）。

3　试验研究的内容与方法

（1）物候期观测。每小区调查 25 株。

（2）成活率和保存率。翌年 5 月调查保存率，连续调查 3 年。

（3）生长发育调查。10 月底或 11 月初对所有品种的株高、地径、冠径、分枝（分蘖）进行调查，覆盖度用线段法调查，生物量用收获法进行调查，每区按对角线法调查 5 个 1 m^2 小区生物量，换算成 1 hm^2 的生物量。

（4）根系调查。本研究采用挖掘剖面法、冲洗法测定牧草根密度、根重、根体积、根幅、根直径、根长等根系参数。

（5）枯落物的浸水容重。分别在处理区标准地内采用随机取样的方法，选定面积 1 m^2，重复 2 ~ 3 次。记载地上物风干后重量。称重后浸入水中 24 h 捞出，不滴水时称重，以湿重减去干重，除以样方面积，即为地上部分浸水容量。

（6）土壤有机质分析。试验前后分别取 0 ~ 20 cm 土层混合样，采用重铬酸钾法进行分析。

(7)数据处理。本研究用 DPS 软件中相关的程序处理。

4 结果分析

4.1 评价指标集(C)的筛选

评价指标集的筛选应遵循主导因素原则、差异性原则和稳定性原则,即选择评价对象的参评因子既要与水土保持效能有较好的相关性,又要有明显的空间差异性和时间的稳定性。本研究选择出苗率(C_1)、成活率(C_2)作为适宜性指标;选择平均分蘖数(C_3)作为生长状况指标;选择覆盖度(C_4)、地上部分浸水容重(C_5)以及根系鲜重(C_6)作为水土保持指标;选择地上部分生物鲜重(C_7)作为经济效益指标;选择有机质(C_8)作为改善土壤肥力指标,构成草本试验选优的评价指标集 $C=\{C_1,C_2,C_3,C_4,C_5,C_6,C_7,C_8\}$,并对相应的草本试验进行逐年调查(见表1)。

表1 供试草本观测指标值

试验区	品种	C_1 (%)	C_2 (%)	C_3 (支)	C_4 (%)	C_5 (mm)	C_6 (t/hm^2)	C_7 (t/hm^2)	C_8 (g/kg)
宁都试验区	百喜草	75.00	98.00	28.00	100.00	1.85	30.10	67.00	10.5
	马唐	77.00	85.00	3.50	90.00	0.80	3.67	10.95	8.5
	棕叶狗尾草	62.00	73.00	8.70	85.00	1.63	12.20	12.40	8.5
	圆果雀稗	87.00	74.00	7.90	74.00	0.37	16.41	15.87	8.1
	宽叶雀稗	70.00	79.00	2.40	87.00	0.44	8.91	14.67	9.6
	鸡眼草	55.00	66.00	9.10	81.00	0.62	13.00	17.83	8.2
	茅花雀稗	50.00	60.00	2.70	40.00	1.87	0.63	4.27	7.7
	柱花草	85.00	90.00	4.30	85.00	0.62	2.03	31.23	8.7
	糖蜜草	95.00	96.00	2.90	96.00	1.80	6.33	85.63	8.7
	获草	50.00	60.00	8.70	80.00	0.83	8.91	5.67	6.6
	虾公草	60.00	70.00	5.50	83.00	0.67	12.20	2.33	5.7
德安试验区	百喜草	35.00	90.00	26.00	100.00	3.33	16.04	23.60	16.5
	黑麦草	40.00	95.00	5.30	100.00	2.99	30.05	18.00	16.3
	狗牙根	30.00	80.00	8.40	95.00	2.01	14.53	3.90	16.6
	假俭草	65.00	86.00	6.00	100.00	1.84	12.89	10.80	15.1
	类地毯草	40.00	90.00	6.30	100.00	2.21	5.73	6.35	13.5
	宽叶雀稗	50.00	80.00	8.10	90.00	2.74	7.53	11.73	15.7
	画眉草	45.00	80.00	12.60	100.00	3.60	25.0	26.00	16.3
	苏丹草	25.00	90.00	2.30	95.00	3.13	24.3	22.50	15.4
	结缕草	40.00	10.00	1.80	50.00	1.21	5.41	5.86	12.3
	茅花雀稗	80.00	98.00	20.00	50.00	1.32	7.00	6.44	15.3

注:$C_1,C_2,C_3,\cdots$为评价指标。

4.2　建立评判集(V)

为了使评判更接近于实际情况,建立表示水土保持植物对应种植区域的适应性评价的适应程度的集合——评判集 $V=\{V_1,V_2,V_3,V_4,V_5\}$,其中:$V_1,V_2,V_3,V_4,V_5$ 分别对应评语为优、较优、良、较差、差。本研究将 $C_j(j=1,2,3,\cdots,8)$ 分成 5 个等级,级距以 $d=(C_{j\max}-C_{j\min})/4$ 来确定,根据 d 来确定 C_j 的分级(见表2)。

表2　各项评价指标的分级界限值

试验区	C_j	优	较优	良	较差	差	级距	差值
宁都试验区	C_1(%)	87.00	77.80	68.50	59.30	50.00	9	37.00
	C_2(%)	98.00	88.50	79.00	69.50	60.00	10	38.00
	C_3(支)	28.00	21.70	15.40	9.00	2.70	6	25.30
	C_4(%)	100.00	85.00	70.00	55.00	40.00	15	60.00
	C_5(mm)	1.90	1.50	1.10	0.70	0.40	0	1.50
	C_6(t/hm²)	30.10	22.73	15.37	8.00	0.63	7	29.47
	C_7(t/hm²)	67.00	50.83	34.67	18.50	2.33	16	64.67
	C_8(g/kg)	10.50	9.30	8.10	6.90	5.70	1	4.80
德安试验区	C_1(%)	80.00	66.30	52.50	38.80	25.00	14	55.00
	C_2(%)	98.00	76.00	54.00	32.00	10.00	22	88.00
	C_3(支)	26.00	20.00	13.90	7.90	1.80	6	24.20
	C_4(%)	100.00	87.50	75.00	62.50	50.00	13	50.00
	C_5(mm)	3.60	3.00	2.40	1.80	1.20	1	2.40
	C_6(t/hm²)	30.05	23.89	17.73	11.57	5.41	6	24.64
	C_7(t/hm²)	26.00	20.48	14.95	9.43	3.90	6	22.10
	C_8(g/kg)	16.60	15.50	14.40	13.30	12.30	1	4.30

4.3　建立单因素评判矩阵(R)

建立单因素评判矩阵(R),即建立一个从评价指标集(C)到 $F(V)$ 的模糊映射,于是 $F(C,V,R)$ 就构成了一个综合评判模型。矩阵 R 中的 r_{ij} 是 R 的隶属函数,$r_{ij}\in[0,1]$,表示第 j 个指标对评价植物种类各项指标第 i 种评价的可能程度,r_{ij} 的确定方法是如落在某一种评语上隶属度为1,如介于两评语之间则采用如下方式确定,优与较优之间则采用下列方法计算:

$$r_{优}=\frac{d-|优界限值-实测值|}{d}$$

$$r_{较优}=\frac{d-|较优界限值-实测值|}{d}$$

并符合 $r_{优}+r_{较优}=1$。利用这种方法可以确定 R,同理可确定任何一种草本的 R。如宁都

试验区百喜草单因素评判矩阵

$$R_{百喜草} = \begin{vmatrix} 0 & 0.22 & 0.78 & 0 & 0 \\ 1 & 0 & 0 & 0 & 0 \\ 1 & 0 & 0 & 0 & 0 \\ 1 & 0 & 0 & 0 & 0 \\ 1 & 0 & 0 & 0 & 0 \\ 1 & 0 & 0 & 0 & 0 \\ 1 & 0 & 0 & 0 & 0 \\ 1 & 0 & 0 & 0 & 0 \\ 1 & 0 & 0 & 0 & 0 \end{vmatrix}$$

4.4 确定评价指标权重集(A)

水土保持植物适宜性是多种因素综合作用的结果，不仅每一评价指标对适宜性的影响比较复杂，而且指标之间也是相互联系、相互制约的，各个评价指标所占权重的大小，在一定程度上也反映单个评价指标等级能力。评价指标权重集(A)的确定方法有很多种，本次研究根据刘洋等的研究成果[2]，利用层次分析法(AHP)原理，通过建立指标梯阶层次结构(见图1)，构造两两比较判断矩阵(见表3～表6)，确定各个指标的权重。

- 优良水土保持草种(A)
  - 适应性指标(B_1)
    - 出苗率(C_1)
    - 成活率(C_2)
  - 生长状况指标(B_2)——平均分蘖数(C_3)
  - 水土保持指标(B_3)
    - 覆盖度(C_4)
    - 地上部分浸水容量(C_5)
    - 根系鲜重(C_6)
  - 经济效益指标(B_4)——地上部分生物量(C_7)
  - 土壤肥力指标(B_5)——有机质(C_8)

图1 草本试验评价指标层次结构图

表3 A—B 层判断矩阵

A	B_1	B_2	B_3	B_4	B_5	权重
B_1	5/5	6/4	2/8	4/6	3/7	0.063 4
B_2	4/6	5/5	1/9	2/8	1/7	0.033 3
B_3	2/8	9	5/5	7/3	6/4	0.512 8
B_4	6/4	5	3/7	5/5	4/6	0.129 0
B_5	7/3	7	4/6	6/4	5/5	0.261 5

注：$\lambda_{max}=5.237\ 5$，$CI=0.017\ 5$，$RI=0.328\ 7$，$CR=0.053\ 2<0.10$。

层次总排序一致性检验 $CR=0.033\ 2<0.10$，说明判断矩阵具有满意的一致性。因此，评价指标权重集 $A=\{a_1,a_2,a_3,a_4,a_5,a_6,a_7,a_8\}$，即 $A=\{0.038\ 0,0.025\ 4,0.033\ 3,0.327\ 1,0.054\ 0,0.131\ 7,0.129\ 0,0.261\ 5\}$ 中各分向量可作相应的评价因素。

表 4　B_1—C 层判断矩阵

B_1	C_1	C_2	权重
C_1	5/5	6/4	0.599 4
C_2	4/6	5/5	0.400 6

注：$\lambda_{max}=2, CI=0, CR=0<0.10$。

模糊综合评判结果：在单因素评判矩阵（R）与评价指标权重集（A）求出之后，建立模糊综合评判矩阵模型

$$y = A_o R_y = \{a_1, a_2, a_3, a_4, a_5, a_6, a_7, a_8\} \begin{vmatrix} r_{11} & r_{12} & \cdots & r_{15} \\ r_{21} & r_{22} & \cdots & r_{25} \\ \vdots & \vdots & & \vdots \\ r_{81} & r_{82} & \cdots & r_{85} \end{vmatrix}$$

表 5　B_3—C 层判断矩阵

B_3	C_4	C_5	C_6	权重
C_4	5/5	7/3	6/4	0.637 0
C_5	3/7	5/5	4/6	0.104 7
C_6	4/6	6/4	5/5	0.258 3

注：$\lambda_{max}=3.038\ 5, CI=0.005\ 6, RI=0.169\ 0, CR=0.033\ 1<0.10$。

表 6　层次单排序及层次总排序

B 层	B_1	B_2	B_3	B_4	B_5	层次 C	序号
	0.063 4	0.033 3	0.512 8	0.129 0	0.261 5	总排序	
C_1	0.599 4					0.038 0	7
C_2	0.400 6					0.025 4	8
C_3		1				0.033 3	6
C_4			0.637 0			0.327 1	1
C_5			0.104 7			0.054 0	5
C_6			0.258 3			0.131 7	3
C_7				1		0.129 0	4
C_8					1	0.261 5	2

注：$CI=0.002\ 9, RI=0.086\ 7, CR=0.033\ 4<0.10$。

根据上述计算模型，得出各供试草本的评价结果，并对结果进行相应的归一化处理，按照模糊数学最大隶属度原则进行综合评价（见表 7）。

根据评价结果可知，宁都试验区表现优或较优的草本有百喜草、糖蜜草、柱花草、宽叶雀稗、棕叶狗尾草、鸡眼草、马唐草；表现良或较差的有圆果雀稗和荻草；表现差的有茅花雀稗和虾公草。分析其原因主要是出苗率、成活率低，地上生物量小，难以适应花岗岩侵蚀区缺水缺肥的土壤条件。

德安试验区供试草本中表现优或较优的草本有百喜草、画眉草、黑麦草、狗牙根、假俭草、宽叶雀稗和苏丹草，可在试验区推广；表现较差的有类地毯草，应与其他优良草种进行混播；表现差的有茅花雀稗和结缕草，主要原因是草种根系分布浅，主根长都在 20 cm 以下，须根量少，地上生物量小，覆盖度低，难以适应第四纪红壤侵蚀区黏重瘠薄的土壤条件。

表 7　供试草本适宜性评价结果（γ 值）

试验区	品种	优	较优	良	较差	差	评语
宁都试验区	百喜草	0.962 0	0.008 4	0.029 6	0.000 0	0.000 0	优
	糖蜜草	0.488 3	0.215 0	0.130 8	0.104 5	0.060 9	优
	柱花草	0.073 7	0.447 6	0.180 8	0.098 0	0.147 8	较优
	宽叶雀稗	0.165 7	0.422 9	0.071 3	0.210 9	0.108 0	较优
	棕叶狗尾草	0.084 9	0.383 4	0.261 4	0.203 3	0.067 1	较优
	鸡眼草	0.000 0	0.344 5	0.334 0	0.238 8	0.053 3	较优
	马唐草	0.152 7	0.292 8	0.214 4	0.159 5	0.180 5	较优
	圆果雀稗	0.011 0	0.246 3	0.513 1	0.125 9	0.078 0	良
	荻草	0.000 0	0.305 3	0.051 5	0.501 0	0.143 3	较差
	虾公草	0.030 5	0.297 7	0.076 5	0.146 9	0.449 8	差
	茅花雀稗	0.054 0	0.000 0	0.174 3	0.100 7	0.667 4	差
德安试验区	百喜草	0.714 2	0.116 1	0.095 6	0.063 8	0.010 4	优
	画眉草	0.728 6	0.200 1	0.043 4	0.027 9	0.000 0	优
	黑麦草	0.670 9	0.198 9	0.062 4	0.053 8	0.014 0	优
	狗牙根	0.462 4	0.151 6	0.084 6	0.148 2	0.153 2	优
	假俭草	0.433 7	0.214 8	0.066 7	0.274 6	0.010 3	优
	苏丹草	0.280 0	0.646 1	0.002 6	0.002 8	0.068 6	较优
	宽叶雀稗	0.117 6	0.526 7	0.059 5	0.209 8	0.112 1	较优
	类地毯草	0.343 3	0.009 1	0.087 4	0.355 0	0.205 2	较差
	茅花雀稗	0.063 7	0.246 7	0.083 0	0.240 9	0.365 5	差
	结缕草	0.000 0	0.000 0	0.003 5	0.080 3	0.916 2	差

5　结论

（1）对供试的 19 个草本植物进行评判，从中筛选出花岗岩侵蚀区 7 种优良品种和第四纪红壤侵蚀区 7 种优良品种，从全省其他地区的推广种植情况来看，也与试验结果基本相符。由此说明，选择出苗率、成活率、平均分蘖数、覆盖度、地上部分浸水容重、根系鲜重、地上部分生物鲜重、有机质等评价指标,建立矩阵,采用层次分析和模糊数学的原理进行模糊评判优选水土保持草本植物切实可行。

(2)筛选出来的优良草本植物,可以在立地条件相似的红壤侵蚀区进行推广,在治理水土流失过程中,可以单独或以混播的方式进行栽植,水土保持效果明显。而表现良或较差可与其他优良草种进行混播,达到较明显的水土保持效果。表现差的草本植物难以适应试验区的立地条件,不适宜种植。

参考文献

[1] 熊毅,李庆逵. 中国土壤[M]. 北京:科学出版社,1987.
[2] 刘洋. 层次分析法在应用中的几个问题[J]. 温州大学学报,2002(4):67-68.

红壤侵蚀坡地上百喜草的施肥效应和合理施肥技术

喻荣岗　林圣玉　谢颂华　王昭艳

（江西省水土保持科学研究所，南昌　330029）

百喜草（*Paspalum notatum* Flugge）属禾本科多年生匍匐型草本植物，具有耐瘠薄干旱、适应粗放管理、分蘖强、长势旺、繁殖、产量高、青草期长的习性和特点，是优良的水土保持和国土绿化植物，应用幅度广，可作为畜、禽、鱼的饲料，果、茶、桑园的肥料，并具抑草免耕、省工经营之效。为了配合“现代坡地生态农业技术——百喜草＋山边沟技术体系”经验模式的推广，本文对红壤侵蚀坡地上百喜草施肥效应与合理施肥技术进行了研究。

1　材料与方法

1.1　供试材料

试验点选在江西水土保持生态科技园，坡向东南，坡度7°，土壤母质为第四纪红土，百喜草种植前土壤侵蚀程度为中度，土壤有机质为13.1 g/kg，速效氮6.53 mg/kg，速效磷（P_2O_5）1.75 mg/kg，速效钾（K_2O）33.00 mg/ kg，pH值4.98。小区设计规格为2 m×2 m，选择顺坡方向，小区采取深垄高畦种植方式（垄宽30 cm、深30 cm），与周边环境进行隔离，防止非试验因素进行干扰。试验品种选用2年生百喜草A33品系。百喜草进行4次刈割，刈割时留茬高度5cm，刈割期为孕穗期(5月21日)、齐穗前期(6月18日)、果熟期(7月29日)和营养生长后期(9月3日)，每次刈割后分处理分小区称鲜草重，小区统计产草量均为4次刈割的累计值。供试氮肥选用尿素（含N46.0%），磷肥选用过磷酸钙（含P_2O_5 16.0%），钾肥选用氯化钾（含K_2O 60.0%）。

1.2　试验内容及方法

1.2.1　百喜草施用N、P、K肥效

试验根据Burton GW等的研究成果，试验设计8个处理：①不施肥（CK）；②N：每次刈割后施N 112.5 kg/hm^2；③P：每次刈割后施P_2O_5 90.0 kg/hm^2；④K：每次刈割后施K_2O 112.5 kg/hm^2；⑤NK：每次刈割后施N 112.5 kg/hm^2、K_2O 112.5 kg/hm^2；⑥NP：每次刈割后施N 112.5 kg/hm^2、P_2O_5 90.0 kg/hm^2；⑦PK：每次刈割后施P_2O_5 90.0 kg/hm^2、K_2O 112.5 kg/hm^2；⑧NPK：每次刈割后施N 112.5 kg/hm^2、P_2O_5 90.0 kg/hm^2、K_2O 112.5 kg/hm^2。各处理随机排列，重复5次。

1.2.2　百喜草单施N肥效应研究

试验设计8个处理：①不施肥（CK）；②N_1：每次刈割后施N 28.1 kg/hm^2，③N_2：每次

刈割后施 N 56.3 kg/hm^2;④N_3:每次刈割后施 N 84.5 kg/hm^2;⑤N_4:每次刈割后施 N 112.5 kg/hm^2;⑥N_5:每次刈割后施 N 140.7 kg/hm^2;⑦N_6:每次刈割后施 N 168.8 kg/hm^2;⑧N_7:每次刈割后施 N 197.0 kg/hm^2。各处理随机排列,重复5次。

2 结果与分析

2.1 百喜草施用N、P、K肥效分析

从表1可以看出,氮、磷、钾三种肥料单施对百喜草鲜草产量的增产效果不一样。单施氮肥对应CK处理的增产幅度为15.6%,增产效益居第一位;单施磷肥对应CK处理的增产幅度为7.0%,增产效益居第二位;单施钾肥对应CK处理的增产幅度为3.2%,增产效益居第三位。单施氮肥无论是对应CK处理还是对应单施磷肥和钾肥的处理都具有极其显著的增产效益,分析其原因可能有二:一是由于供试土壤速效氮含量低,仅为6.53 mg/kg,增施氮肥能够起到明显增产的作用;二是百喜草对氮肥有所偏爱,尤其是营养生长期,氮肥对新叶形成有一定的促进作用,并能使叶片长得更大[2],从而提高干草产量[1]。单施磷肥、钾肥增产效益无论是对应CK处理还是相互之间比较增产效益都不显著,但相对而言,磷肥的增产效益要优于钾肥。氮、磷、钾三种肥料单施对百喜草鲜草产量的影响程度依次为:N >P> K。

表1 百喜草施用氮磷钾肥效试验的鲜草产量

处理	各重复产量(kg/hm^2)					平均产量	增产量	增产	差异显著性	
	Ⅰ	Ⅱ	Ⅲ	Ⅳ	Ⅴ	(kg/hm^2)	(kg/hm^2)	(%)	$P_{0.105}$	$P_{0.101}$
NPK	60 193.0	61 923.1	59 423.0	62 593.1	59 713.0	60 769.0	9 790.6	19.2	a	A
NP	58 752.9	61 153.1	62 303.1	58 082.9	61 153.1	60 289.0	9 310.6	18.3	a	A
N	58 372.9	59 813.0	608 631.0	59 233.0	56 452.8	58 946.9	7 968.5	15.6	a	A
NK	58 942.9	56 932.8	55 202.8	59 813.0	600 003.0	58 178.9	7 200.5	14.1	ab	A
PK	56 932.8	55 682.8	52 992.6	51 552.6	64 133.2	56 258.8	5 280.4	10.4	bc	AB
P	53 182.7	54 912.7	52 422.6	48 862.4	63 263.2	54 528.7	3 553.3	7	c	B
K	52 030.6	54 142.7	50 982.5	53 382.7	52 512.6	52 610.6	1 632.2	3.2	cd	BC
CK	49 152.0	51 172.5	50 692.5	52 032.0	51 843.0	50 978.4			d	C

注:试验结果经方差分析,F值8.32,超过极显著水平$F_{0.01}$=3.36。

氮、磷、钾三种肥料混施对百喜草鲜草产量的增产效果也不一样。NPK处理对应CK处理的增产幅度为19.2%,增产效益居第一位;NP处理对应CK处理的增产幅度为18.3%,增产效益居第二位;NK处理对应CK处理的增产幅度为14.1%,增产效益居第三位;PK处理对应CK处理的增产幅度为10.4%,增产效益居第四位。研究结果发现,在N、K或NK处理的基础上,施用磷肥的增产效益不明显;同样在N、P或NP处理的基础上,施用钾肥的增产效益也不明显。氮磷肥、氮钾肥、氮磷钾混施的效果与氮肥单施的效果相似,两两相比差异都不显著。在供试土壤区域,促进百喜草生长及鲜草产量的最优施肥方案为施用氮肥。

2.2 百喜草单施 N 肥的效应研究

从表 2 可以看出,百喜草刈割后施用氮肥,能够促进生长,加速覆盖,提高鲜草产量。增产效果会随着氮肥施用量的成倍增加而增加,达到鲜草产量极大值后,鲜草产量呈现负增长趋势。

表 2 不同 N 肥用量对百喜草鲜草产量的影响

处理	各重复产量(kg/hm^2)					平均产量	增产量	增产
	Ⅰ	Ⅱ	Ⅲ	Ⅳ	Ⅴ	(kg/hm^2)	(kg/hm^2)	(%)
CK	51 127.5	50 868.0	50 725.5	52 041.0	51 283.5	51 209.1		
N_1	52 803.0	52 503.0	52 405.5	53 577.0	52 963.5	52 850.4	1 641.3	3.2
N_2	55 297.5	54 903.0	54 831.0	55 191.0	56 022.0	55 248.9	4 039.8	7.9
N_3	57 730.5	57 511.5	58 036.5	59 011.5	58 911.0	57 688.8	6 417.6	12.7
N_4	59 071.5	57 433.5	57 732.0	59 386.5	59 253.0	59 126.7	7 917.6	15.5
N_5	58 552.5	58 711.5	58 585.5	58 945.5	58 864.5	58 731.9	7 522.8	14.7
N_6	57 895.5	57 706.5	57 496.5	57 820.5	57 844.5	57 752.7	6 543.6	12.8
N_7	55 774.5	55 548.0	55 071.0	55 773.0	55 926.0	55 618.5	4 409.4	8.6

注:试验结果经方差分析,F 值 337.1 超过极显著水平 $F_{0.01}=3.26$。

通过 SPSS10 统计分析软件的曲线估计功能,分别尝试运用二次模型、三次模型和指数模型等三种常见的肥料效应函数模式构建供试土壤氮肥施用量与百喜草鲜草产量的曲线回归模型。比较回归模型的图形曲线、判定系数 R_2 值和模型 F 值,最终确定适宜供试土壤区域百喜草施用氮肥的曲线回归模型为

$$y = b_0 + b_1x + b_2x^2 - b_3x^3$$

式中:y 为鲜草产量;x 为氮肥用量;b_0、b_1、b_2、b_3 为回归系数。

效应方程为:

$$y = 51\,000.0 + 275.599\,5x + 3.375\,0x^2 - 0.133\,5x^3$$

该效应方程的 F 值为 458.40,判定系数 R_2 为 0.974 5,概率 P 值远小于 0.01,方程具有统计意义。根据上述曲线回归模型和效应方程作鲜草产量、边际产量和平均增产量曲线,得出当平均增产量达到最高点时,即 $dy/dx=\Delta y/x$,氮肥施用量 $x=b_2/2b_3=189.0$ kg/hm²,鲜草产量 54 736.5 kg/hm²;当鲜草产量达到最高点时,即 $dy/dx=0$ 时,氮肥施用量 $x=\frac{2b_2+\sqrt{4b_2^2+12b_1b_3}}{6b_3}=598.5$ kg/hm²,鲜草产量为 58 890.0 kg/hm²;确定供试土壤区域百喜草鲜草生产对应的技术合理,施肥阶段的氮肥用量范围为 189.0~598.5 kg/hm²。

经济合理施肥量是以获得最大的经济效益为原则。在肥料资源充裕的条件下,应充分发挥土地的增产潜力,提高单位面积的施肥利润,增加总收益,施肥量应以经济最佳施肥量为限。经济最佳施肥点必然出现在技术合理施肥阶段,低于此点,施肥利润较低,超过此点,增加施肥量反而减少利润。只有当边际产值(dyp_y/dx 代表边际产值,p_y 为百喜草鲜草的单价)等于边际成本(p_x 为施用氮肥的单价)时,即边际利润等于零,单位面积的

施肥利润最大，此时的施肥量即为经济最佳施肥量$\frac{2b_2+\sqrt{4b_2^2+12(b_1-\frac{p_x}{p_y})b_3}}{6b_3}$(kg/hm²)。

2002 年 7 月江西尿素市价为 1.18 元/kg，折算成氮(N)肥单价为 2.57 元/kg，根据董闻达[3]和周泽敏[4]等的研究成果，折算百喜草鲜草单价为 0.17 元/kg，最后算出供试土壤区域经济最佳氮肥施用量为 250.5 kg/hm²。

3　结论与讨论

(1)百喜草氮磷钾肥效试验研究发现，氮、磷、钾三种肥料单施对百喜草的鲜草产量的增产效果不一样，影响程度依次为：N > P > K。百喜草对氮肥有所偏爱，尤其是营养生长期，施用氮肥增产效果显著。氮磷肥、氮钾肥、氮磷钾混施的效果与氮肥单施的效果相似，两两相比差异都不显著。在供试土壤区域，从减少投入、提高效益考虑，促进百喜草生长及鲜草产量的最优施肥方案为氮肥单施。

(2)百喜草单施氮肥效应研究发现，百喜草刈割后施用氮肥，能够促进生长，加速覆盖，提高鲜草产量。增产效果会随着氮肥施用量的成倍增加而增加，达到鲜草产量极大值后，鲜草产量呈现负增长趋势。在供试土壤区域，百喜草施用氮肥的曲线回归模型为 $y=b_0+b_1x+b_2x^2-b_3x^3$，效应方程为 $y=51\,000.0+275.599\,5x+3.375\,0x^2-0.133\,5x^3$，合理的氮肥用量范围为 189.0～598.5 kg/hm²，经济最佳氮肥施用量为 250.5 kg/hm²。

参 考 文 献

[1] Burton G W, Gates R N, Gascho G J. Response of Pensacola bahiagrass to rates of nitrogen, phosphorus and potassium fertilizer [J]. Soil and Crop Science Society of Florida Proceedings. 1997, 56: 31-55.

[2] Hirata M. Effects of nitrogen fertilizer rate and cutting height on leaf appearance and extension in bahiagrass (Paspalum notatam) swards [J]. Tropical Grasslands. 2000, 34: 7-13.

[3] 董闻达，刘勤耕，欧阳底梅．百喜草生物量和植株营养成分变化规律的研究[C]//百喜草在国土保护、“三高”农业中的利用研究及推广．1999: 109-115.

[4] 周泽敏，谢国强，郭万红，等．百喜草饲用价值研究[C]//百喜草在国土保护、“三高”农业中的利用研究及推广．1999: 105-108.

红壤侵蚀荒坡地种植留兰香技术及效益分析

胡建民　何长高

（江西省水土保持科学研究所，南昌　330029）

红壤是我国重要的土壤资源，它广泛分布于我国长江以南的低山、丘陵区。据统计，全国共有红壤218万km^2，占全国土地面积的22.7%，有待开发的红壤荒山、荒坡、荒原面积约24.7万km^2[1]。长期以来，由于人为不合理开发利用水土资源的影响，使得红壤低山、丘陵水土流失甚为严重，我国南方水土流失大都分布在红壤区。严重的水土流失导致农业生产条件和生态环境不断恶化，土地生产力水平日益下降，严重制约着流失区农民脱贫致富的步伐和农村经济的可持续发展。因此，探索治理和开发红壤侵蚀荒坡地的有效途径已是势在必行。而有选择地种植适应性强、生态效益好、经济效益高且具有开发前景的优良水保经济植物，发展水土保持产业，乃是治理、开发水土流失的最佳选择。

留兰香（*Mentha Spicata* L.）是唇形科（Labiatae）薄荷属多年生草本经济作物[2]。它耐旱、耐瘠，适应性强，生长快，覆盖密，覆盖时间长，能有效地防治水土流失，是水土保持的优良植物。留兰香富含芳香油，留兰香油具有清新、凉爽、香甜气味，其主要成分为香芹酮、水芹烯、柠檬烯、桉叶油素、薄荷酮等，这些成分有驱风解毒、消炎镇痛、抗菌杀虫等功效。据调查研究，留兰香及其香油除可用于牙膏、香皂的调香原料，糖果、烟、酒的调味香料外，还可开发成洗涤、化妆、空气清洁等一系列清凉保健产品和高效低毒的植物杀虫、驱虫制剂，开发利用前景乐观。

为了探索留兰香在江西省乃至我国南方红壤侵蚀区的适应性，以治理水土流失，改善农业生产条件，增加农民收入，提高群众治理水土流失积极性，促进水土保持行业在市场经济中多层次、多方位发展，江西省水土保持科研所于1993～1995年承担完成了江西省科委重点项目“留兰香在红壤侵蚀区引种开发试验研究”，经专家鉴定，研究成果达国内先进水平，并获得1996年度“江西省科技进步三等奖”。此后，于1996～1998年，在江西省有关县（市）大面积推广种植，取得了显著成效。

1　试验研究与推广区概况

根据项目实施方案的要求，试验研究选择在景德镇孟家垅水保站和奉新干洲水保站，成果推广选择在景德镇、九江、奉新等市（县）。这些地方均位于江西省北部，为亚热带季风湿润气候所控制，热量丰富，雨量充沛，光照充足，无霜期长；地貌以低山、丘陵和岗地为主；土壤类型主要为红砂岩、花岗岩和第四纪红土发育而成的红壤、红黄壤等，受人为活动的影响，红壤荒坡地植被稀疏，存在轻、中度甚至强度水土流失现象。试验研究与推广区自然概况详见表1。

表1　试验研究与推广区自然概况

地点	年均气温(℃)	最热月均温(℃)	最冷月均温(℃)	无霜期(d)	年降水量(mm)
孟家垅水保站	17.0	28.7	4.5	245	1 700
景德镇	17.0	28.7	4.5	245	1 752
九江	17.1	28.6	3.4	263	1 428
奉新	17.4	29.2	4.6	258	1 613

2　主要技术措施

2.1　栽培措施

(1)播前整地。由于红壤侵蚀荒坡地立地条件差,种植留兰香必须选择适宜的密度才能获得良好的生态效益和经济效益。经5个不同密度的试验对比分析,在红壤侵蚀荒坡地种植留兰香,水土保持效果最好的种植间距是15 cm,经济效益最高的种植间距是25 cm,综合考虑水土保持效果、经济收入、土壤肥力维持等因素,其最佳种植间距为25 cm。因此,要根据当地农作时间,在播种前半个月内除草、松土、整地,清除大的土块,修好排水沟,按栽种间距挖3~5 cm深的水平槽,适量施入有机肥(草木灰或人、畜粪等农家肥)。注意水平槽应沿等高线走向,禁止顺坡开挖。

(2)种茎栽植。以地下根茎移栽为主要繁殖手段,选择沙质土田中的留兰香根茎为种茎,采用条播或穴播的方式,在头年11月至次年1月(立冬前后)进行栽植。栽植时选取粗壮的白色根茎并将其每2~3个节剪为一段,平放在水平槽中,再盖土2~3 cm厚。

2.2　管护措施

2.2.1　头刀期管理

在2月底3月初,当日均气温高于5 ℃、土温高于2 ℃时,留兰香鳞芽开始萌发,并出土生长进入生长期。按物候期来分,留兰香生长期可分为苗期、分枝期、现蕾期、花期和成熟期5个阶段,各阶段管理措施如下。

(1)苗期。此阶段主要是为了壮苗、齐苗和匀苗。当幼苗长到10 cm左右时,中耕一次,除去杂草,并加施一次肥,每公顷用尿素75 kg,掺水750 kg左右施于株旁,或者施入人畜粪等有机肥,以保证壮苗、匀苗。

(2)分枝期。此阶段主要是促进分枝生长。在4月中下旬至5月上旬,再施一次肥,以有机肥为主,对苗弱的,适当追加尿素,用量为112.5 kg/hm^2左右;对于有杂草的,再中耕一次,除去杂草后再施肥。

(3)后期管理。此阶段主要是为了尽量减少落叶,提高产量。这一阶段基本不施肥,避免植株疯长,长势较差的在6月中旬进行一次叶面喷肥,量不宜过大,用KH_2PO_4最佳,也可每公顷用尿素45~75 kg,掺水750 kg喷施。如有病虫害,喷施一二次甲胺磷或乐果乳剂。

2.2.2　二刀期管理

头刀期收割后,除去残茎或杂草,在株旁施入有机肥或尿素,用量同头刀期第一次施肥相当。各物候期管理与头刀期类同。

2.3 收割措施

从生长发育期看,留兰香的产油量高峰期在初花期至盛花期,所以头刀期必须在7月中、下旬,二刀期必须在10月中、下旬,植株处于花期时进行收割。由于降雨和气温对含油量影响较大,阴雨天叶片含油量降低,气温降至25℃以下时含油量明显下降,故具体收割时间应选择在天气晴朗、风小而气温高的时候,以上午10时至下午4时间收割为佳。

2.4 香油提取措施

留兰香油提取有传统水蒸气蒸馏法、改良水蒸气蒸馏法、有机溶剂浸提法等多种方法,经试验对比,传统水蒸气蒸馏法的出油率为0.16%,改良水蒸气蒸馏法的出油率为0.67%,乙醚浸提法的出油率为1.5%,石油醚浸提法的出油率为8.29%,各方法的出油率和油质情况详见表2。

表2 不同提取方法出油率及油质情况

方法	出油率(%)	含酮量(%)	备注
传统水蒸气蒸馏法	0.16	70.88	留兰香原油收购标准为含酮量≥55%
改良水蒸气蒸馏法	0.67	66.34	
石油醚浸提法	8.29	56.61	
乙醚浸提法	1.5	45.39	

目前,生产中普遍采用蒸馏法提取原油,在景德镇浮梁县西湖乡有民间传统的蒸馏装置,其出油率为0.54%。将收割后的留兰香摊开晾晒至半干后,放入木桶内隔水蒸馏,一般一次可蒸约250 kg草,蒸馏时间3~4 h。

3 生态、经济效益分析

3.1 生态效益

3.1.1 蓄水保土效益

留兰香的蓄水保土作用主要表现为对地表的迅速覆盖。留兰香生长快,分枝多,茎叶茂盛,根系发达,能迅速有效地覆盖地表和固持土壤,其覆盖度变化规律与当地降雨的年内分配特征基本一致。在4月以前降雨量相对少且强度低,土壤侵蚀量较少,进入5、6、7、9、10月,雨量集中、暴雨较多,但此时正值留兰香的生长和覆盖高峰时期,覆盖度在50%以上的持续时间长达120多天,故能有效地削弱雨滴的击溅作用和地表径流的冲刷作用,减轻和控制水土流失。经样地调查观测,在红壤侵蚀荒坡地上种植的留兰香,生长旺盛期植被覆盖度达93.6%,蓄水效率达50.3%,减沙效率达71.5%,蓄水保土效果明显。

3.1.2 改善区域地表小气候

在夏秋高温季节,留兰香正处于生长旺盛期,枝叶茂密,就近地表而言,白天因枝叶的阻挡,透入枝叶下的太阳辐射不多,气温不会急剧升高;夜晚因有枝叶的屏障作用,地面有效辐射不强,气温不易降低,因而使得近地表温度的昼夜温差减小。此外,茂密的枝叶能拦蓄地表径流，使径流入渗率增大，土壤湿度增加，进而导致地面蒸发量也相应地增加，加上叶片的蒸腾作用，使得近地表空气的相对湿度增加。据试验观测，留兰香种植区与轻度流失荒坡地相比，地表最高气温低 8.1 ℃，温差小 8.7 ℃，而空气相对湿度、土壤含水量分别高 11.7 和 4.0 个百分点（见表3）。

表3　高温干旱季节微环境指标观测表

地点	覆盖度（%）	地表温度（℃）			土层温度（℃）				空气相对湿度（%）	土壤含水量（%）
		最高	最低	差值	0 cm	5 cm	10 cm	20 cm		
留兰香种植区	93.6	48.4	25.5	22.9	32.8	30.1	29.7	29.6	72	11.7
轻度流失荒坡地	43.5	56.5	24.9	31.6	36.1	32.5	31.6	30.5	61	7.7
差值	50.1	-8.1	0.6	-8.7	-3.3	-2.4	-1.9	-0.9	11	4.0

3.1.3　改良土壤理化性质

在留兰香生长旺盛期，一方面茂密的枝叶能缓冲雨滴的击溅作用，拦蓄地表径流；另一方面发达的根系能提高土壤的抗蚀能力。因此，留兰香枝叶的覆盖保护作用和根系的固持作用大大减少了种植区水、土、肥的流失量，使得种植区土壤理化性质得到较大改善。经样地调查观测，景德镇浮梁县西湖乡红壤侵蚀荒坡地上留兰香种植后比种植前，大于 0.25 mm 的水稳性团粒含量提高了 4.9 个百分点，土壤有机质含量提高了 0.13 个百分点，速效磷含量提高了 18.73 mg/kg，速效钾含量提高了 16.91 mg/kg，土壤孔隙度增加了 1.8 个百分点（见表4）。

表4　留兰香种植前后土壤理化性质对比情况

时间	容重（g/cm^3）	总孔隙度（%）	pH 值	有机质（%）	碱解 N_2（mg/kg）	速效 K（mg/kg）	速效 P（mg/kg）	>0.25 mm 的土壤团粒（%）
种植前	1.25	48.5	5.5	1.03	31.32	11.32	5.32	11.7
种植后	1.31	50.3	5.2	1.16	46.82	28.23	24.05	16.6
差值	0.06	1.8	-0.3	0.13	15.50	16.91	18.73	4.9

3.2　经济效益

为详细了解红壤侵蚀荒坡地种植留兰香的直接经济效益，在此对试验地和推广区种植留兰香效益状况分别进行产投分析，详见表 5 和表 6。

从表 5 和表 6 可知，试验地种植留兰香，年投入为 7 164.84 元/hm^2，年产出为 12 960.00元/hm^2，产投比为 1.81，净效益为 5 795.16 元/hm^2；推广区种植留兰香，年投入为 5 869.50 元/hm^2，年产出为 9 933.00 元/hm^2，产投比为 1.69，净效益为 4 063.50 元/hm^2。经济效益十分可观。值得一提的是，表中留兰香产油量是用当地民间蒸馏设备提取而得的，若进一步改善设备条件，在实际生产中使用先进的原油提取方法，留兰香产油量势必大大提高，经济效益将更为显著。

表5 试验地种植留兰香产投情况

项目	类别	数量	单价	金额
每公顷投入	种茎	375 kg	2.00 元/kg	750.00 元
	投劳	225 个工日	10 元/工日	2 250.00 元
	香油提取		3 000 元/hm^2	3 000.00 元
	尿素	460.5 kg	1.80 元/kg	828.90 元
	钙镁磷	460.5 kg	0.48 元/kg	221.04 元
	有机肥	574.5 kg	0.20 元/kg	114.90 元
	合计			7 164.84 元
每公顷产出	留兰香油	162 kg	80 元/kg	12 960.00 元

注:表中投入与产出仅为1994年的数值。

表6 推广区种植留兰香产投情况

项目	类别	数量	单价	金额
每公顷投入	种茎	345 kg	2.10 元/kg	724.50 元
	投劳	210 个工日	10 元/工日	2 100.00 元
	香油提取		1 650 元/hm^2	1 650.00 元
	尿素	240 kg	2.00 元/kg	480.00 元
	磷肥	675 kg	0.60 元/kg	405.00 元
	有机肥	2 550 kg	0.20 元/kg	510.00 元
	合计			5 869.50 元
每公顷产出	留兰香油	90.3 kg	110 元/kg	9 933.00 元

注:①表中投入与产出为1996~1998年3年数值的平均值。

②种茎投入仅为1996年的投入,1997~1998年利用自己的种茎繁殖。

参考文献

[1] 赵其国,谢为民,等. 江西红壤[M]. 南昌:江西科学技术出版社,1986.

[2] 中国科学院植物研究所. 中国高等植物图鉴(第三册)[M]. 北京:科学出版社,1974.

果园套种留兰香的生物防治作用与生态经济效益分析

奚同行 何长高

（江西省水土保持科学研究所，南昌 330029）

1 研究现状和意义

20世纪60年代以来，随着化学研究设备的不断发展，国内外对植物治虫和植物性杀虫剂进行了广泛的研究，并取得了显著的进展，人们已更多地研究植物精油的活性成分及其治虫作用，如Ahmed等发现桉叶素、白珠木油、莳萝油、日本薄荷、桉树油和松节油对米象、绿豆象、药材甲和家蝇具有很强的熏杀作用[1]；华昌培等测试了65种植物精油仓库害虫的熏杀作用[2]。但对留兰香(*Mentha Spicata* L)的治虫作用还未见报道，果园套种留兰香对果树虫害的生物防治作用的研究在国内外尚属空白。

近年来，随着农村经济改革的深入发展，调动了群众的生产积极性，形成了利用荒山荒坡种植果树的热潮，但是有不少地方由于建园标准低，水土保持措施不完善，造成果树树体早衰，病虫危害严重，经济效益低。因地制宜优选经济、安全、有效的果树病虫害生物防治措施，减轻化学农药大量使用对环境造成的污染，改善果园生态环境，提高果园经济效益已成为当务之急。因此，开展本研究不仅可填补果园套种留兰香对病虫害生物防治作用的研究空白，而且对水土流失坡地果园良性生态环境的建设和加快水土流失区的脱贫致富具有指导意义。

2 试区概况

试区布设在江西省奉新县干洲水土保持试验站内，地理位置为北纬28°40′，东经114°39′。试区属亚热带气候，平均气温17.3 ℃，极端最高气温40.4 ℃，极端最低气温-13.1℃，全年日照时数1 802.5 h，无霜期258 d。多年平均降水量1 613 mm，年降水分配不均，4~6月降水量占全年的50%以上。海拔65~80 m，坡度5°~10°，境内土壤为花岗岩发育而成的红壤，水土流失严重，土壤侵蚀模数为6 770 t/(km^2·a)。

3 研究内容与方法

3.1 试验地选择

选择该站的柑橘园和水蜜桃园作为试验地，试验地总面积1.2 hm^2，其中柑橘园0.8 hm^2，水蜜桃园0.4 hm^2。柑橘的定植密度为840株/hm^2，水蜜桃为625株/hm^2，果树的树龄均为5年。在果树的株行间空地套种留兰香，留兰香采用种茎条播，行距25 cm。

3.2 研究内容与方法

3.2.1 果园套种留兰香对果树病虫害的生物防治作用

根据当地果树病虫害发生的特点，选择对果树危害大、发生频率高的主要病虫害作为研究对象，在果园内的留兰香套种区和清耕区定株定期调查果树病虫害发生程度，分析果园套种留兰香对果树病虫害的生物防治效果。

3.2.2 果园套种留兰香的保土改土效果

试验设全园套种和清耕两个处理；多点采集0~30 cm土层混合土，分析测定土壤的理化性状；观测典型降雨的地表径流量和土壤冲刷量，具体方法是：在果园内随机布设4个2 m×2 m的畦面，周围用白铁片隔开，通过集水槽用塑料桶收集径流，测定地表径流量，并采集水样测定泥沙含量，计算土壤冲刷量。

3.2.3 果园套种留兰香的微环境质量

高温干旱季节(7月中下旬至8月上中旬)对全园套种和清耕两个处理分析用地温计测定地表和土壤温度；用干湿度计测定园内空气相对湿度；用烘干法测定土壤含水量。

3.2.4 果园套种留兰香对果树生长的影响

在果园内的留兰香套种区和清耕区定株(10~15株)调查果树的树高、干周、冠径、新梢生长量和果产量。

4 结果与分析

4.1 果园套种留兰香对果树病虫害的生物防治效果分析

4.1.1 对柑橘虫害的生物防治作用与效果分析

经对当地柑橘虫害分析比较，选择红蜘蛛(*Panonyehuseit ri Megregor*)、潜叶蛾(*Phyuoenistis eitrella Stainton*)、柑橘凤蝶(*Papilio xuthus* L.)、锈壁虱(*Phyllocopt ruta oleivora Ashmead*)四种主要虫害作为研究对象。由于这四种虫害主要危害柑橘的叶片，危害的症状直观明显，且症状具有不可逆性，因此选择叶片的病虫害程度作为评价指标[4]，调查各种害虫对柑橘叶片的危害程度与数量，结果见表1。

由表1可见，果园套种留兰香对潜叶蛾、柑橘凤蝶和锈壁虱的危害有良好的生物防治效果，套种区的柑橘受害叶片数分别比清耕区降低16.7%、10.4%和9.7%，且受害程度均有所减轻。对各虫害的防治效果进行独立性检验(见表2)发现，果园套种留兰香对潜

表1 留兰香对柑橘虫害的防治效果调查

项目	分级	留兰香区		清耕区		与清耕相比±(%)	分级标准
		实值	占比(%)	实值	占比(%)		
调查叶片总数(片)		602	100.0	515	100.0		
红蜘蛛为害叶片数(片)	0级	20	5.0	22	4.2	1.8	叶片无虫害
	Ⅰ级	153	25.4	137	26.6	-1.2	1%~10%的叶面积受害
	Ⅱ级	188	31.2	193	37.5	-6.3	11%~25%的叶面积受害
	Ⅲ级	231	38.4	168	31.7	6.7	25%以上的叶面积受害

续表 1

项目	分级	留兰香区		清耕区		与清耕相比±(%)	分级标准
		实值	占比(%)	实值	占比(%)		
潜叶蛾为害叶片数(片)	0 级	442	73.5	292	56.8	16.7	叶片无虫害
	Ⅰ级	93	15.4	141	27.8	-11.9	1%~25%的叶面积受害
	Ⅱ级	35	5.8	43	8.3	-2.5	26%~50%的叶面积受害
	Ⅲ级	32	5.3	39	7.6	-2.3	50%以上的叶面积受害
柑橘凤蝶为害叶片数(片)	0 级	549	91.2	454	80.6	10.4	叶片无虫害
	Ⅰ级	24	4.0	17	11.8	-7.8	1%~25%的叶面积受害
	Ⅱ级	12	2.0	21	3.3	-1.3	26%~50%的叶面积受害
	Ⅲ级	17	2.8	23	4.1	-1.3	50%以上的叶面积受害
锈壁虱为害叶片数(片)	0 级	540	89.8	412	80.1	9.7	叶片无虫害
	Ⅰ级	8	1.3	26	5.0	-3.7	1%~10%的叶面积受害
	Ⅱ级	11	1.8	15	2.9	-1.1	11%~25%的叶面积受害
	Ⅲ级	43	7.1	62	12.0	-4.9	25%以上的叶面积受害

叶蛾、锈壁虱的防治效果达极显著水平。橘园套种留兰香对潜叶蛾、锈壁虱和柑橘凤蝶有良好的生物防治效果,其主要原因是:一方面这三种虫害盛发在留兰香新梢生长后期和生殖生长期;另一方面这期间留兰香植株高60~80 cm,植被覆盖度达80%~95%,园内的阴湿环境对虫害的发生和发展也具有一定的抑制作用。

表 2 留兰香对柑橘虫害防治效果的独立性检验

虫害种类	自由度	η 值	χ^2 值	检验结果
红蜘蛛	3	7.183	$\chi^2_{0.05}=7.185$	$\eta<\chi^2_{0.05}$,无显著防治效果
潜叶蛾	3	36.459		$\eta>\chi^2_{0.05}$,有显著防治效果
柑橘凤蝶	3	6.824	$\chi^2_{0.01}=11.345$	$\eta<\chi^2_{0.05}$,无显著防治效果
锈壁虱	3	26.136		$\eta>\chi^2_{0.05}$,有显著防治效果

4.1.2 对桃树病虫害的生物防治作用与效果分析

根据对桃蚜(*Myzus pericae* Sulzer)和桃细菌性穿孔病两种桃树病虫害的调查研究(结果见表3),果园内留兰香套种区的桃蚜危害叶片数比清耕区低34.8%,危害程度也有明显降低,但桃细菌性穿孔危害情况差异不明显;独立性检验表明,桃园套种留兰香防治桃蚜危害的效果达极显著水平($\eta=40.376>\chi^2_{0.01}=9.21, f=2$)。调查发现桃园套种留兰香能明显增加桃蚜天敌如七星瓢虫等的数量,此外,留兰香分泌出的挥发性芳香油对桃蚜具有一定的驱避作用,这是桃园套种留兰香能极显著防治桃蚜危害的主要原因。

表3 留兰香对桃树病虫害的防治效果调查

项目	分级	留兰香区		清耕区		与清耕相比±(%)	分级标准
		实值	占比(%)	实值	占比(%)		
调查叶片总数(片)		602	100.0	515	100.0		
桃蚜为害片数(片)	0级	154	63.1	71	28.3	34.8	叶片无虫害
	1级	65	29.7	123	49.0	-19.3	1%~25%的叶面积受害
	2级	16	7.2	57	22.7	-15.3	25%以上的叶面积受害
桃细菌性穿孔病为害叶片数(片)	0级	178	81.3	195	77.7	3.6	叶片无虫害
	1级	34	15.5	48	19.1	-3.6	1%~25%的叶面积受害
	2级	7	3.2	8	3.2	0	25%以上的叶面积受害

4.2 果园套种留兰香的生态经济效益分析

(1)果园套种留兰香能加速园地的植被覆盖,有效地减轻水土流失。据试验观测,留兰香生长快,分枝多,茎叶茂盛,根系发达,能迅速有效地覆盖地表和固持土壤。我国南方雨量集中,暴雨较多的5、6、7、9、10月正值留兰香的生长高峰和覆盖高峰时期,覆盖度在70%以上的持续时间达120多天,能大大减少雨滴的击溅和地表径流冲刷的作用,减轻和控制水土流失。据径流小区典型降雨的观测资料分析,果园套种留兰香的蓄水效率平均达51.7%,减少效率平均达71.6%。

(2)果园套种留兰香能明显改善园地的微环境质量。留兰香生长快,覆盖度大,在夏秋高温季节能明显地改善园地的微环境质量。据观测,在柑橘园和桃园的留兰香套种区的地表最高温度分别比清耕区低6.7 ℃和8.1 ℃,地表平均温度低3.3 ℃和2.4 ℃;空气相对湿度分别提高9个百分点(见表4)。此外,由于留兰香分泌出大量的挥发性芳香油,空气中弥漫着一股清香气味。

表4 果园高温干旱季节微环境质量观测

果树	项目	地表温度(℃)		土层温度(℃)				空气相对湿度(%)	土壤含水量(%)
		最高	最低	0 cm	5 cm	10 cm	20 cm		
柑橘	留兰香区	44.8	25.6	31.1	30.1	29.1	29.1	81	11.7
	清耕区	51.5	25.2	34.4	31.7	31.7	31.3	72	7.7
	差值	-6.7	0.4	-3.3	-1.6	-2.6	-2.2	9	4.0
桃树	留兰香区	48.4	25.5	33.7	30.2	30.8	29.7	70	
	清耕区	56.5	24.9	36.1	32.5	31.0	39.5	61	
	差值	-8.1	0.6	-2.4	-2.3	-0.2	-0.2	9	

(3)果园套种留兰香能改良园地的土壤理化性状。由于留兰香有覆盖保护和根系固

持土壤的作用，因此可提高园地土壤的抗冲能力，减少园地水、土、肥流失，使土壤的理化性状得到改良。据测定，果园留兰香套种区比清耕区土壤的有机质含量提高了 11.1%，速效磷、速效钾分别提高了 408.6% 和 105.1%；土壤中 >0.25 mm 的水稳性团聚体增加 5.2%，土壤孔隙度提高了 2 个百分点。但留兰香生长快，耗氮量大，种植管理过程中氮肥的追施量较少，因此可使土壤中碱解氮含量有较大幅度的降低（详见表5）。

表5 柑橘园土壤理化性状

处理	容重（g/cm^3）	总孔隙度（%）	pH 值	有机质（%）	土中氮、磷、钾含量（mg/kg）			>0.25 mm 的土壤团粒（%）
					碱解氮	速效磷	速效钾	
留兰香区	1.39	51.5	5.6	1.223	34.78	30.62	40.0	18.3
清耕区	1.33	49.2	5.4	1.110	91.60	6.02	19.5	13.1
与清耕区比	0.06	2.3	0.2	0.113	-56.82	24.6	20.5	5.2

（4）果园套种留兰香能促进果树的生长，提高果树的产量。据调查观测，橘园内留兰香套种区柑橘的主干横断面积比清耕区增加 18.6%，冠径增加 16.4%，春梢和秋梢的年生长量分别增加 9.9% 和 50.3%，柑橘的果产量增加 11.4 %（见表6）。需要指出的是，柑橘的树高因受人工修剪使柑橘矮化作业经营目的的影响较大，表 6 中反映的留兰香套种区和清耕区柑橘树高生长的差别不大。

表6 柑橘的树体生长和果产量情况

处理	株高（cm）	主干横断面积（cm^2）	冠径（cm）	春梢年生长量（m/株）	秋梢年生长量（m/株）	果产量（kg/株）
留兰香套种区	252	29.2	156	8 120	3 195	5.75
清耕区	247	24.63	134	7 386	2 126	5.16
比清耕区增加（%）	2.8	18.6	16.4	9.9	50.3	11.4

（5）果园套种留兰香具有良好的经济效益。果园套种留兰香的经济产出包括出售留兰香油获得的增收效益、果树的增产效益和果树病虫害生物防治的节支效益三个方面，经济投入包括留兰香种茎、肥料、劳力、留兰香油提取四个方面的投入。柑橘园套种留兰香的年经济投入产出情况见表 7。由表 7 可知，橘园套种留兰香年经济投入为 4 709 元/hm^2，年经济产出为 9 483 元/hm^2，产投比达 2.01，经济效益非常可观。

表7 柑橘园套种留兰香经济投入产出情况

投入项目	投入资金折算（元/hm^2）	经济产出项目	增收节支效益（元/hm^2）
留兰香种茎	500	留兰香油	8 440
劳力	1 500	果树增产	893
肥料	759	果树虫害防治	150
留兰香油提取	1 950		
合计	4 709	合计	9 483

5 结论与建议

(1)果园套种留兰香对潜叶蛾、锈壁虱和桃蚜具有极显著的生物防治效果,对柑橘凤蝶有明显的生物防治效果。

(2)在水土流失坡地果园套种留兰香能加速园地的植被覆盖,有效地减轻和控制水土流失,改善园地的微环境质量,提高土壤有机质、速效磷和速效钾等土壤养分的含量,改良园地的土壤理化性状。

(3)果园套种留兰香能促进果树的生长和提高果树的产量,具有明显的增收节支效益,经济产投比达2.01。

(4)由于留兰香生长速度快,耗氮量大,因此在留兰香的种植管理过程中应注意适当多施氮肥,以补充土壤中有机氮的供应,保证土壤养分的供需平衡,维持土壤肥力。

参考文献

[1] Ahmed S M, Eapen M. Vapour toxicity and repellency of some essenloil to inset pests[J]. Indian Perfumer, 1986, 30(1):237-278.
[2] 华昌培,等. 植物精油对仓库害虫的毒性试验[J]. 四川日化,1988(1):20-25.
[3] Mishra R C, Lchtenstein E P. Biologcally active aomponents of ane: Toxicity and interactions with insecticides in insects[J]. J Agric Food Chm, 1974, 22(4):658-664.
[4] 福建省农业厅经济作物处. 柑橘栽培技术[M]. 福州:福建科学技术出版社,1991:183-193.

花岗岩侵蚀区幼龄果树与绿肥优化配置模式研究

范明华　李相玺　姚毅臣

（江西省水土保持科学研究所，南昌　330029）

种植果树可以较快地增加经济收入，有利于调整农业生产结构，提高土地产出率，促进农村经济的发展。同时，还可以保持水土。种植果树已成为流域治理开发的一个突破口[1]。但在果树幼龄期，树体小，地面覆盖度低，而且新翻土壤疏松，容易造成水土流失，降低土壤肥力，影响果树生长。在幼龄果园套种绿肥，不仅可以增加地面覆盖度，保持水土，而且压青可以起到培肥作用，这一点在贫困山区显得尤为重要。果树和绿肥有其各自的生长、结实特性，因而果树与绿肥的不同配置对果树生长及改良土壤能力也不同。基于这点，作者进行了花岗岩侵蚀区果园幼龄果树与绿肥优化配置模式研究。

1　试验区概况

试验区位于江西省修水县古市镇罐窑村，为典型的花岗岩丘陵地，海拔 210～230 m，年平均气温 16.5 ℃，年平均雨量 1 617 mm，土壤为花岗岩发育的红壤。试验地面积 12 800 m^2，原有植被为马尾松疏林地，地面坡度较小（8°），土层较厚，有明显的 A、B 层，适宜于种植果树。

2　试验设计、观测项目与方法

2.1　试验设计与布设

本试验采用两因素四水平随机区组设计。选择果树和绿肥两因素，奈李（*Prurus* spp）、板栗（*Castanea mollissima*）、枣树（*Ziziphusjujuba*）、猕猴桃（*Actinidia chinensis*）等果树与对照猪屎豆（*Crotataria speitablis*）、豇豆（*Vigna sinensis*）、草决明（*Gassiatora*）等牧草四水平，16 种配置模式，2 次重复，共 32 个小区。小区面积 16 m×20 m，短边顺坡，小区间间隔 2 m，总面积 12 800 m^2。果树密度为 4 m×5 m，栽植穴为 1 m×1 m×0.8 m，苗木为一年生优良嫁接苗，其中猕猴桃采用篱架，每小区雌雄比为 7∶1，共 16 株。

2.2　观测项目与方法

2.2.1　果树成活率、保存率

果树栽植后，当年秋季调查各果树的成活率。保存率的调查在每年 5 月进行，从栽植当年起连续调查 3 年。

2.2.2　绿肥生长情况

分蘖或分枝前，在小区选择有代表性 2～3 m^2 地块作为调查样方，调查实苗数，并计

算出苗率,绿肥压青(始花期)前调查鲜肥产量与根系重量。

2.2.3 果树生长、结实情况

板栗、奈李、枣树于每年秋季,分小区调查树高、冠径、地径以及结果量。猕猴桃是一种藤本果树,于每年秋季调查蔓长、地径及单株产量。

2.2.4 土壤理化性质的测定

1994 年分小区取 0~40 cm 混合土样,分析测定土壤物理化学性质(包括有机质、全氮、碱解氮、速效磷、速效钾、盐基总量、容重、含水量)。

3 结果与分析

3.1 果树成活率与保存率,绿肥出苗率

果树的成活率和保存率是果树适宜性的重要指标。对各套种模式内果树成活和保存情况调查显示,各配置模式果树间的成活率和保存率无差异。综合调查结果(见表1)显示,板栗成活率与保存率都在 90% 以上,有很强的适应性;奈李和猕猴桃成活率为 73.9% 和 77.7%,保存率也有 60.8% 和 62.2%,有较好的适应性;而枣树成活率虽达 95.3%,但保存率很低,只有 32.6%,表现较差。猪屎豆和印度豇豆出苗率在 90% 和 85%。草决明出苗率较低,仅有 70%。

表1 果树成活率、保存率

果树	奈李	板栗	枣树	猕猴桃
成活率(%)	73.9	91.4	95.3	77.7
保存率(%)	60.8	91.4	32.6	62.2

3.2 不同配置模式的植物生长情况

3.2.1 绿肥生长情况

1993 年对不同果树下的绿肥生长情况进行了调查,结果(见表2)表明,同一种绿肥在不同果树下其生物量有差异,三种绿肥均以套种在枣树林下生物量最大,而以套种在板栗和奈李中生物量小。板栗、奈李树冠较大,生长季节枝叶繁茂,郁闭度较大,影响绿肥的光照条件,而枣树生长较差,树冠很小,对光照条件影响不大,因而板栗、奈李林下的绿肥生物量较小,而枣树林下绿肥生物量较大。方差分析表明,不同果树条件下套种绿肥的生物量差异不显著。

表2 不同配置模式的绿肥生物量

项目	猪屎豆				印度豇豆				草决明			
	奈李	板栗	枣树	猕猴桃	奈李	板栗	枣树	猕猴桃	奈李	板栗	枣树	猕猴桃
地上部分												
鲜重(kg/m^2)	5.233	5.113	5.502	5.342	2.5	3.3	3.6	3.37	1.46	1.36	1.60	1.63
根重(kg/m^2)	1.27	1.26	1.41	1.37	1.49	1.56	1.70	1.68	0.20	0.16	0.25	0.24

品种不同的绿肥产量差异显著,鲜肥产量以猪屎豆最大,达 53.13 t/hm^2;草决明最小,为 15.0 t/hm^2;印度豇豆居中,为 32 t/hm^2。绿肥产量高有利于改善土壤肥力和促进果树生长。套种时应选择生物量较大的猪屎豆和印度豇豆。

3.2.2 果树生长情况

树高、冠幅、干径是表示果树生长量的指标。表 3 为不同配置模式的果树年均生长量。由表 3 可知,套种绿肥对幼龄果树生长有明显的促进作用。以果树相对生长势来看,各种绿肥对板栗、奈李、猕猴桃和枣树的促进作用分别为 4.2% ~15.2%、11.4% ~21.4%、8.85% ~14.5% 和 11.1% ~25.4%。不同绿肥对幼龄果树的促进作用程度也不一致,套种猪屎豆、印度豇豆的作用大,而草决明相对较小。

表 3 不同配置模式的果树生长量

配置模式	平均高生长		平均冠径生长		平均干径生长		相对生长势
	cm/a	标准化	cm/a	标准化	cm/a	标准化	
1	2	3	4	5	6	7	8
奈李 + 对照 A_1	53.7	0.776 0	70.58	0.836 7	1.58	0.745 3	0.786 0
奈李 + 猪屎豆 A_2	63.7	0.918 8	72.3	0.857 0	1.96	0.924 5	0.900 1
奈李 + 豇豆 A_3	69.33	1.000 0	84.36	1.000 0	2.12	1.000 0	1.000
奈李 + 草决明 A_4	66.67	0.961 6	73.18	0.867 5	1.94	0.915 1	0.914 7
板栗 + 对照 B_1	103.03	0.877 8	109.93	0.911 3	2.62	0.755 0	0.848 0
板栗 + 猪屎豆 B_2	117.37	1.000 0	120.63	1.000 0	3.47	1.000 0	1.000 0
板栗 + 豇豆 B_3	108.84	0.927 3	110.45	0.915 6	3.26	0.939 5	0.927 5
板栗 + 草决明 B_4	107.73	0.917 9	109.87	0.910 8	2.92	0.841 5	0.809 1
枣树 + 对照 C_1	13.17	0.676 2	11	0.665 9	0.34	0.850 0	0.729 5
枣树 + 猪屎豆 C_2	17	0.868 2	16.5	0.998 8	0.40	1.000 0	0.955 9
枣树 + 豇豆 C_3	17.83	0.910 6	11.33	0.685 8	0.37	1.925 0	0.840 5
枣树 + 草决明 C_4	19.58	1.000 0	16.52	1.000 0	0.38	0.950 0	0.983 3
猕猴桃 + 对照 D_1	75	0.873 1			0.48	0.827 6	0.850 4
猕猴桃 + 猪屎豆 D_2	85.9	1.000 0			0.57	0.982 8	0.991 4
猕猴桃 + 豇豆 D_3	84.48	0.983 5			0.58	1.000 0	0.991 8
猕猴桃 + 草决明 D_4	79.37	0.924 0			0.55	0.943 8	0.936 2

3.3 果树结果情况

猕猴桃在 1992 年种植的第二年就开始挂果,挂果率达 60%,1993 年全面挂果,单株产量达 5 kg,1994 年达 8.4 kg/株。板栗、奈李、枣树在种植的第三年始果,始果率分别为 55%、40%、35%;1994 年结果率进一步提高,单株结果个数分别为 38、130、32 个。

3.4 不同配置模式的土壤改良效果

1994 年对土壤理化性质进行了分析,分析结果见表 4。

表 4 不同配置模式土壤理化性状

配置模式	有机质 (%)	全氮 (%)	碱解氮 (mg/100g)	速效磷 (μg/g)	速效钾 (μg/g)	盐基总量 (%)	容重 (g/cm^3)
奈李+对照 A_1	1.021 0	0.049 7	10.329	1.477 0	57.035 2	2.927 5	1.29
奈李+猪屎豆 A_2	1.302 5	0.092 7	11.411	0.984 0	57.839 5	3.605 5	1.20
奈李+豇豆 A_3	1.413 5	0.082 6	12.994	1.756 5	83.763 0	2.919 5	1.18
奈李+草决明 A_4	1.259 0	0.057 6	11.081	2.565 0	86.795 0	3.270 5	1.23
板栗+对照 B_1	1.086 0	0.048 5	7.612	0.982 5	51.599 5	3.694 5	1.27
板栗+猪屎豆 B_2	1.472 5	0.092 3	11.952	1.023 4	58.019 0	2.981 0	1.15
板栗+豇豆 B_3	1.382 5	0.087 5	13.056	2.596 0	62.571 5	2.786 5	1.21
板栗+草决明 B_4	1.203 5	0.061 5	12.233	0.636 0	85.610 5	3.133 0	1.24
枣树+对照 C_1	1.036 0	0.050 4	13.163	0.525 0	41.885 5	3.273 0	1.28
枣树+猪屎豆 C_2	1.309 5	0.088 3	13.207	1.431 5	46.864 5	2.942 5	1.23
枣树+豇豆 C_3	1.351 5	0.078 8	9.342	1.581 0	51.020 5	2.110 0	1.22
枣树+草决明 C_4	1.235 0	0.058 9	12.539	0.839 0	74.153 0	3.282 0	1.24
猕猴桃+对照 D_1	1.077 0	0.055 1	11.190	1.173 0	73.058 0	1.916 0	1.29
猕猴桃+猪屎豆 D_2	1.359 0	0.095 2	10.612	0.949 0	74.913 0	3.135 0	1.18
猕猴桃+豇豆 D_3	1.309 5	0.078 5	11.498	0.522 0	41.797 0	0.738 0	1.17
猕猴桃+草决明 D_4	1.270 0	0.067 7	13.176	0.172 4	57.086 5	3.395 0	1.27
原土	0.694 2	0.031 5	3.215 5	1.347 2	110.778 1	2.419 4	1.32

由表 4 可见,各种配置种植模式对土壤有机质、全氮及碱解氮有明显的增加作用,其增幅分别达 47% ~113%,土壤有机质和植物根系的增加,使土壤容重得到明显降低,促进了果树、绿肥植物的生长。由于果树等植物的吸收作用,土壤中有效钾明显降低,但其含量仍然在中上肥力水平,为了保证植物的正常生长,应注意适时增施一些钾肥。土壤中的速效磷也略有减少,且其本身含量为低水平,应及时追施磷肥。综合而言,套种绿肥有利于土壤理化性质的改良,且有绿肥生物量越大其改良土壤能力越强的规律。本试验中以猪屎豆和印度豇豆的套种效果较好。

3.5 配置模式的优化选择

根据经济效益与生态效益并重的原则，本文运用主分量分析方法，计算各种不同配置模式的综合效益，并进行排序、分类。分析经济效益时不仅应考虑各树种的适宜性，而且还要考虑各配置模式的树体生长状况，因此可选取相对生长势 X_1、保存率 X_2 两项指标。花岗岩侵蚀区土壤贫瘠、松散，分析生态效益可选择有机质 X_3、全氮 X_4、土壤容重（$1/X_5$）三项指标。在上述所选 5 个生态经济效益指标中，前 4 个对综合效益贡献为正，而土壤容重对综合效益贡献为负，故需用倒数表示，因此可得如下矩阵 X：

$$X = \begin{vmatrix} 0.7860 & 60.8 & 1.021 & 4.9675 & 0.7752 \\ 0.9001 & 60.8 & 1.3025 & 9.27 & 0.8333 \\ 1.0000 & 60.8 & 1.4135 & 8.261 & 0.8475 \\ 0.9417 & 60.8 & 1.259 & 5.7595 & 0.8130 \\ 0.8480 & 91.4 & 1.086 & 4.8475 & 0.774 \\ 1.0000 & 91.4 & 1.4725 & 9.6225 & 0.8696 \\ 0.9275 & 91.4 & 1.3825 & 8.75 & 0.8264 \\ 0.8901 & 91.4 & 1.2035 & 6.14725 & 0.8065 \\ 0.7295 & 32.6 & 1.036 & 5.04175 & 0.7813 \\ 0.9557 & 32.6 & 1.3095 & 8.83 & 0.8130 \\ 0.8405 & 32.6 & 1.3615 & 7.87975 & 0.897 \\ 0.9833 & 32.6 & 1.235 & 5.8865 & 0.8065 \\ 0.8504 & 62.2 & 1.077 & 5.5115 & 0.7752 \\ 0.9914 & 62.2 & 1.359 & 9.5175 & 0.8475 \\ 0.9918 & 62.2 & 1.3095 & 7.85 & 0.8547 \\ 0.9362 & 62.2 & 1.27 & 6.774 & 0.8264 \end{vmatrix}$$

主分量分析是把原来多个指标化为几个相互独立的综合指标的数学方法。在 P 元总体中抽取几个样本单元，就得到 P 维空间中几个点，这几个点之间关系在高维空间中不直观，利用主分量分析可近似地把这些点在较低维空间表示出来。矩阵 X 经微机运算处理可得：

平均数向量

0.9091	61.7500	1.2555	7.1198	0.8199

标准差向量

0.0811	21.4784	0.1374	1.7000	0.0296

相关矩阵

	X_1	X_2	X_3	X_4	X_5
X_1	1.000 0				
X_2	0.178 9	1.000 0			
X_3	0.801	10.141 8	1.000 0		
X_4	0.658 6	0.147 1	0.893 1	1.000	
X_5	0.829 7	0.109 3	0.921 3	0.880 0	1.000 0

特征根及特征向量

主成分向量	Y_1	Y_2	Y_3	Y_4	Y_5
X_1	0.248 6	-0.009 7	-1.339 2	0.445 4	-1.409 8
X_2	0.059 9	-1.004 8	0.088 8	0.010 6	0.210 2
X_3	0.273 8	0.068 6	0.220 3	-3.011 8	0.322 9
X_4	0.260 2	0.058 7	1.006 4	1.223 0	-2.020 2
X_5	0.274 3	0.104 0	0.019 6	1.439 9	2.826 0
特征根	3.530 3	0.972 1	0.349 3	0.077 9	0.070 4
贡献率	70.606 2	19.442 2	6.985 8	1.557 8	1.408 1
累计贡献率(%)	70.606 2	90.048 4	97.034 2	98.592	100

贡献率是样本点在第 Y_i 个主分量方向上的方差,它代表样本点在这个主分量上的分散程度大小。如果方差很小,说明样本间在坐标 Y_i 方向上分散程度很小,这个主分量在分析样本和数据里所起作用不大,因而可以忽略不计。一般累积贡献大于0.85即可。因 Y_2 的累积贡献率为90.048 4%,大于85%。所以,我们只取 Y_1、Y_2 两个主分量。

将数据矩阵 X 正规化得到 X',以各特征值相应的特征向量为变换矩阵 U,用 $Y=UX'$ 可计算出各配置模式的主分量坐标(见表5)。

表5 配置模式

主成分	A_1	A_2	A_3	A_4	B_1	B_2	B_3	B_4
Y_1	-1.589 7	0.517 0	1.021 3	-0.250 1	-1.090 3	1.637 1	0.702 3	-0.351 3
Y_2	-0.289 1	0.190 5	0.249 0	-0.025 5	-1.656 9	-1.028 5	-1.246 6	-1.491 3
主成分	C_1	C_2	C_3	C_4	D_1	D_2	D_3	D_4
Y_1	-1.743 8	0.533 7	0.014 6	-0.207 0	-1.193 6	1.082 6	0.796 6	0.120 9
Y_2	1.068 4	1.506 7	1.445 5	1.255 1	-0.315 5	0.200 7	0.143 6	-0.006 0

主分量 Y_k 与原分量 X_i 的相关系数 $R(Y_k、X_i)$ 称为第 i 个因子在第 k 个主分量上的负荷量,简称因子负荷量,它反映原变量与主分量之间的关系(见表6)。

上述数据可知,主分量 Y_1 与 X_1(相对生长势)、X_3(有机质)、X_4(全氮)、X_5(1/土壤容重)密切正相关,而主分量 Y_2 与 X_2(保存率)呈密切负相关。以主分量的贡献率和坐标值计算各配置模式综合效益($Y_{1\sigma_1}-Y_{2\sigma_2}$)并排序,结果如表7所示。

表6　因子负荷量

主成分	Y_1	Y_2	Y_3	Y_4	Y_5
X_1	0.877 5	-0.009 4	-0.467 8	0.034 7	-0.099 3
X_2	0.211 5	-0.976 8	0.031 0	0.000 8	0.014 8
X_3	0.966 5	0.066 7	0.076 9	-0.234 6	0.022 7
X_4	0.918 6	0.057 1	0.351 5	0.095 3	-0.142 2
X_5	0.968 3	0.101 1	0.006 8	0.112 2	0.199 0

表7　各配置模式综合效益排序

配置模式	B_2	B_3	D_4	A_3	D_3	A_2	D_4	C_2
综合效益	1.355 9	0.738 2	0.725 4	0.672 7	0.534 5	0.328 0	0.086 5	0.083 9
配置模式	B_4	A_4	C_3	C_4	B_1	D_1	A_1	C_1
综合效益	0.041 8	-0.171 6	-0.270 7	-0.390 2	0.447 7	-0.781 4	-1.066 2	-1.439 0

由表7可把各种配置模式分为3类：

Ⅰ　$Y_{1\sigma1}-Y_{2\sigma2}>0.6$　包括B_2（板栗+猪屎豆）、B_3（板栗+豇豆）、D_2（猕猴桃+猪屎豆）、A_3（奈李+豇豆）

Ⅱ　$Y_{1\sigma1}-Y_{2\sigma2}<0.6$　包括D_3（猕猴桃+豇豆）、A_2（奈李+猪屎豆）、D_4（猕猴桃+草决明）、C_2（枣树+猪屎豆）、B_4（板栗+草决明）

Ⅲ　$Y_{1\sigma1}-Y_{2\sigma2}<0$　包括A_4、C_3、C_4、B_1、D_1、A_1、C_1

4　结论

（1）板栗、奈李、猕猴桃在花岗岩侵蚀区成活率、保存率较高，生长、结果良好，是可以大力发展的几种果树。

（2）幼龄果树间套种绿肥对改良土壤理化性质，促进果树生长能起到明显的作用。

（3）用经济效益与生态效益并重的原则进行幼龄果树和绿肥配置模式的优化选择，模式B_2（板栗+猪屎豆）、B_3（板栗+豇豆）、D_2（猕猴桃+猪屎豆）、A_3（奈李+豇豆）最佳。

参考文献

[1] 段巧甫．小流域经济[M]．哈尔滨：哈尔滨出版社，1994.
[2] 华中农学院．果树研究法[M]．北京：农业出版社，1985.
[3] 杨维权，等．多元统计分析[M]．北京：高等教育出版社，1989.

红壤侵蚀区果园间作系统生态经济效益分析

奚同行

（江西省水土保持科学研究所，南昌　330029）

赣中红壤侵蚀丘陵山地人口稠密，旱涝灾害频繁，土壤“黏、瘦、酸”，垦殖率高，水土流失严重。大力发展山地果业，建立稳定协调的果园生态经济系统，不仅可有效地防治水土流失，减少灾害，同时对农村经济持续稳定地发展具有促进作用。近年来，随着农村经济体制改革的不断深入，江西省柑橘种植面积不断扩大，并逐渐向赣中侵蚀丘陵山地发展。但是由于侵蚀丘陵山地土壤的肥力条件较差，加之肥料特别是有机肥料缺乏，柑橘果园单作的产量不高，土地生产力低，而且容易导致水土流失等土壤生态问题。因此，如何改善侵蚀丘陵山地橘园的生态环境，促进柑橘生长，提高橘园的生态经济效益，是生产上亟待解决的问题。本研究拟对橘园间作系统的生产能力、改土能力、能量流、价值流等进行分析和评价，试图筛选出生态经济效益高的橘园间作系统，为建立持续、稳定、优质、高效的果园农业生态经济系统提供科学依据。

1　试区概况

试区设在赣中吉泰盆地中部的泰和县老虎山小流域内，地理位置为东经114°52′~114°54′、北纬26°50′~26°51′。境内丘谷交错相间，丘体零乱，丘坡平缓，海拔30~200 m，年均气温18.6 ℃，极端最高气温40.4 ℃，极端最低气温-6.0 ℃。年均降水量1 363 mm，无霜期288 d以上，属亚热带季风气候区。境内土壤为第四纪红土发育而成的红壤，土壤养分贫乏，水土流失严重。

2　试验设计与研究方法

2.1　试验设计

试验共设6个橘园间作处理和2个橘园单作（对照）处理（见表1）。为减少地形、土壤等外界因素对试验结果的影响，试验采用随机区组设计，每个处理分设3个重复小区，小区面积150~200 m^2。

2.2　研究方法

（1）柑橘生长量和产量的调查。采用样株调查法，每试验小区选4~6株样株测定其干周、树高、冠径、新梢年生长量（新植果树）和果实产量（挂果果树）。

（2）间作物产量的调查。采用样方调查法，每试验小区随机布设2个样方，样方面积3.5 m×3.0 m，调查样方内间作物的产量，对多次刈割的间作物应记录每次的刈割量和刈割时间。

表1 果园间作系统的结构组成

系统状况及代号	系统类型	系统构成	间作情况
A_1(挂果)	果农间作	柑橘/花生(1)+西瓜(1)	间作花生、西瓜各1年
A_2(挂果)	果肥间作	柑橘/大叶猪屎豆(2)	连续间作大叶猪屎豆2年
A_3(挂果)	果草间作	柑橘/百喜草(2)	连续间作百喜草2年
A_{ck}(挂果)	清耕	柑橘清耕(2)	连续耕后休闲2年
B_1(新植)	果农间作	柑橘/花生(1)	间作花生1年
B_2(新植)	果农间作	柑橘/甘薯(1)	间作甘薯1年
B_3(新植)	果肥间作	柑橘/印度豇豆(1)	间作印度豇豆1年
B_{ck}(新植)	清耕	柑橘清耕	耕后休闲

(3)土壤取样和测试。在各试验小区内多点采集0~40 m土层混合土样,室内分析测试土壤的理化性状。

(4)橘园间作系统投入项目的调查。化肥统一施用尿素、钙镁磷和复合肥,有机肥为鸡粪、人粪、猪粪和垃圾肥,农药的种类与数量依据柑橘和间作物实际发生病虫害的情况施用。详细记录各系统投入的人工、肥料、农药、种籽(种茎)的数量;各项折能系数来自文献[1-4];各项价格取自当地市场价格。橘园间作系统的经营水平在试区属中等。

3 结果与分析

3.1 各系统的生产能力

3.1.1 柑橘的生产能力(见表2)

挂果橘园,柑橘的果实产量是反映柑橘生产能力的主要指标。从表2可看出:①挂果橘园,各系统的树体(干周、树高、冠径)生长,其大小顺序依次为 $A_3>A_1>A_2>A_{ck}$;各系统柑橘的果产量 $A_1>A_2>A_{ck}>A_3$,其中 A_1、A_2 分别比 A_{ck} 增加30.5%和23.8%,A_3 比 A_{ck} 减少4.6%。②新植橘园,各系统柑橘树体生长大小顺序依次为 $B_3>B_2>B_1>B_{ck}$;各系统柑橘的新梢年生长量 $B_3>B_2>B_1>B_{ck}$,其中 B_3、B_2 和 B_1 分别比 B_{ck} 增加146.5%、104.2%和64.1%。

3.1.2 间作物的生产能力(见表3)

表3显示,不同系统之间,同类间作物的产量差异较大,主要原因是各系统的能量和价值的投入不同,导致间作物的产量不同。而不同类间作物之间的产量差异更大,这主要是由于一方面不同作物其收获部位不同,如甘薯块茎和百喜草鲜草;另一方面,某些作物产量习惯上以气干重表示,另一些作物产量则以鲜重表示,如印度豇豆籽实得气干重与西瓜的鲜重。因此,对不同系统的间作物产量直接进行比较,显然不存在可比性,有必要进行能量转换和价值转换分析。

表 2 各间作系统果树的生长情况和产量

系统	干周(cm)	树高(cm)	冠径(cm)	新梢年生长量(cm/株)	果产量(kg/株)
A_1	21.7	196	256		19.7
A_2	21.4	187	243		18.7
A_3	22.3	195	273		14.4
A_{ck}	20.4	168	242		15.1
B_1	4.6	67	62	233	
B_2	5.2	75	72	290	
B_3	5.8	77	74	350	
B_{ck}	4.3	59	64	142	

表 3 各间作系统间作物的产量 (单位:t/hm^3)

系统		A_1		A_2	A_3	B_1	B_2	B_3
		花生	西瓜	(大叶猪屎豆)	(百喜草)	(花生)	(甘薯)	(印度豇豆)
间作物	果实(块茎)	3.28*	15.30	0.90*	33.96	2.55*	17.25	0.42*
	茎叶	13.11	7.80	51.93		10.91	12.90	15.55

注:表中带*者为干气重,不带*者为鲜重。

3.2 各系统的能量流及特点

挂果橘园间作系统的能量输出包括柑橘果实的生物能输出(未考虑柑橘营养器官的生物能积累)和间作物的生物能输出(见表 4)。从表 4 可看出,挂果橘园各系统辅助能总投入量排序为 $A_1>A_3>A_2>A_{ck}$,这是由于不同系统对各项投能的要求不尽相同。各系统的总产出能排序为 $A_2>A_1>A_3>A_{ck}$。

表 4 各系统的能量流分析 (单位:GJ/hm^2)

系统	能量投入			能量产出		能量产投比		
	总能(1)	无机能(2)	有机能(3)	生物总能(4)	间作物能(5)	(4)/(1)	(4)/(2)	(4)/(3)
A_1	203.23	96.26	106.97	310.05	186.27	1.53	3.22	2.99
A_2	168.12	98.50	69.62	352.08	234.59	2.09	3.57	5.06
A_3	172.52	102.86	69.66	252.92	135.02	1.47	2.46	3.63
A_{ck}	157.00	90.84	66.16	94.88	0.00	0.60	1.04	1.43
B_1	83.44	27.39	56.05	108.05	108.05	1.29	3.94	1.93
B_2	91.99	17.76	74.23	108.23	108.23	1.18	6.09	1.46
B_3	52.86	19.36	33.50	71.71	71.71	1.35	3.70	2.14
B_{ck}	49.06	17.76	31.30	0.00	0.00	0.00	0.00	0.00

各系统的能量利用率以 A_2 的2.09为最高，A_{ck}的0.60为最低。橘园间作比单作，其能量投入增加7.1%～29.4%，能量输出增加266.6%～371.1%。新植柑橘未形成柑橘果实能量输出系统，而在计算能量输出时，未考虑柑橘营养器官的能量积累。幼龄柑橘的这一特点，也是导致新植柑橘各系统能量转换效率低、资源代价大的主要原因之一。新植橘园各系统的能量投入以有机能为主，占总辅助能投入的63.4%～80.7%，这些能量的投入有利于土壤理化性质的改善。系统 B_1、B_2 的能量投入大，能量产出高；B_3 的能量投入少，能量产出低，但能量利用率高。

3.3 各系统的价值流及特点

根据试区当地的市场价格，将输入与输出的物质和能量折算为价值，对各系统的价值流进行分析，详见表5。其中输入价值中未考虑贷款利息和固定资产的折旧费，输出价值中未考虑柑橘茎干、枝叶的价值。挂果橘园的价值输入主要以物质输入为主，占总价值输入的70.9%～76.8%；系统的价值输入和价值输出以 A_1 为最高，A_{ck}为最低；价值产投比和劳动力产值以 A_2 为最高，A_3 为最低。新植橘园的价值输入中人力的输入占的比例很大，达44.9%～54.5%，这主要是因为新植橘园中耕除草、扩穴改土的人工投入较多；新植橘园间作系统挂果前的价值输出表现为间作物的价值输出；系统的价值输入以 B_1 为最多，价值输出和价值产投以 B_2 为最高。

表5 各系统的价值流分析

系统	价值输入（万元/hm^2）			价值输出（万元/hm^2）			价值产投比	劳动力产值（元/（人·日））
	人力	物质	合计	柑橘	间作物	合计		
A_1	0.737 2	1.820 7	2.557 9	6.001 4	1.783 1	7.784 5	2.75	158.4
A_2	0.577 5	1.582 2	2.159 7	5.696 8	1.059 3	6.756 1	3.12	175.5
A_3	0.622 5	1.514 9	2.137 4	4.386 8	0.475 4	4.862 2	2.27	117.2
A_{ck}	0.420 0	1.391 4	1.811 4	4.600 0	0.000 0	4.600 0	2.54	164.3
B_1	0.617 5	0.625 6	1.243 1	0.000 0	1.129 1	1.129 1	0.91	27.4
B_2	0.563 8	0.618 1	1.181 9	0.000 0	1.896 0	1.896 0	1.60	50.4
B_3	0.473 8	0.396 1	0.869 9	0.000 0	0.323 5	0.323 5	0.37	10.2
B_{ck}	0.271 3	0.333 1	0.604 4	0.000 0	0.000 0	0.000 0	0.00	0.0

3.4 各系统的改土能力

改良土壤、熟化土壤，不断提高土壤肥力，创造有利于柑橘生长的水、肥、气、热条件，是建设橘园间作系统的主要目的之一。试验研究结果表明：①与单作相比，挂果橘园间作（间作2年）土壤物理性质黏粒含量降低了8.0～9.6个百分点，为37.6%～39.1%，已成为柑橘栽培较为理想的中壤土；土壤有机质提高了0.44～0.88个百分点，土壤碱解氮、速效磷和速效钾分别增加了24.5%～43.6%、53.5%～73.9%和29.2%～61.8%。②与单作相比，新植橘园间作（间作1年）土壤物理性黏粒含量由53.9%降低至47.6%～49.5%。土壤有机质提高了0.19～0.48个百分点，土壤碱解氮、速效磷和速效钾分别增加了25.45%～78.4%、10.3%～27.0%和33.2%～68.0%。

3.5 各系统综合效益评价

前述分析表明，系统产量的高低、能量利用率的大小、经济效益的好坏均出现在不同的系统中，难以对各系统作出全面正确的评价，现采用层次分析法（AHP）进行综合评价。根据试区的自然社会特点，以生态经济学为基础，以提高综合效益为总目标，遵循以提高经济效益和生态效益为主，兼顾社会效益的原则，筛选出能量产投比（C_1）、土壤有机质（C_2）、产值（C_3）、纯收益（C_4）、价值产投比（C_5）、果树相对生长值（C_6）、劳动力利用（C_7）、劳动力产值（C_8）等属性指标，建立层次分析结构模型，对各系统的综合效益进行分析和评价。

挂果橘园各系统综合效益的各项评价指标的分析数据无量纲化得表6，各评价指标的权重由层次分析法确定；各系统的综合效益以 A_2 为最高，A_{ck} 最低，其大小排序为 $A_2 > A_1 > A_3 > A_{ck}$。

新植橘园各系统综合效益的各项评价指标的分析数据无量纲化得表7，各评价指标的权重同样由层次分析法确定；各系统的综合效益以 B_2 为最高，B_{ck} 最低，其大小排序为 $B_2 > B_1 > B_3 > B_{ck}$。

表6　挂果橘园各系统的综合效益值

B 层	生态效益		经济效益			社会效益		综合效益值	综合效益排序
单权重	0.318 9		0.556 9			0.124 2			
C 层	C_1	C_2	C_3	C_4	C_5	C_7	C_8		
单权重	0.613 4	0.386 6	0.169 1	0.443 4	0.387 5	0.500 0	0.500 0		
组合权重	0.195 6	0.123 3	0.094 2	0.246 9	0.215 8	0.062 1	0.062 1		
A_1	0.732 1	0.867 1	1.000 0	1.000 0	0.881 4	1.000 0	0.902 6	0.900 2	2
A_2	1.000 0	1.000 0	0.867 9	0.879 4	1.000 0	0.783 4	1.000 0	0.944 3	1
A_3	0.700 3	0.745 1	0.624 6	0.521 3	0.727 6	0.844 4	0.667 8	0.667 9	3
A_{ck}	0.287 1	0.482 9	0.590 9	0.533 5	0.814 1	0.569 7	0.936 2	0.572 3	4

表7　新植橘园各系统的综合效益值

B 层	生态效益		经济效益				社会效益		综合效益值	综合效益排序
单权重	0.318 9		0.556 9				0.124 2			
C 层	C_1	C_2	C_3	C_4	C_5	C_6	C_7	C_8		
单权重	0.613 4	0.386 6	0.102 5	0.204 9	0.204 9	0.487 7	0.500 0	0.500 0		
组合权重	0.195 6	0.123 3	0.057 1	0.114 1	0.114 1	0.271 6	0.062 1	0.062 1		
B_1	0.955 6	1.000 0	0.595 5	-0.016 0	0.568 8	0.791 7	1.000 0	0.543 7	0.718 2	2
B_2	0.914 7	0.818 8	1.000 0	1.000 0	1.000 0	0.918 0	0.913 0	1.000 0	0.933 3	1
B_3	1.000 0	0.935 1	0.170 6	-0.765 2	0.231 3	1.000 0	0.633 2	0.202 4	0.583 1	3
B_{ck}	0.000 0	0.688 3	0.000 0	-0.846 4	0.000 0	0.660 8	0.439 4	0.000 0	0.195 1	4

A_1、B_1、B_2 属果农间作，其能量和价值的输出高，但输入也高，在资金充足、劳力和肥料充裕时，选择 A_1、B_1、B_2 能获得很高的综合效益；A_2、A_3、B_3 属果肥（草）间作，其能量和价值的输入较低，在资金紧张、劳力和肥料不足时，选择 A_2、A_3、B_3 也能获得较高的综合效益。

4　结论与建议

（1）A_1、A_2、A_3、B_1、B_2、B_3 等6种橘园间作系统均能较好地利用自然资源，而且生态、经济效益和社会效益高；挂果橘园以 A_2 的综合效益最高，新植橘园以 B_2 的综合效益最高。生产上应因地制宜、因时制宜建立不同的橘园间作系统，不断寻求新的作物组合搭配，以获得更高的综合效益。

（2）近年来，赣中红壤区在侵蚀丘陵山地新开垦的果园较多，低产果园的改造任务也很重，需要大量的有机肥料，而当地有机肥料较为缺乏，为此，果园间作系统的建立应注意合理选择一些粮肥兼用、粮饲兼用的间作物，在增加果园经济收入的同时，广辟有机肥源，缓解有机肥的供求矛盾，从而实现以短养长、以短促长。

参 考 文 献

[1] 中国科学院，国家计划委员会自然资源综合考察委员会. 中国自然资源手册[M]. 北京：科学出版社，1990.

[2] 农业技术经济手册编委会. 农业技术经济手册[M]. 北京：农业出版社，1983.

[3] 刘龚浩. 能量投入产出研究在农业上的应用[M]. 农业现代研究，1984(4).

[4] 卞有生. 北京市大兴县留民营村的庭园经济系统[J]. 农村生态环境（学报），1995，11(1)：56-59.

河桥小流域水土保持型生态农业体系建设及效益分析

何长高　李相玺　姚毅臣

（江西省水土保持科学研究所，南昌　330029）

1　概况

河桥小流域地处江西省修水县月塘乡。海拔180～399.8 m，属江南丘陵地貌。境内基岩为燕山期黑云母花岗岩，丘陵坡面土壤为花岗岩发育的红壤性土。治理前小流域植被主要为马尾松针叶林和小面积人工油茶林。1986年植被覆盖率平均为31.2%。

小流域属亚热带季风气候区，多年平均气温16.5 ℃，年太阳辐射总量为429.9×10^3 kJ/cm^2，无霜期为247 d，多年平均降水量1 617 mm，年均蒸发量1 342.2 mm。

河桥小流域恰为一个行政村，1986年有农户303户，人口1 587人，流域总面积5.14 km^2，其中山地381 hm^2，水田97 hm^2，旱地20.2 hm^2，人均耕地0.074 hm^2，人口密度309人/km^2，是江西省平均人口密度的1.45倍。

流域内农业生产以种植粮食为主，1986年全流域粮食总产量为748.4 t，平均约6 375 kg/hm^2，人均占有粮食471.6 kg，农业总收入48.39万元，人均纯收入仅235元。

2　生态经济发展的主要障碍因素

2.1　水土流失严重

河桥小流域山地面积381 hm^2，1986年水土流失面积达361 hm^2，占山地面积的94.7%。其中强度以上流失面积129.5 hm^2，中度流失面积86.2 hm^2，轻度流失面积145.2 hm^2。流域内水土流失以水蚀为主，其面蚀与沟蚀约占流失总量的95%。因长期严重的土壤侵蚀，流域内有一半以上的山地表土已流失殆尽。据调查，20世纪70年代中期，顺坡种植的茶园，20 cm厚的表土层已不复存在。据推算，流域内平均侵蚀模数达5 960 t/(km^2·a)，年土壤侵蚀量达2.15万t。

2.2　土地生产力低

因水土流失严重，每年带走有机质150.6 t，氮肥36.1 t，磷肥13.0 t，钾肥3.6 t，仅流失的氮、磷、钾肥总量相当于该流域全年化肥施用量的1.3倍，山地土壤肥力低下（见表1），土壤含水量比非流失区平均低2个百分点以上。坡地生物量明显减少，1986年全流域林木蓄积量仅4 392.6 m^3，山地平均蓄积量11.55 m^3/hm^2，林业总产值只有0.77万元。土壤侵蚀不仅影响山地生产力，同样也影响农田生产力，从表1可以看出，河桥流域农田肥力低于全县水平。

表 1　不同土壤肥力比较

地点	土壤名称	有机质 (g/kg)	全氮 (g/kg)	碱解氮 (mg/kg)	速效磷 (mg/kg)	速效钾 (mg/kg)	pH
河桥	红壤	7.0	2.9	15.66	3.76	71.97	5.5
	水稻土	17.6	0.9	36.63	3.99	46.19	4.9
修水	红壤	26.4	1.4	108.00	2.80	112.00	5.5
	水稻土	30.5	1.7	139.00	5.67	56.00	5.5

2.3　人口密度大，能源匮乏，自然资源少

据 1986 年统计，河桥小流域人口密度为 309 人/km^2，高于江西 213 人/km^2 的平均人口密度。1986 年流域内林木蓄积量 4 392.6 m^3，人均仅 2.77 m^3。全流域每年约需薪柴 1 659 t，而流域内山地每年只能提供约 490 t。为维持生计，人们不得不向植被本已非常稀少的山地索取，并将大量的秸秆作为燃料，减少秸秆还田量，导致有机肥源紧缺。

2.4　旱涝灾害频繁

山地植被稀少，坡面蓄水能力弱，洪水易暴涨暴落。据调查，小流域平均三年两旱，水灾年年发生，影响了农业生产。

2.5　生产结构单一，农、林、牧、副、渔比例严重失调

流域内农业以粮食种植为主，品种单一，管理落后，产量较低，林、牧业非常薄弱。以 1986 年为例，全流域粮食播种面积占农作物总播种面积 79.6%，其中 80.3% 是水稻，经济作物仅占 9.0%，粮食总产为 748.4 t，平均 6 375 kg/hm^2。农业收入 31.45 万元，占总收入的 65.0%；其他林业、畜牧业等仅占 35%；人均纯收入 235 元，仅为江西农村人均纯收入 429.3 元的一半。

3　水土保持型生态农业体系建设指导思想与技术路线

3.1　指导思想

通过分析上述主要障碍因素，从生态经济系统的整体性出发，以治理和控制水土流失、改善生态环境为中心，以调整生产结构，充分合理利用土地资源，加快经济开发，促进农、林、牧、副、渔各业协调发展，不断提高生态、经济效益和社会效益为重点，以粮食、能源、土壤肥力供需平衡，提高群众生产科学管理水平为基础，建立一个生态经济结构优良，生态、经济、社会三大效益高度统一的小流域水土保持型生态农业体系。

3.2　技术路线

根据指导思想，从治理水土流失出发，按照由简单到复杂、由单一到综合的原则，建立流域生态保障体系和经济开发体系。

3.2.1　山、水、田、路、村、能综合治理，建立小流域生态保障体系

(1) 根据水土流失规律和因地制宜、因害设防原则，对不同水土流失区采取不同治理措施。

对植被较好的轻度流失区采取封禁措施;有一定植被的中度流失区,采用封禁、补植措施;强度流失区,采用工程与生物措施并举,根据地形修筑水平竹节沟、水平带、水平梯田、谷坊或拦沙坝等坡面和沟道工程,拦截径流和泥沙,提高土壤水分,改善植物生长环境条件。同时,在不同部位种植不同树、草种,以达到工程促生物、生物保工程相辅相成的目的,形成从坡顶、坡面到沟道层层设防、节节拦蓄的工程生物综合防治体系。

(2)采用草、灌、乔结合,针阔叶混交措施,改造针叶残次纯林,恢复植被,建立多层次、多品种的植被复合系统,提高植被稳定性和生态防护功能,增强对土地、气候生产潜能的利用。

(3)合理规划布设流域内的道路、渠道系统,并在道路、渠道两侧及房前屋后种植乔、灌,防止路基堤岸崩塌,绿化村庄,形成山、田、院、路植物防护网络,扩大流域生态保障系统,进一步改善流域生态环境。

(4)依照生态农业能流规律,建立能肥供给体系。在发展薪炭林的同时,推广沼气池、省柴灶和生饲料饲养技术,建立畜—能—肥循环利用系统。

3.2.2 治理与开发结合,调整产业结构,建立外向型多重经济体系

(1)结合水土流失治理,合理开发利用土地。在边远高丘山腰上发展水源涵养林,山腰及其以下发展用材林和经济林,村庄附近和低丘陡坡发展薪炭林,缓坡或丘脚发展果、茶、桑经济果木林,建立水土保持型林果经济体系。

(2)在果茶园地埂及林间空地,采用保土耕作措施种植绿肥及经济作物,提高土地利用率,同时利用森林植被提供的生态保障,发展农业生产,调整种植业结构,推广新技术、新品种,形成林农镶嵌的生态经济体系。

(3)结合村庄绿化,充分利用房前屋后空地,种植杉、竹、桑、果,发展养殖业,形成桑—蚕—肥循环系统,建立庭院经济体系。

(4)利用流域内劳力资源丰富的优势,兴修公路,扩大对外交流,发展第三产业,进一步促进农、林、庭院经济发展,形成林、农、庭院、加工业和副业等功能互补、效益互补的外向型多重经济体系。

4 水土保持型生态农业体系建设的效益分析

4.1 水土流失程度明显降低,蓄水减沙效果显著

到1991年止,全流域修筑水平竹节沟120 hm^2,水平梯田11 hm^2,拦沙坝1座,谷坊27座,蓄水塘1个,营造水保防护林和水源涵养林133.3 hm^2,薪炭林60 hm^2,果木林7 hm^2,经济林23.9 hm^2,种草20 hm^2,治理水土流失面积361 hm^2。据测算,在工程和生物措施共同拦蓄下,1991年全流域蓄水总量为162.42万 m^3,平均侵蚀模数为1 133 $t/(km^2 \cdot a)$,蓄水效率35.1%,减沙效率81.0%。

4.2 土壤水、肥条件改善,土地生产力提高

由于工程的拦蓄作用、植被的固持作用、豆科灌草以及枯落物的积累,小流域内山丘土壤水、肥条件有了明显改善(见表2和表3),更有利于植物生长。

表 2　不同治理区与未治理区土壤水分含量

土层深度(cm)	土壤含水量(%)		
	未治理区	生物 + 工程	禁封区
0 ~ 10	15.4	22.0	17.7
10 ~ 20	13.2	21.5	16.6
20 ~ 40	16.6	25.0	17.6
40 ~ 60	14.4	21.5	15.9
覆盖度(%)	15	65	90

表 3　不同治理区与未治理区土壤养分含量

土样	有机质 (g/kg)	全氮 (g/kg)	碱解氮 (mg/kg)	全磷 (g/kg)	速效磷 (mg/kg)	速效钾 (mg/kg)	盐基代换量 (cmol/kg)	pH
未治理区	6.30	0.24	21.760	0.07	3.340	73.450	2.743	5.0
工程措施	7.92	0.41	31.873	0.11	3.237	88.301	2.433	4.6
生物措施	26.06	1.10	37.818	0.06	3.285	109.640	3.676	5.1
工程 + 生物	10.66	0.45	22.097	0.19	7.487	326.041	6.473	5.5
封禁区	18.91	0.61	43.700	0.07	2.922	60.674	1.604	4.8
斗甲山茶园	40.71	1.53	75.242	0.50	12.271	316.400	9.685	5.1
果园	11.93	0.54	41.131	0.16	4.692	79.203	4.126	5.0
治理区平均	19.37	0.77	41.977	0.18	5.649	163.377	4.833	5.0

4.3　流域内生态环境明显改善，野生动植物资源种类逐渐增多

小流域内植被覆盖率由 1986 年的 31.2% 提高到 1991 年的 70.2%，林分结构由过去单层纯林变为乔、灌、草多层次多林种的主体结构，流域生态环境明显改善，植物抗病虫害能力增强。此外，林下出现了牡荆、野金丝桃、鸡眼草、碎米草、苔藓、凤尾蕨等伴生灌草及低等植物，多年不见的白猫、猫头鹰、兔、野鸡、蛇、白鹭等动物也在小流域内相继出现。

4.4　林果经济结构呈多元化

河桥小流域在发展水源涵养林和水保防护林的同时，注重土地的合理开发利用，因地制宜地发展了油茶、茶叶等经济林 24 hm^2，奈李、柑橘、枣等果木林 7 hm^2，形成了功能互补、效益互补的多元化林果经济结构（见图 1），增强了林果经济收益的稳定性。1991 年林木蓄积量达 11 426.3 m^3，是 1986 年的 2.6 倍；林业收入达到 3.6 万元，是 1986 年的 4.7 倍。

4.5　能源供需平衡，形成蓄—能—肥循环利用系统

5 年来，河桥小流域修建沼气池 76 个，省柴灶 253 个，发展薪炭林 60 hm^2，加之有

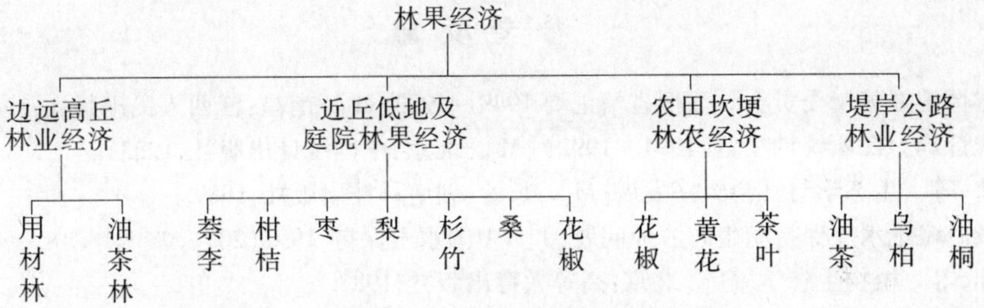

图1 林果经济体系

14.7 hm^2 桑树,每年可提供两次更新枝条,群众烧柴困难基本得到解决,既巩固了治理成果,每年还可节省外出砍柴工1.8万个工日。由于配合饲料和生饲料饲养技术的普及,小流域内的畜牧业也得到较大发展,1991年生猪饲养量达4头/户,家禽达14羽/户,分别比1986年增加29%和61.6%。秸秆燃烧量的减少和畜牧业的发展,增加了沼气的添料源,而经过发酵和腐化的秸秆、厩肥(即沼气渣液),又是易被植物吸收的优质有机肥。由此形成了畜—能—肥循环利用系统(见图2)。

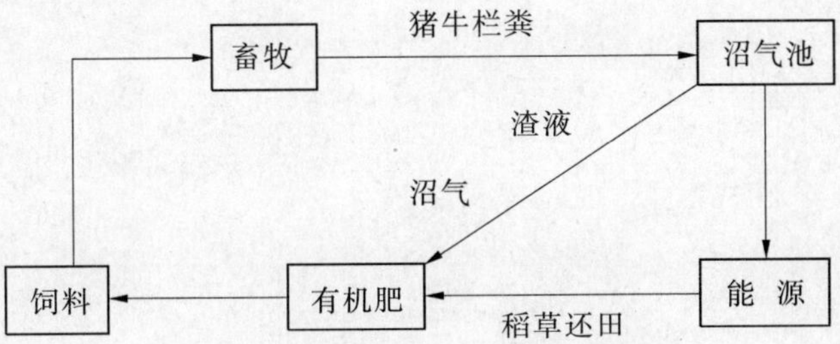

图2 畜—能—肥循环利用系统

4.6 "林果型"、"桑蚕型"等多种类型庭院经济的初步形成

小流域内村庄较为分散,房前屋后空地较多,是发展种植和养殖业的良好场所。1986年以来,各户根据总体规划,结合具体情况,形成了"林果型"、"桑蚕型"等多种类型的庭院经济,是家庭经济收入的一个重要来源。据典型户调查,庭院经济收入约占家庭总收入的58%。1991年全流域庭院经济收入达24.31万元,商品率为47%,分别是治理前的21.1倍和1.88倍。

4.7 农业生产迅速发展

通过1986~1991年的综合治理,小流域内农业生产条件得到改善,落河田面积由1986年的20多 hm^2 减少到1991年的3.3 hm^2,有效灌溉面积由1986年的82 hm^2 增加到1991年的91.7 hm^2,秸秆还田量及绿肥种植面积大大增加,有机肥也比治理前增加1/3,旱涝灾害减轻,粮食产量由1986年的74.84万kg提高到1991年的87.15万kg,农业产值由1986年的31.45万元增加到47.6万元,牧业也得到发展,1991年牧、副业收入分别达到50.3万元和41万元,是治理前的4.53倍和20.5倍。

总之,河桥小流域通过治理水土流失,建立水土保持型生态农业体系,生态环境有了明显改观,农村经济得到较大发展,初步形成了以林促农、以农促牧、以能促林,农、林、牧、副、渔全面发展的格局,生态、经济效益和社会效益正在逐渐显现。

参 考 文 献

[1] 江西省情汇要编辑委员会. 江西省情汇要 1949~1983[M]. 南昌:江西人民出版社,1985.
[2] 江西统计局. 江西统计年鉴(1991~1992)[M]. 北京:中国统计出版社,1993.
[3] 孙儒泳,等. 生态学与社会经济发展[M]. 长沙:湖南科技出版社,1989.
[4] 吴以教. 略论水土保持型生态农业问题[J]. 中国水土保持,1992(2).
[5] 曲仲湘,等. 植物生态学[M]. 北京:高等教育出版社,1983.
[6] 姜学民,等. 生态经济学通论[M]. 北京:中国林业出版社,1993.
[7] 刘春元. 我国水土保持小流域治理现状与特点[J]. 中国水土保持,1988(11).
[8] 汪敏,等. 五里塘生态农场结构及子系统生态经济效益的比较[J]. 农村生态环境,1993(3).

应用灰色系统理论预测塘背河小流域水土保持经济效益

何长高　姚毅臣

（江西省水土保持科学研究所，南昌　330029）

灰色系统理论是20世纪80年代提出的最新控制预测理论。所谓灰色系统就是指系统内部分信息已知和部分信息未知的系统，是相对于系统内全部信息均已知的白色系统和内部信息均未知的黑色系统而言的。因灰色系统理论具有不要求较长系列的数据、不要求系统内各影响因素的数据全部已知就能建立起模型的优点，因此该理论目前在许多领域内得到广泛应用。

塘背河小流域是长江流域规划办公室的试点小流域之一。经过1981～1988年连续8年的综合治理，水土流失已基本得到控制，并取得了显著的生态、经济效益和社会效益。但是，由于水土保持的长期性，目前所显现的效益仅是综合治理效益的开始，随着时间的推移，其效益将越来越大。为了客观合理地分析评价塘背河小流域综合治理的效果，为小流域治理成果的推广和今后工作的决策提供科学依据，本文应用灰色系统理论对塘背河小流域综合治理经济效益进行了建模和预测。

1　小流域基本情况及治理效益

塘背河小流域属长江流域赣江上游贡水的二级支流，地处江西省兴国县境内。流域面积为16.38 km^2，其中山地面积为11.55 km^2，耕地2.01 km^2。该流域为低山丘陵区，基岩由震旦系混合花岗岩和燕山早期中粗粒斑状黑云母花岗岩构成，岩体中长石含量达40%～60%，石英含量为35%～40%，黑云母含量为5%～10%，花岗岩风化壳在10 m以上。该流域气候属亚热带季风气候区，多年平均气温为19 ℃，平均降水量为1 371.9 mm，降水量年内分配不均，3～6月占年降水总量的58.8%，对侵蚀影响极大，7～9月占年降水总量的23.3%（318.9 mm），而同期蒸发量为406 mm，常发生伏秋旱，9月至次年2月降水量仅占17.9%。

由于长期的自然因素和人为因素的影响，流域内水土流失严重。据1980年调查，水土流失面积为1 153.27 hm^2，占山地面积99.9%，其中强度以上流失面积为951.2 hm^2，中度为82.13 hm^2，轻度为119.9 hm^2。坡面侵蚀量达13 500 t/ km^2。山地表土流失殆尽，土质砂化严重。山地植被覆盖率仅10%，1979年人均年纯收入仅41.14元。

1980年该小流域被列入长江流域规划办公室试点小流域之后，对其进行了全面规划、综合治理。到1988年止，8年共治理水土流失11.09 km^2，造林种草957.5 hm^2，“四旁”植树9万余株（丛），封禁治理156.67 hm^2；兴建沼气池208个，煤灶408个，省柴灶

555个,新修和扩建乡村公路12.5 km;修筑拱桥3座,涵洞58个,河岸护堤4处,加固配套小(亚)型水库2座,开挖灌溉隧洞124 m,延伸渠道2 700 m,建渡槽9处,山塘7口,水陂6处。实现了增灌农田40 hm^2,改善灌溉面积41.3 hm^2,治理落河冷浸田34 hm^2,增加泉水灌溉83.3 hm^2,增加旱涝保收面积16.7 hm^2,扩大双季稻面积17.9 hm^2,调整了农业内部结构,增加了经济收入。1988年流域内人均年纯收入达到了320.88元,植被覆盖率提高到53.5%。据1985年和1989年调查与计算,水保综合治理所产生的农业、林业、能源及保土保肥等各方面的经济效益情况见表1。

表1 1981~1988年经济效益情况 (单位:元)

年度	农牧副渔业效益	林木蓄积			保水保肥		沼气池及省柴灶省柴	合计
		林木蓄积	水果油茶	薪炭	保土	保肥		
1981	29 293.12	59 178			47 849.6	42 590.4		178 911.12
1982	58 586.23	59 178			47 849.6	42 590.4		208 204.23
1983	87 879.36	59 178			47 849.6	42 590.4		237 497.36
1984	117 172.5	59 178			47 849.6	42 590.4		266 790.13
1985	177 880.8	59 178		119 530	47 849.6	42 590.4	78 384	525 412.80
1986	238 589.1	150 815	31 310	119 530	47 849.6	42 590.4	78 384	709 068.13
1987	299 297.5	150 815	31 310	119 530	47 849.6	42 590.4	78 384	769 776.46
1988	360 005.8	150 815	31 310	119 530	47 849.6	42 590.4	78 384	830 484.80

2 经济效益灰色模型与灰色预测

2.1 灰色模型的建立

由于小流域水保综合治理经济效益受小流域内部各生态经济子系统及外部边界条件等多因素的影响,而整个流域内部各生态经济子系统中对经济效益产生影响的所有因素,部分是已知的或能用数量表达的,部分是未知的或不能用数量表达的。即小流域生态经济系统处于灰色状态,根据灰色系统理论,采用灰色模型(Gery Model)来分析预测小流域的水保综合治理经济效益,能较为客观地、实事求是地反映该小流域水保综合治理经济的变化情况。为此确定GM(1,1)作为预测模型,其表达式为:

$$\frac{dx^{(1)}}{dt} + ax^{(1)} = u \tag{1}$$

为了能建立起该模型,首先须将数据进行处理。根据表1,可以得出综合治理经济效益时间序列的原始数据数列$\{x^{(0)}(k)\}$。

$$\{x^{(0)}(k)\} = \{x^{(0)}(1)x^{(0)}(2),x^{(0)}(3)x^{(0)}(4),x^{(0)}(5)x^{(0)}(6),x^{(0)}(7)x^{(0)}(8)\}$$
$$= \{17.89,20.82,23.75,26.68,52.54,70.91,76.98,83.05\}$$

将原始数据数列作一次累加生成AGO,得:

$$x^{(1)}(i) = \sum_{k=1}^{i} x^{(0)}(k) = \{17.89, 38.71, 62.46, 89.14, 141.68, 212.59, 289.57, 372.62\}$$

由一次累加生成数据系列可构造数列矩阵[$A \quad B$]和数阵向量 $\vec{Y}_N$ 为：

$$[A \quad B] = B = \begin{pmatrix} -\frac{1}{2}(x^{(1)}(2)+x^{(1)}(1)) & 1 \\ -\frac{1}{2}(x^{(1)}(3)+x^{(1)}(2)) & 1 \\ -\frac{1}{2}(x^{(1)}(4)+x^{(1)}(3)) & 1 \\ -\frac{1}{2}(x^{(1)}(5)+x^{(1)}(4)) & 1 \\ -\frac{1}{2}(x^{(1)}(6)+x^{(1)}(5)) & 1 \\ -\frac{1}{2}(x^{(1)}(7)+x^{(1)}(6)) & 1 \\ -\frac{1}{2}(x^{(1)}(8)+x^{(1)}(7)) & 1 \end{pmatrix} =$$

$$\begin{bmatrix} -28.3 & -50.585 & -75.8 & -115.41 & -177.135 & -251.08 & -331.095 \\ 1 & 1 & 1 & 1 & 1 & 1 & 1 \end{bmatrix}^{\mathrm{T}}$$

$$\vec{Y}_{\mathrm{N}} = [x^{(0)}(2), x^{(0)}(3), x^{(0)}(4), x^{(0)}(5), x^{(0)}(6), x^{(0)}(7), x^{(0)}(8)]^{\mathrm{T}}$$
$$= [20.82, 23.75, 26.68, 52.54, 70.91, 76.98, 83.05]^{\mathrm{T}}$$

根据最小二乘法原理可计算出预测模型式(1)中的参数向量 $\vec{a}$、$\vec{u}$，即

$$\vec{a} = \begin{pmatrix} a \\ u \end{pmatrix} = [(A \quad B)^{\mathrm{T}}(A \quad B)]^{-1}(A \quad B)^{\mathrm{T}} Y_N \tag{2}$$

将上面构造出的数据矩阵[$A \quad B$]与数阵向 $\vec{Y}_N$ 代入式(2)，经计算得：

$$a = -0.211\,29, u = 19.375\,2, \quad \frac{u}{a} = -91.699\,7$$

将 $\vec{a}$、$\vec{u}$ 代入 GM(1,1)模型表达式(1)中得到时间响应函数：

$$\frac{\mathrm{d}x^{(1)}}{\mathrm{d}t} - 0.211\,29x^{(1)} = 19.375\,2 \tag{3}$$

以$\{x^{(0)}(k)\}$中的第一组数据 17.89 作为初始数据，且令 $x_{(0)}^{1()} = 17.89$，可得到时间响应函数式(3)的解为：

$$\vec{x}^{(1)}(t) = 109.589\,7\mathrm{e}^{0.211\,29t} - 91.699\,7 \tag{4}$$

其时间响应离散化函数为：

$$\vec{x}^{(1)}(k+1) = 109.589\,7\mathrm{e}^{0.211\,29k} - 91.699\,7 \tag{5}$$

式(4)、式(5)即为塘背河小流域水土保持综合治理经济效益的灰色预测模型。

2.2 模型精度检验

采用后验差检验方法对上述预测模型精度进行检验。根据预测模型及原始数据可计算出模型计算值和其与原始值的误差如表 2 所示。

表2　还原数列检验

模型计算值	原始数列值	误差
25.78	20.82	4.96
31.85	23.75	8.1
39.34	26.68	12.66
48.6	52.54	-3.94
60.04	70.91	-10.87
74.15	76.98	-2.83
91.61	83.05	8.56

误差平均值：

$$\bar{\varepsilon} = \frac{1}{n}\sum_{i=1}^{n}\varepsilon^{(0)}(t) = 2.38$$

平均误差：

$$s_1^2 = \frac{1}{n}\sum_{i=1}^{n}(\varepsilon^{(0)}(t) - \bar{\varepsilon})^2 = 60.842$$

原始数列值均值：

$$\bar{x} = \frac{1}{n}\sum_{i=1}^{n}x^{(0)}(i) = 50.68$$

原始数列值方差：

$$s_2^2 = \frac{1}{n}\sum_{i=1}^{n}(x^0(i) - \bar{x})^2 = 620.723$$

后验差比值：

$$C = \frac{s_1}{s_2} = 0.313$$

小误差概率：

$$P = \{|\varepsilon^{(0)}(t) - \bar{\varepsilon}| < 0.674\,5 s_2\}$$

经检验计算 $P=1$。根据上述计算的 C、P 值，照表3知上述灰色预测模型精度属第一级 Good。

表3　精度检验等级

预测精度等级	P	C
Good	>0.95	<0.35
Qualified	>0.8	<0.5
Tust Mark	>0.7	<0.65
Unqualified	≤0.7	≥0.65

2.3 经济效益预测

根据上面所建立的灰色预测模型可以对塘背河小流域水保综合治理的中长期经济效益进行预测,而将 1989 ~ 2000 年的效益预测结果列为表 4。

表 4 塘背河小流域水保综合治理经济效益预测

年度	1989	1990	1991	1992	1993	1994
效益(万元)	113.15	139.78	172.66	213.28	263.46	325.45
年度	1995	1996	1997	1998	1999	2000
效益(万元)	402.02	469.60	613.43	757.76	936.04	1 156.26
预测模型	$\vec{X}^{(1)}(t)=109.589\,7e^{0.211\,29t}-91.699\,7$ $\vec{X}^{(1)}(k+\text{`})=109.589\,7e^{0.211\,29k}-91.699\,7$					

从表 4 可以看出,到 2000 年兴国县塘背河小流域水保综合治理效益达到 1 156.26 万元,是开始治理的 1981 年的 64.63 倍,是 1988 年的 13.9 倍。由此可见塘背河小流域综合治理是成功的。目前,小流域所呈现的效益还仅是综合治理的初期效益,随着时间的推移,生态经济系统将会更加协调发展,效益也将越来越大。

参 考 文 献

[1] 邓聚龙. 灰色控制系统[M]. 南京:华中理工大学出版社,1988:1-200.

[2] 赵健,郭厚祯. 用灰色系统理论预测滑坡剧滑时间[J]. 中国水土保持,1993(6):33-40.

[3] 何长高. 塘背河小流域综合治理经济评价[J]. 中国水土保持,1991(7):20-28.

水土保持优良植物——蔓荆的开发与综合利用

杨　洁　姚毅臣

（江西省水土保持科学研究所，南昌　330029）

蔓荆（*Vitex trifolia* Linn）是我国南方沙丘地区防风固沙、保持水土的先锋树种。江西省20世纪80年代初开始大面积种植蔓荆，现已达到4 600多hm^2，取得了十分显著的治沙效果。蔓荆籽还是一种名贵的中药材，20世纪80年代初期，中药部门的收购价为7元/kg，经济效益十分可观。群众种植的积极性非常高。但随着种植面积的不断扩大，中药部门的需求量达到饱和，蔓荆籽的收购价逐年下跌，1992年仅为1.2元/kg，严重影响了群众种植蔓荆的积极性。为了调动群众治沙积极性，拓宽蔓荆的利用价值，寓水土流失治理实施于合理开发利用自然资源、发展商品生产之中，我们对其营养成分及利用途径进行了研究。

1　蔓荆的生物学特性

蔓荆为马鞭草科黄荆属植物，是一种伏地或倾斜的多年生落叶灌木。幼枝四方形，密生细柔毛，老枝较扁圆，毛渐脱落。整枝蔓延沙土中，长达数十米，着地生须根，根系发达。分枝直向上，高1～1.5 m，叶对生，常为倒卵形，长2～5 cm，叶面绿色，密生短细毛，背面灰白色，密细绒毛，花淡蓝紫色，圆锥花序，7～8月开花结果，9月采收。果实球形，成熟时呈黑褐色，果实干后体轻浮质坚硬，不易破碎。果肉分四室，每室一粒种子，表面油润、光亮白色，显油性，有特异的芳香气味。

蔓荆最适生长在沙质土壤里，耐旱、耐湿、耐瘠薄，能耐受地面60～70 ℃高温和－10 ℃低温。易管理，在流沙地生长更是茂盛。由于匍匐茎的延伸和发达的根系，能够有效地控制风沙危害和水土流失，是治理沙害的优良树种。20世纪80年代中期，新建县厚田乡大面积推广蔓荆，成功治理沙山1 587 hm^2，取得了明显的经济、生态、社会效益。

2　蔓荆的利用价值

蔓荆籽是一种中药材。《本草纲目》记载，蔓荆籽为“本经上品”。主治“筋骨间寒热，湿痹拘挛，明目坚齿，利九窍”，“久服，轻身耐老”。中医药学认为，蔓荆籽主治“疏散风热，清肝明目，风热感冒，正、偏头痛、齿痛、赤眼，昏暗多泪”等。彭华民等试验证明，蔓荆提取物具有增进外周和内脏微循环的作用。利用原子吸收分光光度计、氨基酸自动分析仪、高压液相色谱仪等仪器，我们对蔓荆的化学成分进行了以下几方面的分析测试。

2.1 氨基酸含量的测定

氨基酸是人体重要的营养物质,它不仅是蛋白质的基本组成成分,而且对生物体还具有特殊的生理作用,参与许多的新陈代谢过程。经氨基酸自动分析仪分析测定,风干蔓荆籽中含17种氨基酸(见表1),其中有异亮氨酸、亮氨酸、赖氨酸、苯丙氨酸、缬氨酸、蛋氨酸、苏氨酸、色氨酸等8种人体必需的氨基酸。蔓荆籽氨基酸总量为6.268%,比沙棘高1.6倍,比冬凌草高约60倍。

表1 蔓荆籽中水解氨基酸的含量

氨基酸	含量(%)	氨基酸	含量(%)
天门冬氨酸	0.808	亮氨酸	0.437
苏氨酸	0.260	酪氨酸	0.150
丝氨酸	0.344	苯丙氨酸	0.344
谷氨酸	1.109	组氨酸	0.179
脯氨酸	0.241	赖氨酸	0.346
甘氨酸	0.348	精氨酸	0.807
丙氨酸	0.298	胱氨酸	未检出
缬氨酸	0.311	色氨酸	0.021
蛋氨酸	微量	总氨基酸	6.268
异亮氨酸	0.235		

2.2 微量元素的分析

经菲利普PW—140X荧光分析仪测定,蔓荆籽中含有Ca、K、Fe、Cu、Zn、Sr、Mg、S、P、Cl、Rb、Ba、Mn、Ni、Al、Ga、Ge、Se、Na等20种元素,其中Ca、K、Fe、Cu、Zn、Sr、Mg、S、P、Si、Cl、Rb含量较高,Ba、Mn、Ni、Al、Ga、Ge、Se、Na也有一定含量。用原子吸收分光光度计定量测定Zn、Ge、Cu、Se,结果见表2。

表2 蔓荆籽中Zn、Cu、Se、Ge的含量

名称	Zn	Cu	Se	Ge
含量(μg/g)	23.2	10.5	0.75	1.45

从分析结果可见,蔓荆籽含锌(Zn)量比一般蔬菜、水果高10倍以上。硒(Se)含量比含硒量高的海产品和肉类高2~3倍。微量元素对人体的生命活动有着极其重要的生理和病理作用,能促进机体的新陈代谢,增强免疫能力,在防病治病中作用极大。如锌(Zn)是很多酶的活性成分,在儿童生长发育中尤为重要。缺锌会导致儿童身体矮小、食欲不振、发育迟缓、智力低下。锗(Ge)是近年来为人们所重视的微量元素。现代医学研究发现,锗能诱发人体内干扰素的形成,增加干扰素同癌细胞的对抗作用,有利于肝癌、生殖系统癌、白血病等恶性疾病的治疗。被著名营养学家俞若本称为“生命的火种”的硒(Se),具有防护心脏、抑制心血管疾病的发生和发展、预防癌症及环境污染物对人体毒害的作用。

2.3　维生素的分析

维生素 E 不仅是一种高效安全的食品抗氧化剂，而且近年来在医疗保健方面又有新的应用，有明显的抗衰老作用，能防止细胞膜中的多烯脂肪酸因接触臭氧等废气而过氧化，对胆固醇引起的家兔实验性动脉粥样硬化发生过程有预防作用。经高压液相色谱仪测定，100 g 蔓荆籽中含维生素 E13.83 mg，是沙棘的 200 多倍。

我们还测定了蔓荆籽中的维生素 A 和胡萝卜素，100 g 蔓荆籽含维生素 A 低于 0.003 mg，胡萝卜素为 0.2 mg。

2.4　粗脂肪和脂肪酸的分析

用索氏法测得蔓荆籽含粗脂肪 8.23%。气相色谱法分析蔓荆籽中脂肪酸的含量见表 3。

表 3　蔓荆籽中脂肪酸的含量

脂肪酸	含量(%)	脂肪酸	含量(%)
12:0	0.11	20:3	0.27
17:0	0.14	22:0	0.11
18:1	30.92	16:1	0.33
20:1	1.14	18:0	4.55
20:5	0.25	20:0	0.51
16:0	4.76	20:4	0.12
17:1	0.30	22:1	0.21
18:2	54.45	其他	1.82

由分析结果可见，蔓荆籽油中含大量不饱和脂肪酸，包括亚油酸和花生四烯酸这两种必需的脂肪酸。与几种常见植物油比，蔓荆籽油中的亚油酸含量较其他植物油高(见表 4)。

表 4　常见植物油中亚油酸的含量

名称	亚油酸(%)	名称	亚油酸(%)
花生油	37.6	米糠油	74.0
豆油	52.2	芝麻油	43.7
菜籽油	14.2	茶油	7.4
玉米油	47.8	蔓荆油	54.4

综上所述，对蔓荆籽的分析研究表明，蔓荆籽中含有人体必需的 8 种氨基酸，丰富的微量元素，特别是含多量与人体生长发育有密切关系的锌(Zn)。含有提高人体免疫功能和抗病功能的锗、硒、维生素 E 和亚油酸等。因此，蔓荆具有很高的开发利用价值。

3 蔓荆综合利用途径

蔓荆不仅在固沙保水方面作用非凡，根据前面对蔓荆籽化学成分分析结果，经江西省食品卫生监督检验所对蔓荆提取液进行动物实验表明，急性毒性试验在相当于人日用量的20倍以上条件下，给提取液组的小白鼠无异常反应，测不出LD_{50}值，提示无毒性反应，认为蔓荆籽还可以从以下几个方面进行综合开发利用。

3.1 制药

蔓荆籽中含有的γ-氨基T酸、锗、维生素E、不饱和脂肪酸等有效成分，可通过生物高新技术制取具有降压、抗癌以及防治冠心病的药物，其挥发油成分在临床上有驱风解表、消炎镇痛、抗菌杀虫等功效。因此，蔓荆在医药界有非常广阔的利用前景。

3.2 保健食品

随着国际上“回归大自然”风潮的兴起，天然产物和以天然产物为原料生产加工的营养保健食品不断涌现，市场占有率不断提高，由于蔓荆籽中含有丰富的氨基酸、维生素E和不饱和脂肪酸、微量元素等营养保健成分，而这些营养成分同广大消费者需求相吻合，因此可加工成功能齐全的系列保健食品。

3.3 提取维生素E

维生素E不仅在医药方面有防衰老、抗肿瘤的作用，而且在食品工业中还是一种安全高效的抗氧化剂。由于蔓荆籽油中含有极其丰富的维生素E(每100 g蔓荆籽油含维生素E168.04 mg)，因此蔓荆籽可以作为提取纯天然维生素E的极好原料。

3.4 合成樟脑

蔓荆植物中含有大量的挥发油，其主要成分是α-蒎烯和β-蒎烯，它们在工业上可合成樟脑，是轻化工业中的重要原料。

3.5 制配天然化妆品

蔓荆籽油含有维生素A、维生素E以及不饱和脂肪酸和微量元素，它们不仅易于渗入皮肤，被皮肤吸收，而且是皮肤的高级营养品，可促进真皮、皮层的新陈代谢，消除表皮色素沉着，减少皱纹，使皮肤光滑细嫩。因此，蔓荆籽在化妆品工业也有着非常有效的应用价值。

4 蔓荆对沙地生态环境的改良效益

在水土保持方面，蔓荆作为沙地治理先锋植物在江西省利用已非常普及。沙地被认为是难以治理和利用的土地，主要原因是水、肥、气、热很不协调，表现为缺素严重，非毛管孔隙过大，物理性沙粒过多，肥素难以被吸附或转化，水分极易蒸发。据星子、都昌、新建等县对沙地多点取样测定，沙粒直径在0.1~1.0 mm。有机质含量只有0.025%~0.124%，全氮0.0046%~0.052%，全磷0.014 4%~0.040 2%，速效钾0.001 8%~0.006%，含水量差异较大，在0.2%~10%，孔隙度为45.6%，pH值为5~7。沙地具有吸散热快的特点，夏季地面温度高达70 ℃。很多植物不能正常生长，而蔓荆依赖其气生根，匍匐生长于沙地中，生长迅速，生物量大。据调查，栽植3年的蔓荆冠幅可达3.1 m，根长达5 m，年生物量达7.5 t/hm^2。覆盖度达70.0%，0~30 cm沙层有机质可提高到

0.65%，孔隙度趋于合理，达55%左右，含水量可达18%，速效养分均有不同程度的提高。

江西省沙丘区沙害较为严重。据调查，仅新建县厚田乡有1 000 hm^2 农田遭到沙害，被埋没良田达419 hm^2。自蔓荆栽植以来，有效地阻止了沙地蔓延到1992年，新建县厚田乡沙地变成了绿洲，不再给当地群众生产生活带来威胁。近几年，当地群众进行了利用栽植蔓荆的沙地种植其他经济作物的尝试，选择了适宜于轻质土壤生长的花生、油菜、芝麻等作物，为当地群众收益提供了更广阔的来源，拓宽了沙地的利用途径。

蔓荆籽含有8种人体必需氨基酸、丰富的微量元素、维生素E和亚油酸，在营养医疗保健的产品方面有广泛的开发价值。随着蔓荆系列产品开发，市场所需量将大幅度的增加，全省近3万 hm^2 沙地均可种植，这样不仅治沙得以实现，而且可获得数量可观的蔓荆籽。按现有的产量和售价来计，仅原料销售一项，每年至少可增加经济收入1 440万元，如果加强管理，其经济效益可以翻番。

5　结语

全球性的环境污染已成为国际社会瞩目的热点。保护人类的生存环境，维护生态平衡已列入各国重要的议事日程。《中国21世纪议程》的提出，充分表明我国政府对环境保护的重视。为此我们必须从我国的国情出发，走出一条社会主义市场经济与生态环境保护协调统一的发展道路。

蔓荆既能固沙保水，改善生态环境，又易管理、耐瘠薄，是治理我国南方土壤沙化的首选优良植物。蔓荆籽含多种人体必需的氨基酸、微量元素、维生素E和亚油酸，开发成医疗保健产品前景广阔，如果在扩种蔓荆的同时，对产品进行深加工，必可获得更大的经济效益、生态效益和社会效益。

南方花岗岩剧烈侵蚀区小流域综合治理技术推广及其效益分析

——以横坑小流域可持续开发治理为例

胡建民

（江西省水土保持科学研究所，南昌 330029）

小流域治理如何打破单纯为治理而治理的陈规？怎样把小流域水土流失治理、环境整治与资源可持续开发利用有机结合起来，推进农业产业化建设，发展小流域经济，促进脱贫致富？这些都是在社会主义市场经济新形势下，水土保持工作者必须面对和回答的问题，也是水土保持事业面向新世纪发展的关键性问题。为此，我们在开展国家科委“九五”科技重点推广项目“南方花岗岩剧烈侵蚀区小流域综合治理技术推广”（该项技术成果1991年获水利部科技进步二等奖，1992年获国家科技进步三等奖）的过程中，选择横坑小流域进行重点调查和试验研究，探索南方丘陵山区小流域可持续开发治理的有效模式。该流域以可持续发展的战略思想和理论，开展水土流失综合治理与资源开发利用，使水土流失得到了有效控制，农业生产条件和生态环境明显改善，水土资源得到充分合理的开发利用，小流域经济迅速发展，治理开发成效显著。

1 小流域概况

横坑小流域位于江西省瑞金市东北部壬田镇境内，是瑞金市绵江河中、上游的一条支流，流域自北向南延伸，长约6 km，东西平均宽约4.5 km，流域土地总面积15.72 km^2。该流域地貌类型属丘陵、岗地地貌，平均海拔120 m左右，最高处海拔380 m；山地土壤以紫色页岩风化而成的紫色土为主，其次是红色砂岩风化发育而成的红棕色沙壤土；山地植被除上游与龙山水库库区以南较好外，其余山地多为荒山，植被覆盖度为32%；流域气候四季分明、热量丰富、雨量充沛，年平均气温18.8 ℃，无霜期274 d，多年平均降水量1 665.7 mm，且主要集中在4～6月，属典型的亚热带季风湿润气候。据1995年调查，横坑小流域水土流失面积达482.6 hm^2，占土地总面积的31%，占山地面积的96%，其中：轻度流失241.8 hm^2，中度流失126 hm^2，强度及其以上流失114.8 hm^2，分别占流失总面积的50%、26%和24%（土壤侵蚀分级标准根据《水土保持技术规范》(SD238—87)确定），年流失土壤1.84万t。轻度水土流失主要分布在流域上游的红砂岩区，中、强度水土流失主要分布在流域中、下游的紫色页岩区。严重的水土流失造成该流域农村生态环境失调，产业结构不够合理，给农业生产带来严重的影响，制约着农村经济的发展和群众生活水平的提高。横坑小流域包括横坑、竹塘、下街、半坑、青龙5个行政村，辖51个村民小组，1995年底流域内有农户 1 823 户，总人口 8 302 人，人口密度 528 人/km^2，农业劳动力 4 688 人。流域农地、林地、草地、水域、荒地、非生产用地比例为 1∶0.87∶0∶0.15∶0.24∶1.22，粮食总产量 294 万 kg，平均产量 6 525 kg/hm^2，人均产量 344.6 kg/人；农业各业总产值 912 万元，仅种植业就占了 53%，农民年人均纯收入 700 余元，生活相当贫困。

2　横坑小流域综合治理措施配置

横坑小流域从 1996 年初至 1998 年底，应用“南方花岗岩剧烈侵蚀区小流域综合治理技术”，开展水土流失综合治理和水土资源开发利用，其综合治理措施配置体现以保持水土、改善生态环境为基础，以充分合理开发利用自然资源，推动流域经济向特色商品化、规模化方向发展为目的，山、水、田、林、路全面规划，因地制宜，综合治理。综合考虑该流域的自然资源条件、水土流失特点和治理要求、土地利用现状以及流域经济发展方向等因素，科学安排各项水土保持措施，坚持工程措施、生物措施与农业耕作措施紧密结合，完成从山上到山下、从源头到河口全方位治理，有效拦蓄地表径流，控制泥沙流失，做到“土不下山、水不乱流”。综合治理措施配置如下：

(1)对流域上游红色砂岩轻度水土流失陡坡地(25°以上)，实行封禁治理，划定范围，完善制度，指定责任人，落实责任，限期恢复植被，见缝插针补植木荷、枫香等阔叶树，提高山地植被覆盖率，共实施封禁治理 241.8 hm^2。

(2)对流域中、下游紫色页岩中、强度水土流失陡坡地(25°以上)，营造水土保持林，控制泥沙流失，采取工程措施与生物措施相结合，先开挖水平竹节沟或进行穴垦等工程整地，后种植乔、灌、草，共营造水土保持林 83.3 hm^2，种草 32 hm^2。

(3)对流域内的水土流失缓坡地(25°以下)，在立地条件允许的条件下，尽可能地进行开发利用，采用坡改梯或进行穴垦、撩壕等工程整地后，种植大枣、桃、李等果树或其他经济作物，开发种植经济果木林 125.5 hm^2。

(4)对坡面、沟谷的侵蚀沟，采取节节拦蓄，从沟头到沟尾，自上而下布设谷坊、塘坝等小型蓄排工程，共计 104 座，直接拦蓄泥沙和径流。

3　资源可持续开发利用途径

小流域综合治理的目的是治理水土流失，改善农业生产条件和生态环境，并最终推动小流域经济的可持续发展和群众生活水平的提高。因此，横坑小流域始终把治山、治水与治穷致富结合起来，深挖水土资源潜力，坚持“六个一”目标，即“治理一条小流域、留下一批责任人、开发一片基地、建立一条产业链、发展一方经济、富裕一方群众”的目标，治理与开发同步实施，以治理水土流失、改善生态环境为基础，以特色果品的种植、加工与销售为突破口，组织群众大规模地治山治水，开发荒地资源。

(1)以市场为导向，依托资源环境优势，发展名优精品果树，培植流域支柱产业。横坑小流域除上游外，基本上处于紫色页岩分布区，适宜开发种植枣、桃、李等落叶果树，加上该流域群众有种植落叶果树的传统习惯，形成了一方传统名优精品果树，如种植的大枣个大肉甜，早禾枣果型中等，外红内黄核小，最宜发展蜜饯加工。因此，该流域所在的壬田镇政府在进行可行性论证的基础上，选择红枣作为开拓市场的切入点，采用承包、租赁、拍卖和股份制等多种方式,吸引社会各方力量参与荒地资源开发,建立果业开发基地,采取“三大一篓”(大穴、大肥、大苗、营养篓)、“三保一沟”(保水、保土、保肥、竹节沟)等治理开发措施,高标准建设果园;此外,农户在完成治理开发合同责任范围内任务的同时,在自己的田边、地角、房前、屋后等空地上大种落叶果树,使流域治理开发形成高潮。几年来,横坑小流域采取统一规划、集中治理、连片开发、分户管理的形式,发展经济果木林125.5 hm^2,种植枣、桃、李等落叶果树18.8万株,“四旁”果树和地埂种果88.9万株,合计种植果树27.7万株,现已初步达到年产100余万kg的鲜果生产能力。

(2)积极创办农副产品加工企业,提高产品附加值。加工企业特别是龙头企业是推动农业产业化建设和区域经济发展的关键力量。为推动流域经济快速发展,壬田镇政府结合本地枣、桃、李资源优势,1996年引进外资1 000余万元,建起了年加工200万kg鲜果的飞鸿蜜饯加工厂,加工生产大枣、桃、李蜜饯,其产品已远销韩国、日本、新加坡、香港等国家和地区。该厂与当地400多户果农和3个基地签订了稳定的购销合同,使开发种植的产品有了销路,企业加工有了原料,形成了具有流域特色的枣、桃、李果品生产加工基地,实现了生产、加工与销售一体化经营的农业产业化模式;该厂还出资200万元,在当地建立了一个优质苹果、枣生产基地,进一步扩大了种植规模和优质果品的引种推广,调动了广大群众开发种植的积极性。

(3)加强配套服务。为促进水土流失的有效治理和水土资源的可持续开发利用,镇、村两级政府加强了以信息服务、技术服务和中介服务为主体的配套服务体系建设。其中,信息服务包括市场供求信息、名优特新品种信息、产品购销信息等;技术服务包括小流域规划治理技术、果树栽培管理技术、产品加工与保鲜技术等;中介服务包括资金、人才和技术的引进及产品营销等。

4 治理开发成效分析

4.1 生态效益

横坑小流域经过综合治理,基本控制了原有水土流失。调查结果显示,水土流失面积由治理前的482.6 hm^2 减少到治理后的125.2 hm^2,减少了74%;植被覆盖率由原来的32%提高到73%;各项水土保持措施1998年保持土壤1.55万t,拦蓄径流136万 m^3,流域年土壤侵蚀量由治理前的1.84万t减少到治理后0.29万t,保土效率达84.24%;年地表径流量由治理前的413万 m^3 减至治理后的277万 m^3,蓄水效率达33%(见表1)。可见,水土保持措施蓄水保土效果明显,该流域水旱灾害减少,灾害程度减轻,生态环境明显好转。

4.2 社会效益

横坑小流域综合治理和资源的可持续开发利用,使流域土地利用结构渐趋合理(见表2)。治理后,该流域粮食总产量增加了52.5万kg,达到347万kg,平均产量7 260 kg/hm^2,增长了11.26%,人均产量达406 kg/人,粮食自给有余。通过资源开发和农业产业化建设,横坑小流域经济发展迅速,治理后各业总产值2.3亿元,比治理前翻了三番,而且,流域农业内部结构得到了调整和优化,各业产值中,工副业和林业产值所占的比重大幅度提高,而种植业产值比例大幅下降,工副业产值占各业总产值的比重由治理前的7.2%上升到治理后的39.0%,种植业产值比例由治理前的53%下降到治理后的24.6%;流域经济总收入由治理前的638万元增加到1 960万元,农民人均纯收入达到2 295元,是治理前的3倍(见表3)。通过小流域治理开发,群众尝到了甜头。因此,流域内干部群众的水土保持意识和治理开发积极性高涨,人们保护自然资源和生态环境的自觉性有了进一步的增强,人为水土流失现象基本得到控制。

表1　水土保持措施蓄水保土效益

项目	年份				增减(%)
	1995	1996	1997	1998	
年侵蚀量(万t)	1.84	1.30	0.79	0.29	-84.24
拦蓄泥沙(万t)		0.54	1.05	1.55	
占总侵蚀量(%)		29.35	57.07	84.24	
年径流量(万m^3)	412.36	360.26	318.43	276.59	-32.93
拦蓄径流(万m^3)		52.10	93.93	135.77	
占总径流量(%)		12.63	22.78	32.93	
植被覆盖率(%)	32.40	42.30	55.40	72.50	

表2　横坑小流域土地利用结构变化　　(单位:hm^2)

各业用地	农地	林地	经济林果园	草地	荒地	水域	非生产用地	合计
农地					-19.70	-7.00		
林地			31.90	15.13			-2.53	
经济林与果园		-31.90			-72.20			
草地		-15.13			-16.87			
荒地	19.70		72.20	16.87				
水域	7.00							
非生产用地		2.53						
治理中共增加	26.70	2.53	104.10	32.00	0.00	0.00	0.00	165.33
治理中共减少	0.00	-47.03	0.00	0.00	-108.77	-7.00	-2.53	-165.30
治理前面积	150.73	369.60	21.40	0.00	110.47	68.50	551.30	1 572.00
治理后面积	477.43	325.10	125.50	30.00	1.70	61.50	548.77	1 572.00

4.3　经济效益

为了准确评估横坑小流域治理开发的经济效益,在此,运用《水土保持综合治理效益计算方法》(GB/T 15774—1995)和水利经济学方面的有关方法,对该流域治理开发的经济效益作一动态分析评价。计算基准年取1996年初,经济计算期限取$N=30$年,社会折现率取$I=7\%$,计算结果如表4所示。根据表4中数据计算得:各项水土保持措施预计将产生总净效益现值达870万元,年净效益现值为70万元,远大于0;效益费用比为2.15,大于1;投资回收年限9.4年,经济内部回收率为21.8%,大于社会折现率7%。可见,横坑小流域综合治理和资源可持续开发利用,从经济角度来看,效益显著,合理可行。

表3　横坑小流域社会经济指标对比

治理阶段	粮食总产量(万kg)	平均产量(kg/hm^2)	人均产量(kg/人)	各业总产值(万元)	工副业产量(万元)	农业产值(万元)	人均纯收入(元/人)
治理前	294.1	6 523.5	344.6	912.39	65.7	480.98	769
治理后	346.61	7 260	406.2	2 997.93	1 169.72	736.45	2 295
增加(%)	17.90	11.30	58.60	228.60	1 680.40	53.12	198.40

表4　横坑小流域治理开发经济效益计算　(单位:万元)

年份	原值					现值		
	投资	折算系数	年运行费	效益	折算系数	投资	年运行费	效益
1996	111.51	1.000 0	19.77	3.25	0.934 6	111.51	18.48	3.03
1997	100.85	0.934 6	37.34	20.91	0.873 4	94.25	32.61	18.26
1998	71.87	0.873 4	40.98	33.49	0.816 3	62.77	33.45	27.34
1999			40.98	36.53	0.726 9		31.26	27.87
2000			40.98	77.90	0.713 0		29.22	55.54
2001			40.98	113.83	0.666 4		27.31	75.86
2002			40.98	136.70	0.622 8		25.52	85.13
2003			40.98	156.02	0.582 0		23.85	90.80
2004			40.98	179.20	0.543 9		22.29	97.47
2005			40.98	191.36	0.508 4		20.83	97.29
2006			40.98	194.17	0.475 1		19.47	92.25
…			…	…	4.910 6		201.24	953.49
2025			40.98	194.17				
合计	284.23		1 024.55	4 832.59		268.53	485.53	1 624.33

注:①效益为治理开发措施产生的直接经济效益;②投资按每年年初一次结算,运产量,然后依据当地1998年的市场价格折算成单位面积产值进行计算,其中:水保林、经济林从第5年开始生效,第9年效益稳定;种草当年生效,第2年稳定;封禁当年生效,第4年效益稳定($N=30$年,$I=7\%$)。

5　结论

随着社会主义市场经济的深入发展,对水土保持工作提出了更高要求。

实践证明,流域治理只有坚持可持续发展的战略思想,治理与开发并举,把流域水土流失治理、环境整治与资源可持续开发利用及农业产业化建设有机结合起来,做到规模化治理、区域化开发、集约化经营、专业化生产、产业化发展,实现经济、社会效益与生态效益的有机统一,并最终推动区域经济的可持续发展,才能取得理想效果。

参考文献

[1]吴恒安,等. 实用水利经济学[M]. 北京:水利电力出版社,1988:38-52.

小流域"猪沼果"生态治理模式及其效益分析

胡建民　左长清　杨　洁

（江西省水土保持科学研究所，南昌　330029）

"猪沼果"水土保持生态治理模式是江西省赣南山地丘陵区治理水土流失过程中探索和总结出来的一种新型的小流域综合治理模式。它应用水土保持学、生态经济学和系统工程学等学科原理，以小流域为单元，以治理户为基础，以沼气为纽带，立足农村"四荒"资源，围绕主导产业，采取"山顶戴帽（水保林）、山腰种果（经果林）、山脚建池养猪、水面养鸭（鹅）、水中养鱼"的立体治理开发模式，把沼气池、猪舍和厕所结合起来，因地制宜地开展"三沼"（沼气、沼渣和沼液）综合利用，从而把养殖业（猪）、农村能源建设（沼）和种植业（果）等有机地结合在一起，实现"四荒"资源的综合治理和高效开发利用。经过多年的探索、实践、丰富和完善，各地区根据实际情况，又总结形成了猪—沼—稻、猪—沼—鱼、猪—沼—菜、猪—沼—蔗等多种模式。笔者结合国家科技部农业科技成果转化资金项目的实施，在江西省信丰县的河子背、柏树茓 2 条小流域开展了"猪沼果"水土保持生态治理模式的示范推广与调查，结果表明，"猪沼果"水土保持生态治理模式不仅带动了养殖业和种植业等相关产业的快速协调发展，而且对防治水土流失，改善生态环境，解决农村生活能源，建设生态农业，发展小流域经济，实现农业增产、农民增收、农村致富等都具有十分重大的意义。

1　小流域概况

1.1　自然与社会经济概况

河子背、柏树茓 2 条小流域均位于赣江上游的贡水流域内，属全国水土保持重点治理区，土地总面积 45.74 km^2。地貌类型以丘陵为主，地势比较平坦，坡度在 25°以下的面积占土地总面积的 82.8%。流域内多年平均降水量为 1 520 mm，集中在 4～6 月，并多以大雨、暴雨形式出现。多年平均气温为 19.4 ℃，年平均日照时数约为 1 760 h，无霜期长达 296 d，≥10 ℃的有效积温为 6 159.5 ℃。山地土壤类型以红壤和紫色土为主，成土母质主要为第四纪红黏土和紫色页岩风化物，土壤酸性强、有机质含量低，易受侵蚀。山地植被主要为人工营造或自然恢复的次生林，如马尾松、湿地松、杉木针叶林，油茶灌丛林，竹林和荒山灌草丛等，植被覆盖率低，约为 30%。两条小流域涉及信丰县的大塘埠镇和嘉定镇，共 11 个行政村，4 030 户农户。2002 年底总人口 1.68 万人，人口密度为 367 人/km^2，农业劳动力 8 973 人。小流域土地总面积 45.74 km^2，其中农地 1 032 hm^2，林地 2 025 hm^2，水域 435 hm^2，荒山荒地 450 hm^2，其他用地 632 hm^2。人均耕地面积 0.06 hm^2。小流域农业总产值为 4 100 万元，粮食总产量为 532 万 kg，人均占有粮食 316.7 kg/人。

农民人均纯收入仅为1 046元/人。

1.2　水土流失情况

河子背、柏树芫小流域均位于我国南方红壤丘陵水力侵蚀区，水土流失以水力侵蚀为主，兼有崩岗等重力侵蚀。治理前水土流失面积为2 475 hm^2，占土地总面积的54.1%。其中：轻度流失面积223 hm^2，中度流失面积961 hm^2，强度流失面积954 hm^2，极强度流失面积203 hm^2，剧烈流失面积134 hm^2；分别占水土流失总面积的9.1%、38.8%、38.5%、8.2%和5.4%。年均土壤侵蚀总量达12.4万t，平均侵蚀模数为4 990 t/(km^2·a)。

2　“猪沼果”生态治理模式技术原理

“猪沼果”水土保持生态治理模式是按照水土保持学、生态经济学和系统工程学原理进行的一种融生态、经济效益和社会效益于一体的新型水土保持综合治理模式，是一个以沼气为纽带，联动生猪、果业、经济林、水产业、家禽业、水稻、蔬菜等相关产业共同发展的生态模式化工程。如果把养猪、水产和家畜(禽)看成是养殖业，把种果、经济林、水稻和蔬菜看成是种植业，通过沼气的纽带作用，就把养殖业、种植业和群众生活用能等有机地结合在一起，在种植业生产过程中产生的作物秸秆和树叶、植物残体，养殖业生产过程中产生的动物粪便以及人类生活废弃物、粪便等都可进入沼气池，进行厌氧发酵，产生沼气、沼液和沼渣。沼气的主要成分是甲烷，可作为生活能源供煮饭、点灯之用，是解决农村能源的有效途径；沼液和沼渣是经过发酵的速效有机肥料，可作为种植业的肥料来源，也可作为畜禽水产养殖的优质饲料。这样便形成了相互促进、良性循环的生态产业链，解决了水土流失区燃料、肥料和饲料紧缺的矛盾。简言之，“猪沼果”生态治理模式的运作方式是：种植业的秸秆和养殖业的粪尿进入沼气池，发酵产生沼气，沼气用于治理户日常做饭、点灯。沼肥(沼渣、沼液)用于果树或其他农作物。沼液用于拌饲料喂养生猪，果园可以套种蔬菜和饲料作物，以保证生猪的饲料供给。治理户除养猪外，还经营包括养牛、羊、鸡、鸭、鹅及水产业等；果业也可包括粮食、蔬菜、经济作物等种植业。其技术途径见图1。

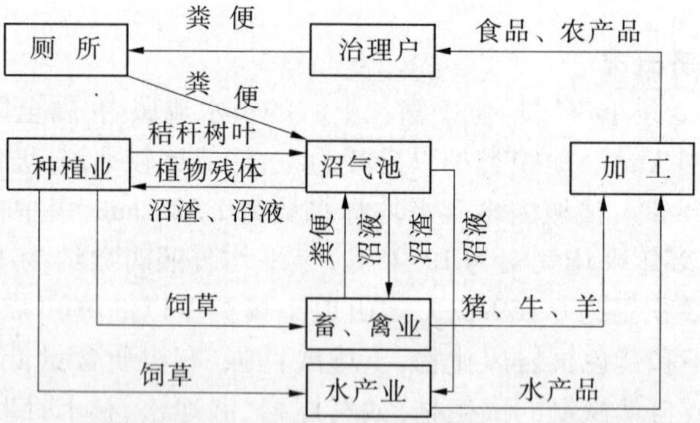

图1　“猪沼果”水土保持生态治理模式运行技术路线图

3　“猪沼果”生态治理模式实施措施

3.1　实施情况

两条小流域应用“猪沼果”生态治理模式，共治理水土流失面积2 417 hm^2，其中：坡改梯 93 hm^2,营造水土保持林 771 hm^2,开发经济果木林 680 hm^2,种草 106 hm^2,封禁治理 767 hm^2。修筑塘坝 209 座、谷坊 1 045 座,开挖沟渠 1 210 km,建设沼气池 3 979 个、省柴灶 3 697 个,初步形成了以脐橙、生猪为主导产业的果业和畜牧业发展格局,2004 年出栏生猪 3.49 万头,果品产值达 1 360 万元。

3.2 主要措施

3.2.1 加强宣传,积极发动群众

为了全面推进"猪沼果"水土保持生态治理模式的实施,促进当地生态农业的发展,当地政府高度重视。一是加强了组织领导,县、乡及沼气建设重点村均成立了"猪沼果"工程建设指挥部或生态农业建设领导小组,以协调各部门之间的关系;二是加强宣传引导,通过报纸、会议、电视、印发宣传单、举办培训班、组织沼气技术下乡等活动,向群众宣传水土流失的严重性和危害性,宣传"猪沼果"生态治理模式的作用和效益,以提高群众对"猪沼果"生态治理模式的认识;三是制定优惠政策,调动群众的积极性。在资金扶持、税费优惠、荒山拍卖租赁等方面,制定了一系列优惠政策。凡申请建池建猪舍用地随时审批,免收任何费用,而且每个沼气池补助 800 元,承包治理开发荒山荒坡,租赁山地 1 hm^2 租金 1 500 元,50 年不变,可以继承和转让。

3.2.2 强化部门配合,搞好技术服务

各职能部门在县政府的统一领导下,各司其职,齐抓共管,密切配合,为"猪沼果"生态治理模式的示范推广共同提供全方位的技术服务。县水土保持部门负责水土流失和"四荒"资源治理开发总体规划和设计,提供果园整地施工和管理技术服务与指导;县能源部门负责沼气池的设计与建设,实行"两统、五包"管理,即统一调度建池技工、统一安排模具,包建池,包安装,包指导,包维修,不合格的包重建;县畜牧水产部门负责畜、禽、水产饲养,防病技术指导;县果业部门负责果树栽培与管理技术及病虫害防治技术的指导。这样,各部门各负其责,密切配合,为治理户提供优质的技术服务,及时解决治理户碰到的实际问题,使得沼气池建一个成一个,"四荒"地治一片成一片,见效一片。

3.2.3 坚持典型引路,发挥示范作用

坚持典型引路、示范带动的思路,采取领导带头抓典型,扶持大户树典型,部门参与搞示范的方式,抓好典型示范户、示范村的建设。如河子背小流域长岗村上莲塘村民小组,有 68 户农户,在政府各有关部门的大力支持与指导下,建设沼气池 51 个,人均开发果园 670 m^2,现取得了良好的生态效益和经济效益。典型示范户、示范村的建设,发挥了很好的示范带动作用,引导和带动周边的农民主动申请参与"猪沼果"水土保持生态治理,建设沼气池,治理开发"四荒"资源。

3.2.4 加强资金整合,多方增加投入

在国家水土保持专项治理资金的扶持下,采取财政拨款、银行贷款、农民自筹、项目支持相结合的办法,多渠道、全方位筹集资金,加大"猪沼果"水土保持生态治理的投入。一是县级财政克服困难,挤出资金,设立沼气池建设专项补助基金,实行以奖代补的办法,对建池户给予适当补助。近年来,县乡财政每年拿出 160 多万元用于治理开发户的资金补助。二是整合项目资金,对水土保持重点治理资金、红壤开发资金、能源补助资金、老建扶贫资金、以工代赈资金、农业综合开发资金、商品猪基地建设资金等项目资金进行整合,在

不改变各项目资金使用管理规定的条件下捆绑使用,各记其功,推动“猪沼果”水土保持生态治理模式的实施。三是通过优惠政策,吸引民间资金特别是外资投入“猪沼果”水土保持综合治理。

4 “猪沼果”生态治理模式的综合效益

4.1 解决农村能源,保护山地植被,控制水土流失

在2条小流域水土流失严重的地方一般林草稀疏,林相单一,燃料、肥料、饲料、木料“四料”俱缺,群众生活能源紧张。以前,为了解决烧柴问题,群众上山扒松针、割茅草、铲草皮甚至挖树蔸的现象随处可见,加剧了对山地植被的破坏,致使水土流失越来越严重,生态环境不断恶化,陷入了“越缺越砍,越砍越少,越少越流,越流越缺”的恶性循环中。“猪沼果”生态治理模式的实施,为农村生活能源提供了一个新的来源渠道。沼气的发热值比较高,据试验研究[1],每1 m^3 沼气的发热值为21.76~27.61 MJ,平均发热值为23.01 MJ/m^3。每个农户建一个6~8 m^3 的强回流高效半球形沼气池,每天可产生沼气约2.1 m^3,沼气池一年四季均可产气。据测算,按正常产气量常年产气,一个沼气池一年可产沼气766.5 m^3,可节约薪柴6 m^3 以上。以此推算,流域内3 979个沼气池,每年可节约薪柴2.39万 m^3,按我国森林平均年生长量3.36 m^3/hm^2 计算,相当于7 105 hm^2 森林的年生长量。

可见,“猪沼果”治理模式对缓解水土流失区群众生活能源紧缺的矛盾,促进山地植被的保护,效果显著。山地植被的有效保护,为生态自我修复创造了条件,使流域内水土流失得到了有效控制,生态环境明显改善。水土流失面积由治理前的2 475 hm^2 减少到治理以后的807 hm^2,减少了67.4%;土壤侵蚀量由治理前的12.4万t减少到治理后的1.66万t,减少了86.6%;植被覆盖率由治理前的30%增加到治理后的85%,增长了55%(见表1)。

表1 小流域水土流失变化情况

时间	土地面积(hm^2)	水土流失面积(hm^2)	流失面积占土地面积(%)	各级水土流失面积(hm^2)					植被覆盖率(%)
				轻度	中度	强度	极强度	剧烈	
治理前	4 574	2 475	54.1	223	961	954	203	134	30
治理后	4 574	807	17.6	210	326	157	75	39	85
增减值	0	-1 668	-36.5	-13	-635	-797	-128	-95	55

4.2 增加肥料、饲料,促进侵蚀劣地的治理与开发

人畜粪尿和绿肥、秸秆在沼气池厌氧条件下发酵后的沼液沼渣是农作物容易吸收的速效有机肥。根据测定[4],沼肥中含全氮0.95%,全磷0.26%,全钾0.90%,氨态氮239.1 mg/kg,速效磷36.3 mg/kg,水溶性钾185.3 mg/kg。根据示范区典型沼气户的调查,一个8 m^3 左右的沼气池每年可产沼肥约18 100 kg,折算后含全氮172.04 kg,全磷46.39 kg,全钾162.61 kg,氨态氮4.33 kg,速效磷0.66 kg,水溶性钾3.35 kg,可见沼肥含

肥量相当可观。沼液沼渣不仅可以促进植物生长，而且可以增强植物的抗旱、抗病能力。据样方观测，施用沼液的纽贺尔、朋娜脐橙，比未施用的年生长量增加 23 cm 以上，多长 8% ~12% 的枝梢，且基本无病虫害，叶片浓绿，长势旺盛。同时，沼液含有丰富的氨基酸和维生素，因此沼液又是一种优质的饲料和饵料。用拌有沼液的饲料养猪，不但可节约 20% 的饲料，猪还长得快，每月可增重 3 ~4 kg，降低了饲养成本，缩短了出栏时间。用沼液养鱼，可以减少鱼病的传染，提高鱼苗成活率和鱼的品质，提高池塘养鱼的混养密度，增加单位面积产鱼量。“猪沼果”生态治理模式的实施，有效地解决了“四荒”资源治理开发所需的肥料和养殖业所需的饲料，大大激发了当地群众参与“四荒”资源治理开发的积极性，这 2 条小流域共治理水土流失面积 2 417 hm^2，水土流失治理度达 98%，开发出高标准果园 680 hm^2，修建沼气池 3 979 个，水土流失治理的步伐显著加快。“一户人、一个池、一栏猪、一园果、一棚菜、一塘鱼”的“四荒”治理开发模式随处可见，呈现出一派生机盎然的景象。

4.3 发展农村经济，加快群众脱贫致富的步伐

目前，党中央、国务院以及地方各级党委、政府都把“三农”问题作为全部工作的重中之重。农民收入增长缓慢是“三农”问题的症结所在，农民增收是解决“三农”问题的关键。“猪沼果”生态治理模式的实施，把治山治水与治穷致富结合起来，把水土流失治理与农业增产、农民增收和农村经济发展结合起来，使小流域经济得到了长足的发展，农民收入明显提高。农业总产值由治理前的 4 103 万元增加到治理后的 8 288 万元增长 1 倍；粮食总产量由治理以前的 532 万 kg 增加到治理后的 976 万 kg，增长了 83.5%；人均占有粮食由治理前的 317 kg 增加到治理后的 571 kg，增长了 80.2%；农民人均纯收入由治理前的 1 046 元增加到治理后的 3 917 元，增长了 2.7 倍（见表 2）。

表 2　小流域主要经济指标变化

项目		治理前	治理后	增减值	增幅(%)
粮食	总产量(万 kg)	532	976	444	83.5
	人均占有粮食(kg/人)	317	571	254	80.2
经济收入	总产值(万元)	4 103	8 288	4 185	102.0
	人均产值(元/人)	2 442	4 847	2 405	98.5
	人均纯收入(元/人)	1 046	3 917	2 871	274.5
各业产值	农业(万元)	1 352	1 410	58	4.3
	林业(万元)	303	1 492	1 189	392.4
	牧业(万元)	962	3 420	2 458	255.5
	工副业(万元)	1 242	1 845	603	48.6
	其他(万元)	244	121	-123	-50.4

4.4 改善农民生活条件，促进了农村精神文明建设

“猪沼果”生态治理模式的实施，实现了厕所、猪舍与沼气池三结合，使人、禽、畜粪尿

直接入池处理,防止了各种有害寄生虫和病菌的产生与传播,改善了农村生活环境和卫生状况。同时,还减轻了农民的劳动强度,大幅度节省了农民外出砍柴做饭的时间,增加了学习和娱乐的时间。此外,“猪沼果”生态治理模式的实施,促进了农村经济的快速发展,农民的生活水平普遍提高,农民盖新房和购买彩电、摩托车、手机等高档家用品的明显增多,农村面貌焕然一新。

4.5 发挥了辐射带动作用,调动了周边群众治理水土流失的积极性

河子背、柏树芫小流域“猪沼果”生态治理模式的实施,取得了明显的生态、经济效益和社会效益。在其示范带动下,周边群众治理水土流失的积极性大大提高,出现了争治理任务的多、开发治理“四荒”资源的多、自愿投资出力的多、自觉管护治理成果的多,涌现出一大批水土保持综合治理开发的专业户和典型户,民营水保异军突起,特别是大户治理渐成规模。“四荒”治理开发示范户朱清能,租赁信丰县走马垅水库库区 146.7 hm^2 荒山和 13.3 hm^2 水面,建起精品脐橙园 86.7 hm^2,修建沼气池 12 个,年养猪 1 000 余头,把一片荒山荒滩建成了水、草、果、禽、沼气循环利用的生态园,年收入达 200 多万元。目前,信丰全县有 3 万多农户参与“四荒”资源的治理开发,修建沼气池 3.5 万多个,有 3.33 hm^2 以上的治理开发大户 700 余户,吸纳社会投资 8 亿多元,综合治理水土流失面积 249 km^2,发展以脐橙为主的经果林 2 万多 hm^2,形成了 6 个 667 hm^2 脐橙基地、15 个脐橙专业村。

参考文献

[1] 徐寿波. 能源技术经济学[M]. 长沙:湖南人民出版社,1981.
[2] 傅国儒,等. 小流域综合治理新模式——猪沼果工程[J]. 中国水土保持,1998(9):29-30.
[3] 雷加富. 论中国的森林资源经营[J]. 林业经济,2002(6):4-9.
[4] 张宁珍,等. 追施沼肥对甘蔗增产效果的研究[J]. 中国沼气,1999,17(4):31-33.

江西省水土保持生态修复的探索与实践

张茨林　谢颂华

（江西省水土保持科学研究所，南昌　330029）

1　江西省水土保持生态修复工作的开展情况

1.1　江西省水土保持生态修复试点工程实施的成效

1.1.1　范围与规模

据统计，目前江西省开展生态修复试点的县有20个，其中：水利部于2002年在江西省赣南、赣中设立2个试点县，分别是安远县和资溪县；长江水利委员会于2001年在江西省赣北设立1个试点县即安义县，试点区土地总面积822.9 km^2，涉及12个乡镇、90个村民小组、13.2万人口；江西省自己设立的试点县有17个，其中九江、吉安、上饶、赣州、抚州和宜春6个设区市各2个试点，新余、萍乡、景德镇、鹰潭和南昌5个设区市各1个试点。每个试点县确定的试点范围都为200 km^2左右，全省范围内目前实施的生态修复总面积约为4 000 km^2。

1.1.2　实施效果

通过实施封山育林和人工造林等生态修复措施，生态修复试点区生态、经济效益和社会效益明显增加。水土流失面积减小、强度减轻，植物种类增多，林相单一的状况大为改善，野生动物活动频繁，森林覆盖率提高，蓄水保土效益巨大，同时促进了农村土地利用结构和产业结构的调整。赣州市通过生态修复，区内水土流失得到初步控制，植被覆盖度平均提高了5～12个百分点，区内保土率达70%左右，蓄水效率30%左右，林分结构和生态系统结构日趋合理。通过实施生态修复工程，在改善生态环境的同时，区内生产、生活和生态条件得到有效改善，土地产出率增长10%以上，区内人均年增收比当地平均水平高出15%～25%。

1.2　江西省水土保持生态修复试点工作的主要做法

1.2.1　加强领导，落实责任

一是各试点县都成立了以县政府主要领导为组长，水保、水利、计委、财政、林业、农业、能源、矿产、环保、国土等相关部门为主要成员的生态修复试点工作领导小组，领导小组办公室设在水利水保部门，生态修复实施乡镇也成立了相应的领导机构。二是明确职责，由县政府统一组织协调，水保部门统一规划，相关部门通力合作，落实生态修复工作的目标和任务。安义县、资溪县政府还采取签订责任状的方式，把该项工作开展的好坏作为领导干部任期政绩考核的一项主要内容。

1.2.2　提高认识，营造氛围

为了提高试点县广大干部群众对生态修复试点研究与探讨工作的认识，特别是提高

实施区域干部群众的认识,营造良好的社会氛围,各生态修复试点区对生态修复工作采用电视、广播、宣传车、报刊、宣传标语等多种方式进行宣传。如安远县投入宣传经费6万元,制作350块宣传碑牌,刷写永久性宣传标语758条,设置标志牌500块,出动生态车10次,举办生态修复专题文艺演出2次。

1.2.3　抓制度建设,完善配套政策

按照水利部生态修复试点工作的要求,各试点县制定出台了做好生态修复工作的政策和规章管理制度,县政府发布了《水土保持生态修复工程实施管理办法》、《水土保持生态修复工程项目区划公告》、《水土保持生态修复工程封禁管护公约》、《封禁管护公告》和《封山育林公告》等办法和政策性文件,为试点县的生态修复工作提供了强有力的保障。

1.2.4　调查摸底,科学规划

为制定科学的生态修复规划和实施方案,各试点县水利水保部门抽调专业技术人员组成调查小组,对工程实施区自然、社会、经济等方面的情况开展全面普查摸底。在调查摸底的基础上,划定生态修复的范围,明确目标和任务,提出各项措施,因地制宜地制订了生态修复规划和实施方案。

1.2.5　强化监督,狠抓管护

管护工作是确保生态修复取得最大效益的关键措施之一。为此,各试点县都加大了监督执法力度,建立县、乡、村、组四级监督执法体系,在生态修复区建立管护队伍。如安远县水保局成立了生态环境监督大队,配备了6名专职监督员,项目区2个乡镇成立了2个中队,28个行政村每村配备1名监督管护员;安义县管护队伍采用竞聘的形式选聘管护责任人,按照每人管护1 000~1 500亩的要求,建立管护队伍,并明确管护员的职责和管护范围,实行奖罚结合的制度,树立管护责任牌,签订“定山场、定面积、定报酬、定要求、定奖惩”的“五定”责任制。

1.2.6　调整能源结构,解决燃料问题

实施生态修复封山后,农民的燃料是一个较为突出的问题,调整能源结构、开发新能源是确保生态修复“封山不封灶,封禁不减收”的重要举措。在试点工作中为了解决燃料问题,搞好能源结构的调整,江西省积极引导农民,采取多种方式帮助寻找新的能源。

(1)实施“以气代柴”工程,帮助农民兴建沼气池,政府给予适当补助。如安义县2002年在生态修复区采取猪(牛、人)—沼—果(菜、粮、渔)的循环利用生态链模式,在项目区建造沼气池。资金筹措方式主要采取县能源办从农村能源项目经费中安排400元/口,在生态修复工程经费中补助200元/口,乡、镇政府补助200元/口,群众自筹200~300元/口。

(2)实行“以电代柴”。通过城乡电网改造,实行城乡同网同价,并加大小水电建设力度,保证农民的用电。

(3)推广节柴灶。在交通不便、经济收入较低但薪柴供应不紧缺的地方,实行“改灶支付补助费,不改征收管理费”的政策。据测算,采用新式节柴灶,节柴率可达40%~50%。

(4)积极推广“以煤代柴”,实行“多能互补”。如兴国县每年县财政筹集30万元资金补贴以煤代柴、以电代柴的农户。

1.2.7 积极协调,形成合力

为达到生态修复工作实施的最佳效果,避免重复建设和各自为战,水利水保部门与林业、农业、老建等部门积极合作,围绕生态修复做文章,尽量捆绑资金投入,推进生态修复工作:一是与林业部门积极配合,在项目区实施退耕还林、长防林、珠防林、生态公益林工程及生态自然保护区等工程;二是与农业部门一起,积极组织在项目区实施农村能源建设,如沼气、节煤灶、推广液化气等;三是与老建办协调在项目区投入老建资金,逐步形成“政府领导,水保牵头,部门配合,社会参与”的水土保持生态修复工作新路子。如安远县生态修复项目领导小组协调水保、财政、计委、扶贫办、林业、农业、水利等部门,在资金紧张的县财政中安排 8 万元配套经费,并将水土保持国债资金 90 万元、老区建设资金 118.5 万元、以工代赈 30 万元、农村能源建设 20 万元、国家生态林和珠防林 120 万元等资金捆绑使用,投入到生态修复试点工程建设中,有效解决了项目资金缺口,达到了良好的综合治理效果。

1.2.8 实施动态监测,掌握生态修复效果

为了给生态修复工作提供科学依据,实事求是地反映生态修复所取得的成效,实时掌握生态修复工程实施的情况,各生态修复试点县采取与高等院校和水保科研单位联合的方式,根据生态修复工程实施的要求,制定生态修复监测实施方案,并在修复区建立监测点和试验观测样区,开展生物种群变化、植被生长量、社会经济状况变化、土壤侵蚀量变化、土壤肥力变化等效益指标方面的监测。

1.2.9 以局部治理为补充,提高自然修复水平

在生态修复实施区内坚持大规模封育保护、小范围高效治理的原则,对项目区水土流失轻、中度区实施大范围的封育保护,水土流失中、强度以上的地块开展小范围的水土流失工程措施与生物措施相结合的综合治理。如安远县在大范围封育保护的基础上,对区内 20.4 km^2 中强度以上流失区进行治理,已完成 12 处崩岗治理,开挖竹节水平沟 50 km,修反坡梯田 48 hm^2,建山塘 2 座,营造部分水保林。采用这种局部重点治理方式作为修复的合理补充,使安远县生态修复工作取得了良好的实施效果。

2 存在的主要问题

2.1 全社会对生态修复工作的认识不够

由于人们一般重视依靠人工的力量治理水土流失,对人与自然和谐相处的理念缺乏足够理解与认识。加之生态修复是在水土流失程度相对较轻的区域实施,有人认为这是避重就轻的做法,没有解决生态建设的主要矛盾和突出问题;也有人认为生态修复工程的实施会弱化重点治理的力度和作用,是一种被动消极的治理措施。这些片面的看法直接导致有的地方对这项工作不够主动和积极,工程实施有差距,成效不明显。个别地方由于对生态修复的理念、目标和任务不够明确,生态修复过程中指导思想上存在偏差,导致实施的措施不能完全做到对症下药,甚至仍用小流域治理方式开展生态修复工作。

2.2 缺乏稳定的资金投入

由于生态修复工程尚处于试点阶段,没有正式立项,缺乏专项资金,只能从其他一些渠道挤出资金用于生态修复工作,资金数量非常有限,且投入渠道也不稳定。此外,资金

不足还表现在以下方面：

（1）封山不封灶，要为农民解决燃料问题，调整农村能源结构。主要方式包括：建沼气池，推广以气代柴、以电代柴、以煤代柴等，这就需要一定的启动资金，调动农民的积极性，积极引导农民调整能源结构。

（2）生态修复区管护人员工资问题影响管护队伍的稳定。

（3）生态修复监测工作也需要一定的投入。资金投入不足加上水土流失区地方政府的财政紧张，难以满足大规模推进生态修复的需要，相当比例的农户因资金问题想建无力建、想改无力改，在一定程度上制约了生态修复工作的开展。

2.3 全省缺乏统一规划

由于生态修复工程是一项新课题，各级政府、相关部门对其认识和研究不够，因此在实施时政府的重视和相关部门的配合工作还存在差距。加之目前国家和省都尚未制定全面的水土保持生态修复规划，在生态修复的布局上还缺乏近期和长远的规划与计划来指导，使生态修复形成不了规模。

2.4 农村产业结构不够合理，农民增收渠道少

在两年多的试点期内，从总体来看，生态修复区农民致富、增加收入的渠道仍然较少，难以较快地提高农民生活水平。主要原因有：一是项目区普遍山多地少，可开垦土地资源十分有限，农村产业结构不够合理，仍以第一产业为主，农民生活方式还较为落后；二是项目区农民较为分散，难以有效实施产业化经营。项目区农民较快实现脱贫致富有利于生态修复的实施，否则将会制约和影响生态修复工作，生态修复的质量和水平也将难以保障。

2.5 试点县生态修复的科研和监测工作滞后

目前，江西省生态修复监测工作还仅限于国家试点县，尚有部分试点未进行水土保持监测工作，这对实时掌握项目实施情况、指导项目实施、及时总结实施生态修复效果都是极为不利的，也为下一步水土保持生态修复工作的全面开展带来了困难。同时，生态修复试点县监测技术力量普遍比较薄弱，技术人员缺乏监测专业技术培训，在一定程度上也制约了试点县生态修复监测工作的开展。

3 主要对策

3.1 进一步加大生态修复工作的宣传力度，提高全社会对生态修复的认识

要从生态系统演变与发展的理论、生态自我修复成功实践的经验等方面加大宣传力度，提高各级党政领导对生态修复工作的认识，争取党委、人大、政府对生态修复工作的重视。要从水土保持面临的形势任务和发展的战略高度、从加快水土流失防治步伐、快速恢复当地良好生态环境的高度认识水土保持生态修复工作，使全社会理解、支持和参与生态修复工作。

3.2 统一规划，协同推进

鉴于目前水土保持生态修复尚处于试点阶段，试点区域比较分散，还未形成规模效应，建议国家和省水土保持部门尽快制定出台具有指导意义的水土研究与探讨保持生态修复规划，按照水土流失的类型、分布、成因以及不同区域的自然状况和经济社会条件，根

据《全国生态环境建设规划》、《江西省水土保持生态环境建设规划》等相关规划，进一步明确实施生态修复的重点区域、修复面积、目标、任务，规范生态修复方式、方法和措施，并在规划的基础上搞好协调，发挥各级政府和相关部门的作用，指导与推动水土保持生态修复工作。

3.3 充分发挥生态自我修复能力，加快水土流失防治速度

一是在继续坚持以往成功经验和做法的基础上，积极调整思路，树立人与自然和谐共处理念，按照自然规律办事，坚持封育保护与治理开发相结合，加快水土流失防治步伐。二是在各个重点治理工程中将生态修复的内容和理念融入其中，将人工治理与生态修复措施有机结合，提高各重点治理工程的效果。三是采取封育结合、以育促封的方法，实施生态修复工程。

3.4 积极引导农民调整农村产业结构

要确保生态修复成果，必须积极引导农民调整产业结构，发展高质、高效农业，提高养殖业的比重，发展农产品加工业，实现种、养、加相结合，积极帮助修复区农民提高收入。对自然条件恶劣的修复区，当地政府可以采取生态移民的方式，有步骤地将该区分散的农民搬迁到交通条件较好的小城镇周围居住，既便于项目区有效实施封禁管护，也有利于农村实现农业产业化经营，从源头上解决人为破坏植被的问题。

3.5 多方筹集生态修复资金，解决资金短缺问题

要实施生态修复工程的封育保护、农村能源建设、产业结构调整，辅助必要的人工治理等，必须多方筹集资金。因此，围绕这一工程实施，建议中央安排一定专项资金。同时，在政府统一协调下，加强相关部门的通力合作，筹措资金，并制定扶持政策，调动广大群众参与，解决资金短缺的问题。

3.6 加大监督执法力度，加强生态修复管护工作

加强生态修复管护工作，必须在重管严防方面确保三个到位：一是县、乡、村、组监督管护队伍到位，组建一支精干、高效的管护队伍；二是监督管护制度到位，政府应出台相配套的强有力的管护制度，所在乡镇要制定针对性及可操作性强的管护公约；三是部门配合到位，加强国土、交通、矿产、公安、环保、林业、计委、工商等相关部门的配合，严禁乱挖乱采，防止新的人为水土流失发生。

3.7 提高生态修复工作的科技含量，加强实施生态修复的监测工作

为及时掌握生态修复实施的效果，探索生态修复的技术路线，必须加强生态修复的监测工作，围绕生态修复区水土流失状况、土壤肥力变化、生物种群变化、植物生长量以及社会经济状况变化等效益评价指标体系方面的内容，与科研院所深入合作，总结经验与做法，建立生态修复效益评价体系，为修复项目的实施和验收提供科学依据，为领导决策提供参考。

3.8 加强技术人才队伍建设

水土保持生态修复工作的顺利实施，技术人才队伍十分关键，人才缺乏在一定程度上必然制约生态修复工作的全面开展。目前，生态修复的实施、管理和监测工作急需多方面的专业技术人才。因此，应进一步多渠道多形式地培养生态修复专业技术人才，不定期地开展生态修复工作人员的技术培训学习，提高基层技术人员的专业知识水平，适应当前和今后生态修复工作的需要。

江西省水土流失对生态安全的影响

左长清　杨　洁

（江西省水土保持科学研究所，南昌　330029）

1　引言

水土流失是人类生存和社会发展的基础，是生态系统不可或缺的重要因素。水土流失是中国的头号环境问题，控制水土流失与生态安全密切相关。而生态安全与经济安全和军事安全一样是国家安全的重要基础，它关系到人民群众的生活和社会的稳定。生态安全的本质是以人类社会的可持续发展为目的，促进经济、社会和生态三者之间的和谐统一。生态安全是由生物安全、生态环境安全和生态系统安全构成的安全体系。由此可见，因水土流失造成的生态环境退化将对经济基础构成威胁，因环境的破坏造成的自然资源的短缺，可能引发人民群众的不满，引起社会的不稳定，从而导致国家的动荡。一个健康的生态系统不仅能满足其自身的组织结构完整、自我调节和对胁迫的恢复能力，系统功能和组分多样性的可持续能力等，而且能够满足人类生存和发展的需要。

人类社会的发展离不开生态环境系统的支持，优良的生态环境也需要人类自身去保护。每一个生态系统都有一定的生物群落与其栖息的环境相结合，进行着物种、能量和物质的交流。在一定时间和相对稳定的条件下，系统内各组成要素的结构与功能处于协调的动态变化之中。任何一个生态系统都具有一定的负荷力，每一个体使用强度增加时，一定资源所能维持的个体数就会减少。严重的时候，这一个生态体系就会衰败，甚至崩溃。水土流失就是人类向生态系统过度索取自身所需的产物，对生态安全构成了极大的危害，也制约着人类自身的生存与发展。

2　水土流失对生态安全的影响

2.1　水土流失对生态系统的影响

江西省是我国南方水土流失较为严重的省份之一，据第三次土壤侵蚀遥感调查，全省现有水土流失总面积为 3.35 万 km^2，占土地面积的 20.03%，其中轻度、中度、强度、极强度和剧烈侵蚀面积分别占流失总面积的 36.74%、31.02%、22.48%、6.10%、3.66%（见图1）。由此而产生的年土壤侵蚀量 1.65 亿 t，每年因水土流失而造成的直接经济损失达 20 亿元。

随着社会经济的迅速发展，工业化和城市化进程加快，人们对自然资源的开发与利用也随之增加，这样，有意无意地破坏了植被，加速了水土流失。据调查，近年全省开工的各类开发建设项目平均每年有 1 305 个，共占用土地总面积 846 km^2，因此而造成的水土流失量达 1 903 万 t。在调查中我们发现，水土流失区动植物赖以生存、生活和发展的生境

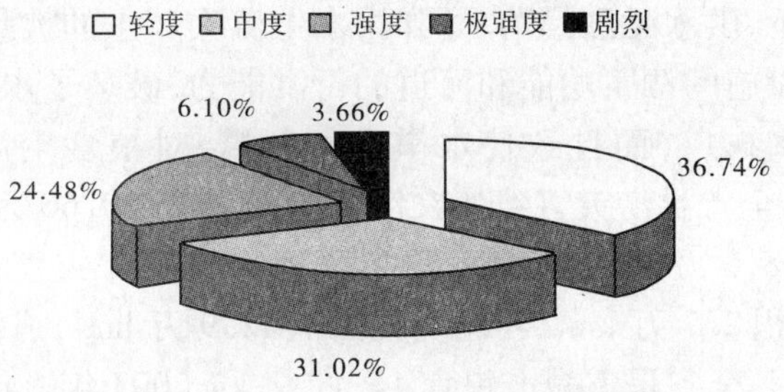

图 1 全省水土流失强度结构图

受到破坏,生物物种减少,尤其是生物的食物链和食物网的断裂及简化,将导致生物圈内食物链的断裂,引起人类生存基础的坍塌,危及人类社会的存在。

在现存的林区,由于林分、林种、林龄结构不合理,导致涵养水源、保持水土等生态功能低下。按理说江西应为常绿阔叶林,而实际上全省森林面积的 64.7% 是针叶林。这些针叶林枯落物酸化土壤,林下灌、草难以生长,不能形成乔、灌、草相配的多层次保护体系。林下植被单一,地表覆盖物少,且多为酸性针叶及其分解物,这不仅破坏了土壤的理化性状,而且影响土壤的蓄水保肥功能,再加上中幼龄占绝大多数,所以一遇暴雨洪水,水土流失仍然严重,"远看青山在,近看水土流"的现象极为普遍。

江西省湿地也因水土流失造成泥沙淤积而减少,全省湿地面积为 1.65 万 km^2,占土地总面积的 10% ,其中天然湿地面积占全省湿地面积的 70.79%。据 1999 年统计,江西省鄱阳湖围垦养殖和淤积使湖面缩小近 2/5,损失水面 2 116 km^2。由于水土流失和对湿地不合理的开发建设,加剧水域生态系统的破坏,江河湖库区泥沙淤积,湿地面积锐减,湿地生态功能退化,自净化能力降低,水体受到污染。圩垸内的内湖面积也不断缩小,不仅降低了调洪能力,扩大了渍涝面积,而且增加了外江压力,使植被受到破坏,水土流失十分严重,大量泥沙以及携带的有害物由入湖河道和湖区径流带入湖泊,严重威胁湿地生态系统的完整和健康。

2.2 水土流失对粮食安全的影响

粮食安全是关系国计民生的重大战略问题,历来是各国经济安全体系中的重要组成部分,无论是发达国家,还是发展中国家对此都十分关注,尤其是在我国这样一个人多地少的发展中大国,粮食安全问题更加引人注目。

江西是一个农业大省,是全国 13 个粮食主产省之一,对保障全国的粮食安全具有十分重要的作用。由于水土流失,富含养分的表层土壤被剥蚀,土壤肥力下降,土地沙化,土地生产力降低。研究表明,未受到侵蚀破坏的正常土壤的产投比为 4:1,失去 A 、B 层土壤的产投比仅为 0.1:1,在同等投入条件下,后者取得的经济效益仅为前者的 1/40。江西省年土壤流失总量高达 1.65 亿 t,所损失的养分折合有机质约 200 万 t,无机肥(N、P、K)约 225 万 t,相当于 0.83 万 hm^2 耕地 20 cm 厚的耕作层。全省裸岩面积达 9.95 万 hm^2,沙化土地面积由 20 世纪 80 年代中期的 2.1 万 hm^2 扩大到现在的 7.5 万 hm^2,几乎扩大了近 4 倍。水土资源面临的形势十分严峻。

江西省属亚热带湿润季风气候区,降雨丰沛,多年平均降水量为 1 637 mm,但雨量时空分布不均匀。由于水土流失导致山地林草植被稀少,拦截径流、涵养水源的能力低下,一遇暴雨，径流直冲而下，洪水暴涨暴落。同时，水土流失产生的大量泥沙下泄，淤积江、河、湖、库，降低了水利设施的调蓄功能和河道的行洪能力，破坏了水利实施，其结果不仅扩大农业生产灌溉用水缺口，而且致使水旱灾害频繁，对粮食生产造成严重的影响。1991 ~ 2004 年 14 年间，全省洪涝灾害致使农作物受灾面积达 9.60 万 km^2，成灾面积 6.49 万 km^2，年均受灾面积 68.6 万 hm^2，成灾面积 46.4 万 hm^2；干旱灾害致使农作物受灾面积达 6.00 万 km^2，成灾面积 2.7 万 km^2，年均受灾面积 42.9 万 hm^2，成灾面积 29.3 万 hm^2。仅 2001 ~ 2004 年 4 年间，全省旱灾减产粮食 44.47 亿 kg，2003 年一年就达 24.43 亿 kg。

2.3　水土流失对人居安全的影响

严重的水土流失吞噬耕地，埋没村庄，危害人民的生产和生活。近年来，崩岗、滑坡、泥石流等地质灾害频发，对人居环境造成了威胁。崩岗是江西省水土流失的一种特殊类型，全省现有崩岗 4.81 万处，总面积 206.75 km^2。其危害表现为山体崩塌，地貌破碎，表土大量流失，泥沙淤积河道、湖泊和库区，掩埋村庄和农田，给人民的生命财产带来极大危害。

江西省还是滑坡泥石流多发区，1982 年 6 月中旬，赣中地区的暴雨，引起永新、莲花县间的龙风山滑坡崩塌约 2 000 处，冲毁农田 2 300 余 hm^2，摧毁房屋 4 幢，死亡 4 人；1998 年受特大暴雨影响，2 月 12 ~ 17 日九江长江大堤永安段高家湾、高六房、江边电站 3 处发生连续崩岸，崩岸长度达 222 m。赣江沿岸、鄱阳湖滨湖地区因水土流失，植被稀少，饱受风沙危害。流沙掩埋民居、农田。据不完全统计，被流沙埋没农田 530 多 hm^2，900 余户人家外迁他乡。

3　水土流失防治经验

水是生命之源，土是生命之本，没有水土之源，人类就失去了生存的基础。因水土流失引发的一系列生态安全问题，向世人敲响了警钟，警示人们脆弱的生态环境若不加以保护，势必走向崩溃。改善生态环境，协调好人与自然的关系，实现水土资源的可持续利用、生态系统的健康稳定，促进经济社会的可持续发展，保障生态安全、粮食安全和国家安全是我们面临的一项重大而紧迫的战略任务。

多年来，省委、省政府高度重视水土流失治理和生态环境建设工作，提出了"既要金山银山，更要绿水青山"，积极开展水土流失综合治理，取得了显著的成绩，其工作成果主要表现在如下几方面。

3.1　加快了治理步伐

近年来，江西省不断加大治理水土流失力度，到 2004 年底，全省累计治理水土流失面积 3.7 万 km^2，累计投工 25 亿多个工日，完成土石方 7 亿多 m^3，修筑各类水土保持防护工程 25 万多座（处）。通过对以小流域为单元的山、水、田、林、路统一规划，综合治理，生态、经济、社会效益并重，地方特色突出，不少地方经过治理，已经由过去生态系统的逆向演替过渡到生态系统良性循环的轨道上来，实现了"金山银山"与"绿水青山"的统一，为江西省生态环境和农业生态环境的改善，维护"五河一湖"的健康，保障生态系统安全、粮食安全、人居安全，实现水土资源的可持续利用、地球生态系统的健康安全发挥了重要作用。

3.2 加强了科学研究

在多年的水土保持工作中,江西省水土保持科技工作者,坚持科学发展观,以构建人与自然和谐共存、健康安全的生态系统为原则,紧密结合水土流失防治的实践,抓住一些难点问题,组织科技攻关,取得了显著的成果。水土流失监测监控指标体系、花岗岩侵蚀区水土保持植物优化组合技术研究、优良水土保持植物——蔓荆综合开发利用研究等一批研究成果达到了国内领先水平和国际先进水平,荣获国家和省部级科技进步奖等有关科技奖励40余项,具有江西特色的水土保持"猪—沼—果"工程模式,以及"花岗岩侵蚀区水土保持植物优化组合技术区域试验与示范"、"南方花岗岩剧烈侵蚀区综合治理模式的研究"的推广应用,为江西省水土流失综合治理效益的提高发挥了重要的促进作用。

3.3 加大了执法力度

继续深入贯彻落实《中华人民共和国水土保持法》、《中华人民共和国水土保持法实施条例》等法律法规和省政府有关的文件,坚持依法防治,切实控制和减少新的人为水土流失,巩固治理成果。进一步落实水土保持"三同时"制度,加强与有关部门协调配合,加大监督执法力度,严格查处造成严重水土流失的案件,通过强化执法有效控制开发建设过程中人为造成新的水土流失。加强水土保持监督执法体系建设,通过加强教育和技术培训,提高执法队伍素质与执法水平。

参 考 文 献

[1] 曲格平.关注中国生态安全[M].北京:中国环境科学出版社,2004.
[2] 杨京平,卢剑波.生态安全的系统分析[M].北京:化学工业出版社,2002.
[3] 王根绪,程国栋,钱鞠.生态安全评价中的若干问题[J].应用生态学报,2003,14(9):1551-1556.
[4] 邹长新,沈渭寿.生态安全研究进展[J].农村生态环境,2003,19(1):56-59.
[5] 陈正来.九江长江大堤永安段3处崩岸原因分析及抢护措施[J].江西水利科技,1999,25:25-40.
[6] 张秋根,丁园.江西省湿地资源保护与持续开发利用[J].环境保护,2004(4):20-21.

江西省崩岗侵蚀防治对策

李小强　李相玺　孟菁玲

（江西省水土保持科学研究所，南昌　330029）

崩岗侵蚀是我国南方水土流失区最严重的一种土壤侵蚀类型，主要分布于江西、广东、福建、湖南和广西等省（区）。江西省崩岗侵蚀主要分布在风化层深厚的花岗岩、砂砾岩出露地区。崩岗侵蚀区到处呈现千沟万壑、支离破碎的劣地地貌，坡地地形遭到严重破坏，当地群众称之为“烂山”。崩岗侵蚀量大，下泄泥沙埋压农田，淤积河道水库，影响生产和行洪，危害相当严重。在较长的时间里，由于多方面的原因，江西省崩岗侵蚀未得到有效的防治，崩岗治理任务还相当艰巨。如不及时对崩岗侵蚀进行综合治理，必将对当地群众的生产、生活带来严重的影响，阻碍当地社会经济的可持续发展。因此，各级政府和部门要提高对崩岗治理的必要性和紧迫性的认识，尽快治理现有崩岗，以适应水土保持生态环境建设的步伐。

1　江西省崩岗侵蚀特点与危害

1.1　崩岗侵蚀特点

据调查，江西省现有的崩岗侵蚀面积在2万hm^2以上。从岩性分布情况来看，崩岗侵蚀多发生于花岗岩区，占崩岗侵蚀总面积的2/3以上，其次是砂砾岩、变质岩和紫色页岩区。从崩岗侵蚀程度来看，绝大多数崩岗正处于发展阶段，面积占崩岗侵蚀总面积的80%以上，发生阶段和缓和阶段崩岗面积较小。江西省崩岗侵蚀的特点是发展速度快、土壤流失量大、对地形破坏极大。

1.2　崩岗侵蚀危害

崩岗侵蚀的危害，集中表现为它会造成大量表土流失。一般面状流失与沟状流失的年侵蚀模数只有几百吨、上千吨，而崩岗侵蚀的年侵蚀模数一般在2万t以上，有的高达十几万吨，大大超过我国南方地区的土壤允许流失速度（500 t/km^2）[1]。

崩岗侵蚀危害有以下几点：

（1）流失了水土资源，导致地力衰退。崩岗形成后，山体坡面被切割得支离破碎，由于土体大量崩塌，土壤养分随之流失，地力迅速衰退，土壤日益贫瘠，沙化、石化十分严重，下泄泥沙还冲毁渠道，掩埋农田，农业生产条件变得非常恶劣，增加了土地开发利用的难度和投入。据调查，修水县因严重的崩岗侵蚀造成240 hm^2农田被压埋，160 hm^2耕地被毁。

（2）淤塞江河湖库，加剧了水旱灾害。一方面，由于大量泥沙的下泄，造成了崩岗侵蚀区下游的水库、塘坝等水利工程严重淤塞，使这些水利工程的行蓄洪能力下降，加剧了洪涝灾害发生的频率和增加了灾害损失的程度；另一方面，严重的水土流失导致土层日渐瘠薄,植被愈益稀疏,使得土壤涵养水分的能力大大降低甚至完全丧失,因而在降雨不多的情况下,崩岗侵蚀区更容易出现旱灾。

(3)影响航运,增加"落河田"。崩岗侵蚀区下游河道的严重淤积,使得河床抬高,既影响了航运,又增加了"落河田"。如南康市的龙回河曾经可通货船,后因崩岗侵蚀泥沙下泄严重,导致该河成了一条遍地黄沙[2]的浅水河。

(4)生态环境恶化,制约社会经济的发展。崩岗侵蚀区内土壤沙化、石化严重,"四料"(燃料、肥料、饲料、木料)俱缺,严重阻碍了当地农业生产和农村经济的发展,崩岗侵蚀严重的地区都是群众生活贫困区。可见,崩岗侵蚀不仅使生态环境恶化,而且直接制约着当地人民群众脱贫致富的步伐,制约着社会经济的可持续发展。

2 江西省崩岗侵蚀治理现状及存在的问题

2.1 治理现状

江西省在坚持以小流域为单元的水土保持综合治理过程中,注重了对崩岗侵蚀的治理,已经过综合治理的崩岗侵蚀区,都取得了非常明显的成效,同时也逐步摸索出了不少宝贵的崩岗治理经验,如赣州市在崩岗治理的实践中,归纳出了"上截、下堵、中间削、内外绿化"的治理模式。但是,由于多方面的原因,江西省得到治理的崩岗侵蚀面积只有2 000多 hm^2,不足侵蚀总面积的1/10。可见,崩岗治理任务还相当艰巨。

2.2 存在的主要问题

当前,江西省在崩岗治理中存在的主要问题如下:

(1)治理难度大。因崩岗侵蚀对水土资源的强烈破坏性,决定了崩岗治理的难度很大,是水土流失综合治理工程中的"硬骨头"。

(2)投入紧缺。崩岗治理的难度大,导致其投入相对较高,但由于崩岗侵蚀区所在地经济都比较落后,群众生活水平比较低,地方和群众用于崩岗治理的资金十分有限,这就影响了崩岗治理的进程。

(3)治理标准不高。崩岗治理技术不规范,治理措施单调,如不注意工程措施与生物措施的结合,只堵崩口而不"上截"和绿化,谷坊很快被下泄泥沙淤满或冲垮。

(4)缺乏科技示范。目前还没有比较典型的对全省崩岗治理起样板和促进作用的崩岗治理示范点。

3 综合治理对策

3.1 注重宣传,加强监督

贯彻"预防为主、防治结合"的原则,对崩岗侵蚀的防治进行广泛的宣传和有效的监督。首先是对具有崩岗侵蚀潜在危险性的地区,实行预防保护。采取多种形式,开展水土保持有关法律法规和崩岗侵蚀及治理开发基本知识的宣传,增强群众对崩岗侵蚀及其综合治理的认识,提高全民水土保持意识,实现群防群治;其次是加强对崩岗防治设施的监督管护,防止人为破坏。要落实预防监督人员,制定监督检查办法,定期进行全面检查,确保治理成果得到有效保护并切实制止因人为水土流失所造成新的崩岗的产生。

3.2 加强领导,确保投入

崩岗侵蚀的综合治理工作任务重、难度大、要求高,因此崩岗侵蚀区各级政府部门要高度重视。必须切实加强领导,健全机构,落实人员,采取有效措施,认真做好崩岗侵蚀综合治理的组织实施工作。

崩岗治理是一项高投入的水土保持生态环境建设工程,必须广泛动员全社会的力量共同参与崩岗综合防治,建立多元化的投入机制,多渠道筹集崩岗防治资金。各级政府要把崩岗侵蚀防治工作纳入各级财政预算,层层落实资金投入;各地要积极引进市场机制,通过开展租赁、拍卖、承包和股份合作制等形式治理开发崩岗侵蚀,多方筹集资金用于崩岗侵蚀的综合治理工作;各地要根据本地实际情况制定多种优惠政策,提高群众治理开发崩岗的积极性,要充分利用农村剩余劳动力组织群众开展崩岗侵蚀的综合治理。此外,各地还必须建立和完善崩岗治理资金使用的监督管理制度,严格资金管理,以确保投资效果。

3.3 技术指导,保证质量

在各项水土保持措施的施工过程中,要有水土保持技术人员现场指导,保证施工质量;要认真做好对各级水土保持行政管理人员、监督执法人员、水土保持技术人员和崩岗侵蚀区群众的科技培训,提高崩岗综合治理的水平和标准,不断巩固和提高崩岗治理成果。

4 治理措施技术要点

崩岗的治理是以稳定固结崩壁和塌积堆,提高侵蚀基准面,稳定坡脚,防止沟头前进和崩岗进一步发育为主。对发育初期、崩口规模较小的崩岗,采取工程措施与生物措施相结合的方法,以求尽快固定崩口;对活动强烈、发育盛期的崩岗,并不强求制止其发育,主要通过修建截水沟、谷坊或拦沙坝,堤坝内外种树种草的手段,重点防止其造成的危害,待其自然逐步稳定;对基本稳定的崩岗,一般不实施比较大的工程措施,主要采取生物措施使之绿化[3]。

同时,要坚持因地制宜、治理与开发相结合的原则,选种经济果木林,发展当地经济。如赣县崩岗区群众就在崩岗内种植梨树、柑橘、脐橙等,取得了较好的经济效益。崩岗侵蚀的治理必须把工程措施与生物措施紧密结合起来,做到以工程保生物、以生物护工程。工程措施的布设要坚持高标准,保证施工质量。生物措施的布设应选择适应性强、速生快长、根系发达的林草,采取高层次、高密度种植,迅速恢复植被。草本植物选择耐旱、耐瘠薄、速生、生长量大的品种,如百喜草等;灌木选择可作绿肥、有固氮作用的品种,如胡枝子、紫穗槐等;乔木主要选择湿地松、杉、木荷、枫香等,并注意实行速生树种与乡土树种以及乔灌草的结合。此外,还要加强对各项水土保持措施的管护,每年汛后或每次较大暴雨后,及时对坝内淤积的泥沙进行清淤,发现损毁,及时修补。

参考文献

[1] 江金波. 再论崩岗侵蚀的成因与防治——以德庆、五华两地为例[J]. 中国水土保持,1995(1):19-22.
[2] 江西农业大学林学系《崩岗》课题组. 崩岗的防治和治理的研究[R]. 1989.
[3] 钟继洪,唐淑英,谭军. 南方山区花岗岩风化崩岗侵蚀及其防治对策[J]. 水土保持通报,1991,11(4):25-32.

"3S"技术在江西水土保持中的应用

谢颂华　左长清

（江西省水土保持科学研究所，南昌　330029）

遥感技术（RS）、地理信息系统（GIS）和全球定位系统（GPS）相结合的技术简称"3S"技术，是20世纪后期发展起来的新兴技术，它为地球科学提供了全新的研究手段，导致了地球科学的研究范围、内容、性质和方法的巨大变化。而其在资源详查与管理、勘测设计、规划等领域的优越性更是其他技术无法比拟的，在水土保持方面的应用也同样具有广阔的发展前景。

1　"3S"技术在水土保持中应用的必要性

"3S"技术在获取数据的实时性、连续性、快速性和在数据处理的准确性、空间性以及为政府决策服务方面所体现的优越性是其他技术手段无法比拟的，这使其在水土保持方面的应用具有广阔的发展前景。在水土保持方面主要应用体现在定期快速清查水土流失与水土保持状况，建立水土流失预测预报系统、水土保持管理信息系统和水土流失与水土保持动态监测等方面。同时，由于江西省是一个水土流失比较严重的省份，生态环境建设的好坏将直接影响江西省的可持续发展战略。因此，无论是从"3S"技术的水土保持的应用方向上，还是从"3S"技术本身的技术手段的先进性和科学性方面都可以看出，"3S"技术应用研究是江西水土保持行业实现现代化的必要手段，也是江西水土保持实现信息化的突破口。

2　"3S"技术在江西省水土保持中的应用

2.1　RS和GIS技术在江西水土流失快速清查中的应用

江西地处长江中游南岸，属典型的南方红壤丘陵区，又是典型的季风气候，地形复杂，气候多变。同时，由于人为活动频繁和土地的不合理利用，使原生植被遭到严重破坏，土壤侵蚀十分严重。因此，利用"3S"技术对江西省土壤侵蚀的变化情况进行动态监测是非常必要的。江西省从20世纪80年代就开始着手这方面的研究工作，目前取得了一定成果，为建立江西省水土保持管理信息系统和水土保持监测网络奠定了基础，为政府针对本省的实际情况作出正确决策提供了现时、连续、客观和科学的依据。

2.1.1　1987年的江西省第一次土壤侵蚀遥感调查

1987年的第一次土壤侵蚀遥感调查[1]以1:50万的TM（4、3、2波段）和MSS（4、5、7波段）遥感影像为信息源，由南京水文水资源研究所和江西省水土保持委员会办公室协作，通过手工制图和面积量算，初步查清了江西省的水土流失情况，但由于当时客观条件的限制，无法分县对土壤侵蚀情况做进一步研究，精度相对来说较低。但第一次土壤侵蚀遥感调查的成果已显示出应用先进的遥感技术对土壤侵蚀进行遥感调查具有全面、现时、快速等优点。

2.1.2　20 世纪 90 年代中期的第二次土壤侵蚀遥感调查

20 世纪 90 年代中期中科院南京土壤研究所与江西省水土保持委员会办公室合作以 1∶25 万 TM 卫片 5、4、3 三个波段合成的假彩色影像为信息源，以 Corel Draw8. 0、Arcview 3. 0a patch 和 PC Arc/Info 3. 5 为软件平台，查清了 10 年来江西水土流失的变化情况。随后在水利部的统一部署下进行了江西省第二次土壤侵蚀遥感调查[2]，江西省首次以 1∶10 万 TM(4、3、2 波段)假彩色合成遥感影像为信息源(分辨率 30 m×30 m，数据格式为Erdas 的 image 格式)，应用 GIS 软件和计算机技术对江西省土壤侵蚀进行了一次全面、详细的清查，并对江西省各县(市)的土壤侵蚀也作了详细的调查和统计。该次调查遥感影像以县为单位提供，所有影像经过了几何纠正和统一的投影处理，可以保证图像数据的空间位置配准，一般误差不超过 2～3 个像元，校正后每个像元为 30 m 左右的原始分辨率。投影方式为双标准纬线等面积割圆锥投影，采用全国统一的中央经线和双标准纬线，中央经线为东经 105°，双标准纬线为北纬 25°和北纬 47°，坐标原点为 105°。该次调查室内他人重判的判读平均精度为 90. 21%，野外实地校核平均精度达 87. 24%。

2.1.3　2000 年的第三次土壤侵蚀遥感调查

江西省水土保持科学研究所和江西省水土保持委员会办公室受江西省水利厅的委托，共同承担了江西省第三次土壤侵蚀遥感调查工作，于 2000 年至 2001 年开展了江西省第三次土壤侵蚀遥感调查[3]，在前两次土壤侵蚀遥感调查的基础上，以 Arcview 3. 0a patch 和 Arc/Info7. 12 为软件平台，以上次土壤侵蚀遥感数字图为背景，1∶10 万 TM(4、3、2 波段)假彩色合成遥感影像为信息源(分辨率 30 m×30 m，影像与第二次土壤侵蚀遥感调查所采用的标准相同，但数据格式为 tiff 格式)，对江西省土壤侵蚀(包括水蚀和风蚀)进行了一次最为全面的、详细的清查，并对江西省各县(市)的土壤侵蚀数据作了动态更新且进行了分析。本次调查采用野外踏勘建立解译标志→遥感影像解译初判→交叉核判→质量检查→野外验证→专家论证的技术路线，遥感影像室内判读检查平均精度达 91. 20%，野外验证平均判读精度为 91. 77%。

虽然江西省在基于 RS 和 GIS 技术的水土流失与水土保持状况定期快速清查技术方面已经取得一定的成果，但“3S”技术在水土保持中的其他应用方面处于起步阶段(如水土保持监测)，有的甚至还未开始起步(如水土保持管理信息系统的建立)，而国内其他一些省、市则在水土保持信息管理系统、水土保持监测等方面已经取得了一些成果，如：山西省就建立了小流域土壤侵蚀管理信息系统。这表明江西省水土保持的现代化建设任重而道远。

2.2　“3S”技术在水土保持监测中的应用

2.2.1　GPS 技术在水土保持监测中的应用

GPS 技术在江西水土保持工作中的应用还处于起步阶段，近年来主要集中在水土保持监测方面。2002 年，江西省水土保持科学研究所完成了江西省长江干流江岸加固整治工程水土流失监测工作，在监测过程中，采用广东中海达 HD8080 型 GPS 接收机，通过实地定位快速采集数据，室内运用后差分处理软件进行数据处理，结合常规方法对工程造成的水土流失进行了定点、定位的跟踪监测,并进行了评价。本次监测通过对工程造成的水土流失实施全程监测监控,及时为业主和有关部门提供了监测数据,使建设业主和有关部门能够根据监测成果,及时采取相应的防治措施,最大限度地控制新的水土流失的产生,减少和降低了新的水土流失对生态环境的不良影响。此外,江西省上饶市水土保持委员会办公室开展了 GPS 控制网应用于山区水土流失监控测量技术的研究,提出在水土保持监测工作中,对地面水土流失的监测可以充分利用 GPS 技术,实现数据的快速采集和分析[4]。

2.2.2 RS 和 GIS 在小流域水土保持监测中的应用

20 世纪 90 年代江西省山江湖开发治理委员会办公室在江西省赣县桃源小流域应用 1:1万航摄彩红外像片和美国 Landsat 卫星的遥感数据磁带(4、3、2 波段),结合地理信息系统开展了小流域水土流失定量遥感监测方法研究[6],并首次建立了桃源小流域的遥感定量监测数学模型和防治预报模型。由于桃源河小流域无出口水文站,缺乏实测资料来确切地评价该成果的准确性,使得该遥感定量监测数学模型和防治预报模型推广应用受到一定的局限。但此项研究表明,RS 和 GIS 技术在小流域水土保持监测中的应用前景非常广阔,是水土保持监测发展的又一主要方向。

2.3 “3S”技术在江西省水土保持科研中的应用

我国“3S”技术在水土保持中的应用研究主要集中在北方地区,特别是黄土高原地区,并且已经取得了一系列的科研成果,而对于南方水土保持“3S”技术应用研究较少。近年来,随着“3S”技术的广泛应用和不断发展,江西省水土保持科研工作也有了很大的发展。主要工作有以下几个方面。

2.3.1 水土保持基础数据库的建立

水土保持基础数据是建立水土保持管理信息系统的必备条件之一。目前,江西省水土流失数据库主要有土壤侵蚀环境背景数据库和水土流失调查数据库,以及全省水土保持基本信息元。江西省水土保持基本信息元主要为遥感数字影像,已有的数字影像为全省 1995 ~ 1996 年和 1999 ~ 2000 年 1:10 万 TM 遥感影像库和其他一些成果的影像、图像文件,并且数据指标的记录和交换方式、相应的地理坐标也已经配准统一。

2.3.2 建立水土流失与水土保持监测指标体系

江西省水土流失与水土保持监测指标体系其内容主要为水土流失数据库与分级查询系统研究、“3S”技术支持下区域水土流失监测监控指标体系研究和水土流失监测分析评价。通过这些研究,将建立水土流失监测指标体系,制定一套适合江西省实际情况的水土流失监测技术和方法。

2.3.3 水土流失评价模型系统的开发

我们根据江西省的实际情况,开发出了江西省水土流失评价模型系统,其主要包括土壤流失评价预报模型、水土保持治理效益评价模型、水土保持规划与设计模型和灾害性水土流失预警模型以及土壤侵蚀评价与 GIS 的集成模型。目前,江西省水土保持科学研究所正在开展基于“3S”的小流域综合治理效益监测与评估模型研究。

3 结语

近 10 年,江西省水土保持科研所在应用“3S”技术方面,主要在水土流失的快速清查系列技术研究方面，取得了一定成果。由于人员、资金、技术、培训等方面投入不足，极大地影响了水土保持监测技术、水土保持监测指标体系、水土保持效益评价等方面的研究和发展。为此笔者就江西省水土保持“3S”技术应用研究谈几点建议：

（1）依据《江西省水土保持监测及信息网络规划》引进先进的仪器设备，积极开展全省水土保持监测站网的建设，为江西水土保持的“3S”技术应用打下坚实的物质基础。

（2）大力引进水土保持“3S”专业技术人才，提高监测人员素质，定期开展监测工作人员的“3S”技术培训和规程、规范的学习。

（3）组织资金和力量通过各种渠道获取江西水土保持背景数据（包括土地利用情况、水文情况、土壤情况、地形等方面），建立起江西水土保持数据库和相关数字图库。

（4）进一步加强水土保持科研工作，组织力量开展南方红壤丘陵区“3S”技术在水土保持应用中的研究，完善水土保持“3S”技术研究的体系，为江西省乃至我国南方地区水土保持“3S”技术应用提供范例。

参考文献

[1] 水电部南京水文水资源研究所，江西省水土保持委员会. 应用遥感技术编制江西省土壤侵蚀图研究成果报告[R]. 1988,10.

[2] 江西省水土保持委员会，中国科学院南京土壤研究所. 江西省水土流失遥感调查成果报告[R]. 1988,5.

[3] 江西省水利厅. 江西省第三次土壤侵蚀遥感调查土壤侵蚀现状和动态变化分析报告[R]. 2001,4.

[4] 杨玉明. 上饶市山区水土保持 GPS 生态监测网平面基准点的选择与检验[J]. 中国水土保持，2000(4):25-26.

[5] 吴国琛. 山江湖区域可持续发展探索[M]. 江西：江西科学技术出版社，1998.

江西省河湖泥沙的主要来源及防治对策

左长清

（江西省水土保持科学研究所，南昌 330029）

江西可谓山清水秀，凡到过江西的人都有这种感觉，也得到了党和国家领导人的赞誉。这应得益于其丰富的文化内涵和良好的生态环境，得益于其植被覆盖率高。据近年调查，江西省的森林覆盖率高达59.7%，高居全国各省区前列。

然而，业内人士却不难发现，江西的河流普遍进入了“老年”河床。也就是说，河床普遍淤塞严重，有的近几十年淤高竟达几十厘米甚至几米，有的已形成地上悬河，步入改道的险境。由于泥沙淤塞池塘水库，乃至危及我国最大的淡水湖泊——鄱阳湖以及长江。

据典型调查测量，新中国成立以来，赣江上游各主要支流河床普遍淤高0.5～2.1 m，南昌八一桥下淤高2.5～3.0 m，抚河下游淤高4.57 m，信江下游淤高2.5 m。全省9 700多座水库，每年因泥沙淤积减少库容1 000多万 m^3，相当于损失1座中型水库[1]，鄱阳湖面积由20世纪50年代初的51万多 hm^2，缩小到现在的39万多 hm^2，容积由370亿 m^3 减缩为现在的298亿 m^3，每年淤积在湖内的泥沙达1 200多万 t[2]。造成江西省洪涝灾害频繁发生，形成小流量、高水位、大险情的局面。这种有悖于常规的现象，引起了水利部领导的高度重视，并指示要把它弄清楚，找出定量的科学依据。笔者从水土保持角度，谈谈对这个问题的看法，以期对这个问题的深入研究有所借鉴。

1 泥沙来源分析

1.1 水土流失客观存在

江西森林覆盖率较高，并于20世纪90年代中期实现灭荒任务。而据1997年遥感调查，江西现在仍有水土流失面积3.52万 km^2，占土地面积的21.1%，占山地面积的35%。其中轻度流失面积1.23万 km^2，中度流失面积1 104万 km^2，强度及其以上流失面积1.25万 km^2。据不完全统计，全省年土壤侵蚀总量超过1.65亿～2亿 t，这是造成河流泥沙来源的主体。另外，5条河两岸及鄱阳湖沿岸，由于水流冲刷或波浪冲击，或渗透水作用，形成河岸坍塌造成岸蚀。还有部分地区的滑坡、泥石流，成为江河泥沙的重要组成部分。

1.2 花岗岩侵蚀区是主要产沙根源

水土流失几乎在江西省不同母质中均有分布，流失最严重的是花岗岩、晶砂岩、紫色页岩、第四纪红土和变质岩区，其中以花岗岩区分布最广，流失程度最烈，占全省总流失面积1/4强，而产生的泥沙来量占50%以上。由于花岗岩为火成岩，主要矿物成分是石英、长石和云母。在高温多雨条件下，因各矿物成分膨胀系数相差悬殊（在2倍以上），所以风化剧烈，形成深几米乃至数十米的风化壳。在这些风化层中，石英沙粒很难风化，据测定，土壤含沙量达55%以上，而长石极易风化成高岭土，被雨水冲蚀，所形成的土壤结构非常松散，极易造成水土流失。再加上降雨形成的下渗水分，使深层风化物的黏结力进一步减少，当土体含水量饱和时，黏粒迅速膨胀，此时如果地表植被遭受破坏，在地表径流冲刷下，沿裂隙脱落，形成跌水，或山体基部被流水淘空，使土体失去平衡，导致崩塌，形成崩岗。这是一种仅次于滑坡、泥石流的自然灾害。

崩岗主要发生在花岗岩侵蚀区，只有少数发生在由砂砾岩发育而成的红土区。据调查，江西现有崩岗45 144 处，侵蚀面积29 121 hm^2，平均按侵蚀高度3 m 计，水土流失量超过10 亿 t。这些崩岗主要发生在赣江、抚河和修水的上游，最为典型的地方是山体崩塌、岗壁高耸、沟壑纵横。其侵蚀程度之大、危害之烈，可谓触目惊心。其中赣县田村在一条不足4 km^2 的小流域内，就有大小崩岗2 000 余处，很多的山体崩过分水岭而形成穿山崩岗群，有的绵延数千米，崩塌深达数十米。当地老百姓非常形象地形容崩岗是“晴天张牙舞爪，雨天头破血流”。据观测，一般情况下，这些剧烈侵蚀区的年土壤侵蚀模数达13 500 t/km^2，有的一个崩岗的流失量，就高达数万吨，一个大型崩岗群，能产生泥沙数十万吨。可见，花岗岩侵蚀区，尤其是崩岗地区，是江西河流泥沙的主要策源地。

1.3　集中高强度降雨为泥沙搬运提供了动力

江西属亚热带湿润季风气候区，降雨量多，强度大，且相对集中。多年平均降水量在1 637 mm 以上[4]，最大年份降水量高达2 400 mm。其中4 ~6 月降雨占全年的45% ~50%，在赣东北地区，最大24 h 降雨强度超过500 mm。据在兴国县实地观测，4 ~6 月降雨约占全年的45%，而此时水土流失量却占全年4 391. 2 $t/(km^2 \cdot a)$的66. 8%。在江西约占总侵蚀面积97%的水蚀地区，多亦如此。如在坡耕地上，水土流失量占全年流失量的80%以上。由此不难看出，集中高强度降雨，为泥沙搬运提供了强大的动力支持，加快了泥沙进入河道的步伐。

1.4　江西的地形地势为泥沙汇集创造了条件

江西是一个多山的省份，山丘区约占全省土地面积的65%以上。地势周高中低，东、南、西3 面环山，形成向北开口的凹形斜面。中部丘陵盆地相间，北部平原坦荡，河湖交织。据调查，赣南地区坡度在16°以上的山地面积占75%以上，由于周边山地坡度较陡，径流比降较大，冲刷的泥沙迅速向中下游汇集，而中下游河流比降减小，流速减缓，泥沙产生淤积。另外，由于重力作用及沙石比重大的缘故，河川泥沙输移速度远远低于径流速度，洪水带下来的粗颗粒泥沙，极易滞留在中下游河床。如平江流域年均坡面产沙1 106 万 t，而年均输沙量为120. 15 万 t，大部分淤积在沟道和河床中。如此年复一年，致使中下游河床不断淤高拓宽。如抚河下游河床淤高4. 75 m，该流域上游的盱江在100 年前是一条宽30 ~35 m，深可通航的河道。由于泥沙淤积，现在河床拓宽300 ~400 m，水面很浅，已无舟楫之利了。还有一些河段高出地面，而成为地上悬河，两侧形成“落河田”，造成两岸稻田次生潜育化，影响农业生产。

1.5　林分、林龄结构不合理，难以有效保护地表土壤不受冲蚀

江西森林覆盖率虽高，就林业生产而言，存在着“一低二不合理”。“一低”即单位面积活立林蓄积量低，活立林蓄量33. 5 m^3/hm^2，占全国单位面积平均林木蓄积量的42%。“二不合理”，一是现有森林面积树种结构不合理，在江西320 万 hm^2 人工林中，纯针叶林占97%，这种林分不仅易发生病虫害和难以保持水土，而且纯针叶林的凋落物使土壤进

一步酸化,造成有些地方的土壤 pH 值仅为 4.8,这无疑是雪上加霜,更不利于草灌生长而形成单层林,使地表失去有效保护;二是林龄结构不合理,在江西,这些林子多为近年人工营造,幼中龄林占 90%,成熟林和过熟林加起来才占 10 %,这种林龄结构多为单层林,难以发挥保持水土的应有作用。由于以上原因,所以出现"远看绿油油,近看水土流"的现象十分普遍。

1.6 不合理经营加速了土壤冲刷和泥沙汇集

不合理经营,主要是指人们对自然资源的不合理开发与利用,诸如乱砍滥伐,顺坡耕作,以及修路、开矿、采土取石等开发建设项目,不注意水土保持等。据调查测算,目前江西省因人为因素影响,每年新增水土流失面积达 5.33 万 hm^2,相当于全省每年治理水土流失面积的 1/3。这些地方产生的泥沙流失量为 3 000 万 ~4 000 万 t,相当于全省年土壤侵蚀总量的 20%。仅采矿一项,每年造成的弃土尾沙量达 6 000 多万 m^3,其中流失量 500 多万 m^3。随着近年基本建设速度加快,尤其是修路等生产建设个别施工单位,水土保持意识淡薄,有的将弃石弃土直接倾入河沟,其影响十分严重,加速了河床淤积。

2 防治对策

(1)防治泥沙来源,重点在河流上中游地区。尽管江西兴国县从 1983 年就列入全国 8 大片重点治理区,但所占比例不大,投资力度有限,与实际需要相去甚远,而我们应利用其成功的经验,将赣、抚、信、饶、修 5 条河上中游列入重点治理区。实行以小流域为单元,集中连片,坚持不懈进行综合治理,做到治一片,成一片,收效一片。在水土流失中强度地区,实行坡沟兼治,乔灌草合理配置,工程措施和生物措施结合,做到重点突破,整体推进,促使泥沙不下山、不入沟、不进河道。在水土流失轻度地区,注重发挥生态自我修复能力,加快恢复植被建设步伐,促进人与自然和谐相处。对单层针叶纯林,应进行以增加灌、草和阔叶树为主的林分改造,改良林相结构,发挥生物多样性效能,控制水土流失。

(2)要坚持预防为主、保护优先的原则,加大预防保护和监督执法力度。随着经济的快速发展,工业化和城市化的步伐不断加快,大规模的基础建设也全面展开,要重点防治人为水土流失的产生;因此,应加大执法力度,重点抓好大中型生产建设项目水保"三权一方案"和"三同时"制度的落实,使生产建设单位编报水土保持方案制度化和规范化。做到施工不流土,竣工不露土,自觉抵制以牺牲生态环境为代价而换取一时经济发展的不良行为。不能再走"先破坏,后治理"的老路,应坚决遏制人为因素造成新的水土流失,坚决杜绝直接向江河湖库倾倒弃土尾沙的不良行为。

(3)崩岗是水土流失的一种特殊形式,是江西河流泥沙的重要策源地,必须充分认识崩岗治理的重要性和紧迫性。在弄清崩岗侵蚀机制和过程、揭示崩岗侵蚀发生发育规律的基础上,要形成一套科学的崩岗侵蚀的综合防治体系,遏制崩岗侵蚀。多年来,江西省水土保持科技人员和人民群众,在防崩岗侵蚀过程中,已总结出上截、下堵、中间削坡绿化等综合防护体系。要利用这些成功的经验和做法,在活动崩口以上,修筑截流沟或导流沟,制止沟头溯源侵蚀。在崩岗口和崩岗内,修建谷坊群,以提高侵蚀基准面。在崩岗壁坡上,进行削坡开级措施,植树种草,稳定崩壁。必要时,在大型崩岗群下游,要建筑大型拦沙坝,将这些泥沙就地拦截,避免冲入河沟,淤积河床。

(4)坚持依靠科技进步,既要大力推广先进的水土保持科技成果,促进科技成果转化为生产力,服务于水土流失防治主战场,使其尽快发挥效益,又要积极引进适合当地发展的实用技术,提高水土流失防治质量和科学水平,还要大力应用"3S"等高新技术,加强水土流失监控,不断探索遏制水土流失的新方法,促进生态环境良性循环。

参考文献

[1] 管日顺.江西水土流失对防洪的影响及防治对策[J].中国水土保持,2001(10):21-22.
[2] 左长清.论鄱阳湖泥沙淤积及其对环境的影响[J].水土保持学报,1989(1):38-42.
[3] 左长清.江西省水土保持工作现状与战略措施[J].江西水利科技,1999(4):199-203.
[4] 张桂娇.江西省小流域暴雨洪水参数地理规律探讨[J].江西水利科技,2004(1):23-27.

工业园区水土流失及其防治对策

张华明　奚同行　彭冬水

（江西省水土保持科学研究所，南昌　330029）

1　引言

自2001年江西省委、省政府提出“以加快推进工业化为核心”的发展战略和“坚持依托园区办工业”的工业化思路以来，全省工业园区建设进入了快速发展的重要时期，园区经济呈迅速崛起之势。截至2002年底，全省已建成市、县两级工业园区118个，实际引进资金171.8亿元，安置就业24.7万人，完成销售收入253.3亿元，实现工业增加值81亿元，实交税金11.3亿元。工业园区成为促进江西区域经济发展强有力的推动器，成为推进工业化和城市化的新平台，成为扩大就业的重要渠道。但是，工业园区建设过程中的大规模场地平整、交通建设和采石、取土活动以及高度集中的建筑活动，损坏原地貌、地形和地表植被，产生裸露松散土层，降低原地形、地貌涵养水土资源的功能，使工业园区成为新的水土流失策源地。据今视网报道，在全省兴建的110多个工业园区中，由于没有采取水土保持措施，或未按水土保持方案实施工程，造成水土流失面积达400多km^2，超过了全省水土流失总面积的1%[1]。严重的水土流失，不仅降低其环境质量，恶化园区招商引资环境，影响园区良性、快速发展，而且破坏园区周边农业生产环境。如果对工业园区水土流失现象不予以足够重视，不采取必要的水土保持措施，那么随着工业园区开发建设热度的逐步高涨，其导致的水土流失将越来越严重，这对江西省社会经济的可持续发展将起到消极影响和制约作用。因此，分析工业园区水土流失问题，提出相应的防治对策，对保护园区生态环境和促进社会经济持续发展，都具有十分重要的意义。

2　水土流失成因分析

2.1　地表裸露，土质松散

受起伏不平的自然地貌制约，工业园区普遍采用大填大挖、削高填低方式进行平整土地，毁坏地表植被，形成了“两坡一面”（开挖边坡、填方边坡和开发台面）的裸露地貌，加快了汇流速度，增加了地表径流量，改变了园区水文特性。此外，整平后的园区地面土体松散，抗侵蚀能力弱，在降雨及其径流的作用下，产生面蚀和沟蚀等形式的水土流失，在“两坡”特别是填方边坡，还将有可能导致滑坡、崩塌和泥石流等自然灾害。

2.2　建设期较长，待建地多

与其他开发建设项目相比，工业园区的建设期相对较长，且通常采取分期分区方式进行建设。然而，据不完全统计，江西省有60%以上的工业园区的场地平整工作一次性完成，这样一来，一些工业园区除建设区外，还存在大量的待建区域。这些区域由于原有地表、植被均遭到扰动和破坏,极易成为水土流失的策源地。

2.3 临时性弃土量多而散

工业园区在建设过程中,台面上临时性弃土到处可见,这在很大程度上增加了水土流失防治难度。

2.4 雨水丰富,暴雨频繁

江西省地处南方红壤丘陵区,侵蚀类型以水蚀为主,降水及其地表径流是侵蚀发生、发展的主要动力。全省年均降水量1 341~1 940 mm,但年内分配极不均匀,5、6月为全年降水最多时期,平均月降水量在200~350 mm,最高可达700 mm以上。此外,江西暴雨比较频繁,单九生等研究表明,1949~1999年间,江西省年均暴雨日数在16 d以上,在暴雨频发的年份,月暴雨日数可在15 d左右,几乎2 d中就有1 d出现暴雨[2]。另据左长清等径流小区试验结果,暴雨产生的水土流失非常严重,每年由暴雨产生的土壤侵蚀量占全年土壤侵蚀量的40%以上[3]。所以,在丰富雨水特别是频繁暴雨的作用下,工业园区土壤结构发生变化,土壤颗粒受到分离和搬运,水土流失非常严重。

2.5 水土保持意识淡薄

长期以来,由于一些企业、单位缺乏水土保持意识,对水土流失造成的危害认识不清,在开发建设过程中片面地追求工程进度与经济效益,对建设造成的裸露地表和边坡没有采取任何水土保持措施,甚至对基础开挖、土地平整等基础工程所产生的多余土方、砂石及建筑垃圾随意堆弃。同时,一些已投入使用的工业园区存在一定的空地,由于没有合适的企业入驻,一直裸露闲置,每逢大雨,就造成严重的水土流失。这些现象在一些先"筑巢后引凤"的工业园区更为严重。

2.6 法律法规约束较弱

江西省工业园区建设起步较晚,是水土保持工作的新领域。现行的水土保持法律法规倡导性的内容较多,具有强制力的法律责任约束少,操作性不强,很难有效地制止工业园区水土流失现象。如1991年6月颁布的《中华人民共和国水土保持法》并没有明确涉及工业园区所带来的水土流失问题的内容,只是对施工单位在项目建设和生产过程中造成水土流失,不进行治理的行为,给予最高额度1万元的经济处罚,这对投资数千万元、上亿元的工程,显然起不到震慑和阻止作用。而在2003年以前的10多年间,也没有出台任何法律法规来预防与治理工业园区建设和生产过程中造成的水土流失。

3 水土流失危害

3.1 损害投资环境,影响经济发展

大规模的场地平整和基础设施建设,使工业园区的植被和地貌受到严重破坏,产生大面积的裸露地表,由于没有采取必要的水土保持措施,造成"雨天遍地泥泞,晴天满天尘土"的现象,恶化了园区生态环境和工人的工作环境,直接影响工人的积极性,降低企业的生产效率;同时也损害了园区形象,降低投资者的信心,影响招商引资,给当地经济发展造成负面影响。

3.2 破坏基础设施,诱发水涝灾害

大量的泥沙在地表径流携带下进入工业园区排水系统,引起淤塞,缩小了沟渠的过水

断面。由于沟渠受堵，排水能力下降，暴雨过后经常内涝；同时，有害物质浮上水面，污染环境，危害园区工作人员的身体健康。

3.3 恶化周边农业生产环境

江西省工业园区一般位于交通便利、地势平缓的地方，其中相当一部分园区占压或紧靠农田，园区内松散的土壤在地表径流的携带下，直接流入附近农田和水系并沉积下来。随着泥沙淤积量的增加，农田的气候调节能力、土壤肥力、抗侵蚀能力和整体防御自然灾害能力都逐渐降低；同时，园区周边的沟渠、河道、塘堰被淤塞，致使农田的灌溉排水条件受到破坏，直接影响园区周边及其下游的农业生产。

3.4 增加经济负担

由于水土流失造成工业园区排水系统淤积堵塞。为了保证园区正常防洪和排水，需对沟渠进行清淤疏浚，而这势必增加园区基础设施的维修费用，产生额外的费用支出，增加园区管理部门的经济负担。

4 水土流失防治对策

4.1 加强水土保持宣传，增强水土保持意识

工业园区水土保持是改善园区生态环境，提高园区环境质量，促进园区良性、快速发展的一项重要措施。为制止工业园区水土流失，水利、水土保持等部门应充分利用电视、广播和报纸等媒体，宣传水土流失危害和水土保持工作的重要性，使人民群众，特别是工业园区管理部门和施工企业等单位的领导增加水土流失危机感和防治水土流失的历史责任感，增加全民的水土保持意识，从而形成良好的社会舆论氛围，促进工业园区水土保持工作的顺利开展。

4.2 完善法律法规体系，建立健全执法队伍

2003 年 5 月，江西省政府针对工业园区水土流失问题下发了〔2003〕36 号文《江西省政府关于切实做好建设用地报批和林地保护水土保持工作的通知》，促使各级政府进一步提高认识，转变观念，更加重视制定水土保持生态建设的配套文件。抚州市政府率先出台了《关于加强水土保持监督执法工作的通知》，赣州、南昌、萍乡等设区市也相继出台了相关规范化文件，有力地推进了工业园区水土保持“三同时”制度的落实；同时，全省所有设区市和 96 个县(市、区)都成立了监督机构，培养了一支能吃苦、能奉献、能打硬仗和敢于执法、善于执法的队伍，基本形成了省、市、县、乡、村五级水土保持监督执法体系，为全省工业园区水土保持监督执法的顺利开展提供了组织保障。由于水土保持法律法规体系的逐步完善和监督执法工作力度的加强，全省县级以上工业园区编报水土保持方案达 96 个，编报率从 20% 上升到 69%。

4.3 因地制宜，综合防治

为防治工业园区的水土流失，必须因地制宜，采取工程措施和植物措施相结合进行综合防治。工业园区的水土保持措施必须和主体工程同步进行，并做到以下几点。

(1)重点防治施工期间的水土流失。首先，在场地平整阶段，地形地貌完全破坏，地表裸露，一旦遇到侵蚀型降雨，即可导致水土流失。为防治该阶段的水土流失，须采取“围、截、导、滤”等工程措施：“围”即动土前在园区周边设立施工围墙或挡墙，以防止填土

直接滚入周边水系和农田;"截"即在园区挖方边坡坡顶设置截水沟,以防止雨水径流直接冲刷坡面,造成边坡滑坡和坍塌;"导"即疏导、理顺园区内地表径流,防止水流在施工场地上乱流,产生面蚀和沟蚀,并根据地形变化不断调整场地排水沟;"滤"即在场地排水沟出口末端设置沉沙池,使大部分泥沙就地沉积,防止泥沙淤塞河道,吞埋农田。其次,在场地平整完成后,构(建)筑物施工期间,仍有大部分地面裸露,一旦遇上暴雨,水土流失将会特别严重。这个阶段,应理顺水系,布设截水沟、排水沟、沉沙池等永久性的排水系统;同时,对场地平整形成的挖填方边坡进行防护,对道路和广场进行硬化、美化和绿化。最后,在园区构(建)筑物和配套设施建设后期,应逐步对构(建)筑物之间的裸露面进行绿化美化,逐步完善园区水土保持设施,并与主体工程同时投产使用。

(2)合理堆置弃土弃渣及建筑垃圾。选择有利地形,将弃土弃渣(建筑垃圾)集中堆放,并做好拦挡防护措施。堆弃前,在弃土场外围修筑拦挡工程,周边修建排水系统,弃土堆积完毕后,应及时对弃土堆积边坡进行防护,对弃土堆积平台进行整治利用。

(3)对暂未有企业进驻的待建区域,应进行种草绿化,以改善园区生态环境。

4.4　搞好部门协调,强化监督管理

工业园区水土保持工作涉及水利、环保、土地和计划等多个部门,要搞好园区水土保持,各部门必须加强联系,搞好协调,共同监督管理。2003 年,江西省以国家计委、水利、环保等六部委水土保持联合执法为新的推动力,省政府先后两次组织会议,开展六部委水土保持执法大检查。通过检查,工业园区水土保持方案编报率有了明显提高,已落实水土保持投资 1 亿多元,治理水土流失面积近 3 333 hm^2。实践证明,搞好部门协调、强化监督管理,能有效地促进工业园区水土保持工作的顺利开展。

5　结论和建议

(1)施工期是发生水土流失的主要时段。所以,工业园区建设应做好规划,尽量缩短施工日期,并且应避免在雨季进行引发水土流失的施工活动特别是园区场地平整活动。

(2)植被损坏、地表裸露是造成水土流失的主要原因。因此,在园区规划设计阶段,应充分考虑利用场地的地形地貌,尽量少损坏植被、扰动土地;同时,在施工建设过程中,要十分重视对植被的保护和恢复。

(3)加强科学研究,充分利用现代的高科技研究成果,增加治理工作的科技含量,如采用 RS、GPS、GIS 等高新技术手段监测、监控和预报其水土流失的消长规律,为政府和水土保持决策部门提供充分的科学依据。

参 考 文 献

[1] "环保赣江行"检查组. 水土流失园区"心痛"[EB/OL]. 今视网 Http://www. jxgdw. com/news/jxsz/2004-06-28/1088387182. html. 2004-06-28.

[2] 单九生,张瑛,张延亭. 江西五河流域降水与重大降水过程天气系统特征分析[J]. 江西气象科技,2001,24(1):14-18.

[3] 左长清,胡根华,张华明. 红壤坡地水土流失规律研究[J]. 水土保持学报,2003,17(6):89-91.

江西省林地水土流失状况调查及对策

邱雪红[1] 杨 洁[2]

(1. 江西省水土保持监督监测站,南昌 330029;
2. 江西省水土保持科学研究所,南昌 330029)

1 江西省林地水土流失现状

1.1 江西省林地概况

江西是我国主要林区之一,森林资源丰富,现有林业用地1 063万hm^2,占全省总面积的63.67%,其森林覆盖率高达60.05%,位居全国第二,仅次于福建省。省内地带性基本植被类型有常绿阔叶林、竹林、针叶林、针阔叶混交林、常绿与落叶阔叶混交林、落叶阔叶林等。由于人类长期不合理的开采利用,现有植被主要是处于不同逆行演替阶段的次生群落,如山顶矮林、灌木草丛、沙地植被、草甸植被等,以及人工植被(主要包括各种农作物和油茶、果树、茶叶等经果林和水保林),森林资源质量低下,单位面积产量低,且森林树种结构单一,多为针叶林。在320万hm^2人工林中,纯针叶林占97%。这种不合理的森林结构,再加上一些原始落后的经营方式,造成江西省森林质量低下,生态功能和生物多样性退化,林地水土流失严重,“远看青山在,近看水土流”的现象十分普遍。

1.2 林地水土流失现状

根据“98洪水”过后,水利部水土保持司对江西省的贵溪市、浮梁县、乐平市包括坡耕地、林地、非宜林荒山和开发建设土地4种不同土地利用方式的水土流失概况调查,林地年侵蚀量占40%~50%,高居第一位,明显高于非宜林荒山的20%~30%,开发建设土地的20%和坡耕地的10%。而1996年和2000年的2次水土流失遥感动态监测结果显示,江西省水土流失总面积1996年为35 224.09 km^2,2000年为33 472.19 km^2,减少了1 751.9 km^2,减幅4.97%,详见表1。

表1 江西省水土流失面积变化 (单位:km^2)

年份	水土流失面积(km^2)	水土流失面积占土地总面积(%)
1996年	35 224.09	21.08
2000年	33 472.19	20.03
1996~2000年增减(+、-)	-1 751.90	-1.05

根据林业部门的调查统计,江西省1989~1993年间森林植被覆盖率为40.35%,目前已达到60.05%,增幅为19.7%。对比森林覆盖率增幅与水土流失面积的减幅,可见林地内仍然存在着严重的水土流失。

2 林地水土流失形成原因

2.1 超强度采伐，导致林地质量下降

乱砍滥伐，超强度采伐原始林、成熟林而导致林地水土流失，林地质量下降。主要表现在以下几个方面：一是自新中国建立以来，受"大跃进"和"包产到户"两次大的政策性因素的影响，乱砍滥伐导致森林资源遭受严重破坏，失去蓄水保土作用，同时还造成地面裸露，直接遭受雨滴的击溅、流水冲刷和风力侵蚀，从而加速了水土流失的发生和发展。二是以采伐林木为职业的林场，长年超强度砍伐，对林木资源进行掠夺性开发，使天然林面积逐年减少，原始植被破坏殆尽。三是随着人口的膨胀和经济的快速增长，人们对资源的需求不断增加，不少地区出现对森林资源的超强度掠夺式采伐，使得20世纪我国经济的高速发展以巨大的资源消耗和环境污染为代价。如江西省乐平市，按国家核定下达的林木采伐指标不到1万 m^3，而实际采伐量达2万 m^3。贵溪市林场，计划指标仅0.6万～0.8万 m^3，但实际采伐量均在1.5万 m^3 以上[1]。尽管从20世纪80年代末开始，全省开展了大规模的植树造林而且划分的标准下降，森林覆盖率与20世纪50年代初期相比得到较大幅度提高，但林木蓄积量大幅度下降，单位面积不足40 m^3/hm^2。林地质量明显降低，森林涵养水源、保持水土、净化环境等生态功能受到极大的负面影响。四是农村能源缺乏，人们便向山林进发，伐木为柴，收集林下枯落物，使地表裸露，水土流失加剧。

2.2 炼山全垦造林，加剧水土流失

传统的造林方式——炼山全垦造林仍然是一些地方首推的造林方式，炼山整地的现象还时有发生。这样的造林方式意味着对保持水土十分重要的草本、灌木等植被将遭受毁灭性破坏。一把火将地被物彻底除净，看似获得肥料，实际上每到造林后的第一个雨季，松散且携带养分的表土随雨水俱下，由于缺少植被的阻拦而导致严重的水土流失。炼山整地不仅破坏了地表覆盖物，降低地表糙度，而且破坏了地表腐殖层，影响植物生长的有效养分。研究表明，全垦林地径流量1 049.70 t/hm^2，土壤流失量为5.35 t/hm^2，径流养分流失量12.19 kg/hm^2，土壤养分流失量410.44 kg/hm^2[2]。据专家调查估算，全垦造林后第1年水土流失在强度以上，侵蚀模数达8 000 $t/(km^2 \cdot a)$以上，若经营得好需3年以后才能转为轻度流失，若经营不好需要的时间更长。此外，油茶林和毛竹林的全垦以及不合理的抚育管理从一定程度上加剧了水土流失。由此可见，有了林木，不一定就不产生流失，林业不能替代水土保持。

2.3 林种单一，生态环境脆弱

长期以来，造林、育林、护林的主要目的在于提供人类所需的木材，片面追求速生成片优质。基于这种目的营造出来的人工林地，大多树种配置不合理，以针叶纯林为主。如1999年全省人工抚育的针叶林面积占人工林面积的95.9%，阔叶林仅占2.6%，毛竹占1.5%（全省森林面积针叶林占75.4%，阔叶林仅占24.6%）。这种森林不仅易发生病虫害，而且其凋落物会进一步酸化土壤，林下灌草难生，林层单一，表土裸露，林下水土流失严重，不利于林区水土保持。有研究表明，人工针叶林地蓄水量只有748 t/hm^2，仅为天然阔叶林地的58.1%，相当于每年蓄水量减少9亿 t。

根据生态学原理，一个生态系统的生物群落越复杂，其生物的生产力就越高，生态系

统的稳定性就越强。群落的多样性不仅为生态系统提供了丰富的内容,同时丰富了生态系统的立体层次,这对水土资源的涵养、保护起到了极为重要的作用。

2.4 林分、林龄结构不合理

江西森林覆盖率虽高,在林业建设上也投入了大量的人力、物力,但就林业生产而言,存在林地的林分、林龄结构不合理的现象。现有植被以人工林、中幼林为主。1964 年以后,江西幼、中龄林的比例迅速上升且居高不下,至 1999 年达 83.2%。“十五”期间江西森林覆盖率提高到 60.05%,而江西幼、中龄林的比例却增加到了 85.1%。而且人工营造的森林多形成单层结构。林子虽然起来了,但是中幼林比重过大,林下植被、枯落物极少,地表裸露,土壤结构差,难以发挥森林保护水土应有的作用,群众形象地称为“远看绿油油,下雨水土流”,水土流失未得到有效控制。根据试验观测推算,部分缺乏灌草的中、幼龄纯林,平均年水土流失量达 23 t/hm^2,若按现有中幼林 50% 计算,全省林地水土流失量达 0.9 亿 t。

2.5 农村能源结构单一,引发水土流失

很多地区能源结构单一,农民烧柴几乎全靠山上的树木、灌草,更有甚者,将马尾松林下的松针作为薪柴燃烧。农村居民的烧柴问题如果得不到解决,则无法停止因人类对森林植被的砍伐而造成的破坏。因此,能源结构的改善是防治林地水土流失的重要突破口,是控制林地水土流失的保障。在调查中了解到,安义县根据当地的经济、社会、自然状况,因地制宜,整体规划,实施了多种能源开发措施,具体做法是:① 合理配置薪炭林。薪炭林是森林资源的一部分,其树种主要是一些萌蘖能力较强的品种,它们具有既能供给农民燃料又能起到保护水土的优势,为一些缺乏燃料且经济落后的地区提供了一种很好的能源开发办法。②推广使用节柴灶,在一定程度上解决了部分农民的薪柴问题。③ 开发利用沼气。以人、畜粪便等废物为原料,建立沼气池,开发生物物质能源,解决农村能源问题。一个 6~8 m^3 的沼气池,每天可产沼气 2.1 m^3 以上,产生的热量相当于 1.5 kg 的标准煤。

3 林地水土流失防治措施

3.1 实施坡改梯,增强水土保持功能

江西是一个多山的省份,丘陵、山地面积占全省总土地面积的 78.0%。山坡地是江西省的主要土地资源,是发展生产的主要潜力所在。但山坡地为环境敏感区,开发利用不当,尤其是顺坡耕作,极易造成严重的水土流失,破坏生态环境,是水土流失的主要策源地。水平梯田、台地和竹节沟是山丘区沿坡地等高线修建的台阶形田地,它可以改变微地形,增加地面糙度。利用作物自身拦挡泥沙,拦蓄雨水,阻滞径流,提高地表的抗蚀力,防治水土流失,达到保水、保土、保肥的目的,为山丘区坡地植被的恢复创造条件。改坡地为梯田台地,是开垦利用山坡地的合理方式。江西省水土保持科研所 1992~1994 年在江西的修水县花岗岩水土流失区开展“花岗岩侵蚀区坡面工程措施的研究”,结果表明,修筑水平沟与自然坡地比较,植物生长量呈显著差异水平,采取坡面工程措施者明显优于自然坡地,保水效果呈极显著水平,土壤流失量减少了 70.6%。

3.2 推广应用水土保持耕作措施

推广应用保水保土耕作,增加地表覆盖是控制林地水土流失的有效措施。首先是改传统的顺坡耕作为横向耕作或等高耕作,通过地形的改变达到保水保土的目的;其次是推

广水土保持造林技术，提倡穴垦、带垦等造林技术，杜绝炼山全垦造林，减少对地表的扰动，降低外营力对土壤的侵蚀作用。秦国峰等[2]对马尾幼松全垦、穴垦造林方式进行了科学研究，结果显示，全垦林地径流量比穴垦林地径流量高出 128.5 t/hm^2，土壤流失量高 2.5 t/hm^2，土壤养分流失量高 210.4 kg/hm^2。再次根据植物不同特性进行间作套作，增加雨季地表覆盖，减少水土流失。

3.3　改变林相结构

针对江西林地存在中幼龄林、针叶纯林和残次林多，单位面积林木蓄积量低的状况，有计划地改变林相结构，改善营林技术十分必要。应大力推行补植阔叶树种，增加灌草植被，优化群落结构，增加群落多样性，提高森林质量，增强其蓄水保土和抗御自然灾害的能力。

物种的多样性是生态系统是否稳定的重要影响因素，生物多样性一旦遭到破坏，生物系统的平衡和稳定将渐渐地失去，生态环境趋于恶化。树种单一的人工纯林不仅易受病虫害的侵害，还由于群落结构单一，群落的时空分布不均，林下缺乏灌草层和枯枝落叶层对土壤的保护，削弱不同层次植被冠层对降水的拦蓄、涵养作用，从而加剧水土流失。国内外学者多年研究结果表明，林地地被物吸收降水 25% 左右，生理作用消耗 23%，渗入土壤中 20%，树冠及树干截流而被蒸发掉 8% 左右，也就是说，由地表或土壤中形成径流汇入江河、湖泊的只有 24%，其余 76% 的降水都被森林土壤存留或生理上利用了。由此可见，森林植被的多样性具有涵养水源、保持水土、调节气候、维持生态系统稳定等重要的生态功能。

3.4　建立多层次循环利用体系，实施农村能源工程

南方山地丘陵地区，特别是农村“四料”缺乏的地方，长期以来，农民为解决吃饭烧柴问题，纷纷向山上“进军”，导致越砍水土流失越严重的局面，由于农村生活能源问题没有解决，使得水土流失治理的质量和成效上不去；同时我国农业生产中大量使用化肥后，有机肥使用大大减少，不仅导致土地肥力下降，而且由于人畜粪便及大量农业秸秆堆积于自然界，中断了物质循环，成为重要的污染源。“猪—沼—果”生态循环型治理模式有效地解决了农村生活能源问题，遏制了乱砍滥伐的现象，并使人畜粪便和农作物秸秆得到及时、有效处理，达到有机废物资源化，大大减少了对环境的污染，创造出平衡、安全和良性循环的生态环境。

“猪—沼—果”生态循环型治理模式是以沼气为纽带，把种植业（果）、养殖业（猪）和农村能源建设（沼）等有机地结合在一起，形成多层次循环利用的水土流失综合治理模式。它利用农村水土流失“四荒”资源，围绕主导产业，采取“山顶戴帽（植树）、山腰种果、山脚养猪、水面养鸭（鹅）、水中养鱼”的立体治理开发模式，把沼气池、猪舍和厕所结合起来，因地制宜地开展“三沼”（沼气、沼渣和沼液）综合利用，从而实现“四荒”资源的综合治理和高效开发利用。该模式不仅带动了养殖业和种植业等相关产业的快速协调发展，而且对防治水土流失，保护生态环境，提供农村生活能源，改善农村卫生，发展小流域经济，实现了生态系统的良性循环，人与自然的和谐共存。

参考文献

[1] 曾大林，蒲朝勇. 湘赣两省水土保持工作调查报告[J]. 中国水土保持，1998(11)：7-9.
[2] 秦国峰，荣文琛，金国庆，等. 马尾松幼林地水土流失的研究[J]. 林业科学，1999，35(1)：29-33.

江西水土保持生态科技园的建设与成效

方少文　李小强　郑海金

（江西省水土保持科学研究所，南昌　330029）

我国南方热带、亚热带红壤面积218万km^2，约占全国土地总面积的22.7%，覆盖15个省（市、区），是我国最重要的土壤资源之一，土壤侵蚀面积60余万km^2[1]。江西是我国南方水土流失严重的省份之一，又是我国南方红壤地带的中心区域[2]，因此在江西建设水土保持生态科技园具有典型性和广泛的代表性。1999年，江西省水土保持科学研究所开始着手建设江西水土保持生态科技园，目前已初具规模，并取得了良好的效益。

1　科技园基本情况

江西水土保持生态科技园位于江西省九江市德安县境内，总面积80 hm^2。园区南距省会南昌市70 km，北离九江市50 km，毗邻庐山风景区和共青城，地理位置得天独厚，其中昌九高速公路、105国道和京九铁路倚园而过，交通十分便利；地貌类型为低丘岗地，属南方红壤丘陵侵蚀区，土壤侵蚀以水力侵蚀为主。园区内原有水土流失面积685 hm^2，其中轻度流失面积33.5 hm^2、中度流失面积7.1 hm^2、强度流失面积27.9 hm^2；年土壤侵蚀量2 019 t，土壤侵蚀模数为2 948 t/(km^2·a)。

2　科技园建设目标

江西水土保持生态科技园建设的总目标为：到2010年，力争将其建设成为集科学试验、技术应用、示范教学和生态建设于一体的国内一流的水土保持科技园区，为我国南方红壤丘陵区及长江流域的水土保持生态建设提供科技支撑和示范样板，为进一步完善我国水土保持技术体系和标准提供科学依据；使之成为水土保持科学试验和研究基地、先进技术推广和示范样板、科技培训和科普教育基地、水土保持生态建设窗口、水土保持优良植物基因库、高新技术孵化器、实用技术辐射源。同时，应用先进的水土保持技术，建设优美的生态环境，赋予丰富的文化内涵，使之与庐山风景区融为一体，成为生态旅游观光景点，实现良好的综合效益。

3　科技园建设的主要做法

3.1　综合规划，分区建设，分步实施

我们坚持科研试验、推广应用、示范教学和生态建设相结合，对园区实施综合规划，将园区划分为科研试验区、推广应用区、示范教学区和生态建设区四大功能区共20个功能小区，分区进行建设，分步加以实施。到目前为止，科技园科研试验区中的径流泥沙观测小区、草沟试验小区、人工模拟降雨试验小区、坡地生态果业开发试验小区、水土保持木本

植物试验小区、水土保持草本植物试验小区、水土保持景观植物试验小区、水土保持经济和药用植物试验小区、农路植草试验小区和坡地省工经营试验小区以及推广应用区中的坡地生态果业开发技术推广小区、水土保持优良植物繁育区和生态建设区中的生态恢复小区等13个功能小区已基本建成，其他7个功能小区正在抓紧建设。

在科研试验区中，建成了5个5 m×3 m的人工模拟降雨试验场，3个2 m×20 m的草沟试验场，15个5 m×20 m的地表径流观测场，3个5 m×5 m的土壤渗漏观测场。

3.2　增强科研实力，注重科研设施和仪器设备的先进性

在建成地表径流和土壤渗漏试验设施的基础上，安装了从美国进口的土壤水分张力计（Lysimeter）和自记水位计等，用于观测土壤水分和径流的动态变化；建立了生物实验室和土壤分析实验室，配置了一批先进的仪器设备，用于生物试验和土壤理化分析测试。另外，及时将科技园的观测数据输入计算机进行管理和分析，获得相应的技术资料和科技成果。

近两年，我们根据科技园发展需要，进行了科研设施和仪器设备的升级改造，先后引进了先进的水土流失自动采集系统、人工模拟降雨装置、水土流失移动监测车、全自动化学分析仪和土壤团聚体测量仪等，其中，水土流失自动采集系统包括径流泥沙自动监测系统、土壤墒情自动监测系统、自动气象站和视频监控系统等，自动监测径流泥沙过程数据、土壤水分变化数据以及气象动态数据，提高了数据精度和试验效率，具备了常年观测和试验的条件，实现了科技园的数据自动采集和远程管理，为进一步提高科研成果的质量和水平增添了新的助推器。

3.3　坚持科学发展观，突出人与自然和谐相处的理念

在科技园建设中，我们坚持可持续发展观念，把人与自然和谐相处的理念贯穿到各项工作的始终。一是在道路建设方面，针对园区部分道路运输量较小、车辆往返不多的特点，选择经济实惠、美观耐压的草种，采用农路植草代替传统的砾石、沥青、水泥道路和土路，克服了传统农路影响自然环境、易被冲蚀和维修费用高等诸多缺陷，实现了交通运输与自然环境的协调统一。二是在沟渠建设方面，采用草沟代替传统的砖砌、石砌或混凝土砌筑，既充分发挥草沟施工简易、费用低廉、控制侵蚀、维护自然景观的优点，又可增加土壤入渗，减少地表径流，削减洪峰，起到防洪减灾的效果。三是在梯田建设方面，采用梯壁植草，既可保护梯壁、降低维护工时、维护自然环境，又可生产覆盖材料、补充土壤有机质，亦可为家畜提供饲料，发展养殖业。四是在基础设施建设方面，力求形态别致、色彩柔和、经济实用、与环境协调，强化设施的自然性和亲和性，在满足设施建设的要求下，最大限度地实现“设施即是景观”的生态效果，如引进廖氏山边沟，既可分段截泄坡面径流，又可提供田间机械化作业道路，还可成为灌溉渠道，从而做到路渠结合、沟道合一。五是发挥生态自我修复能力，切实遵循自然生态规律，充分利用水、土、光、热、生物等自然资源，依靠大自然的循环再生能力快速恢复植被，控制水土流失。

3.4　立足南方红壤，大力开展水土保持科技攻关

我们立足南方红壤侵蚀区，紧扣水土保持生产实践中亟待解决的重点、难点和热点问题，以科技园为平台，大力开展科技攻关和成果推广转化，先后开展了农业科技成果转化资金项目“花岗岩侵蚀区水土保持植物优化组合技术区域试验与示范”、水利部科技成果

重点推广计划项目“红壤坡地植生工程技术示范推广”、江西省科技支撑项目“红壤坡地水土保持生态农业技术研究”等10余项重大课题和推广项目,内容涉及水土保持基础理论、水土保持实用技术研究与推广、优良水土保持植物开发、水土流失面源污染防控、雨水集蓄利用示范和防洪抗旱减灾等方面,尤其是利用土壤渗漏装置开展基础理论研究,被世界知名水土保持专家廖绵浚先生称为“世所仅见”。通过这些研究与推广,不仅对拓展我国南方红壤侵蚀区水土保持研究的广度和深度,提升我国南方水土保持科技水平具有重要的意义,而且可以为丰富和完善我国的水土保持技术体系和标准提供科学的依据。

3.5 发展特色经济,走“以园养园”和可持续发展之路

科技园的可持续发展必须要有良好的经济效益作支撑。为此,我们在科技园建设中注重发展特色经济,走“以园养园”的可持续发展之路。一是结合水土保持优良植物品种的收集与培育,大力开展种苗繁育工作,为水土保持生态建设和园林绿化服务。建园以来,我们共引种试验草种40余种,培育优良苗木30余种。二是结合坡地生态果业开发试验与示范,积极引种“名、优、特、新”果树品种30多个,促进绿色果品试验和推广。三是利用山塘水库发展水产养殖,也为休憩垂钓提供服务,增加经济收入。四是积极申报科研项目,并引进先进的科技成果,打造教学、培训和实习基地,开展水土保持技术培训。五是结合园区基础设施建设,建设优美的生态环境,发展休闲和生态旅游。

4 科技园建设成效

4.1 经济效益

目前科技园年均创收16万元,其中水保优良植物苗木销售收入5万元,优质果品销售收入8万元,水面开发收入1万元,教学培训和生态旅游收入2万元,另外还争取科研、推广、监测经费约50万元。科技园科研试验、设施维护与管理运行等年均需投入60万元左右,收入与投入相抵,每年可盈余6万元,初步实现了“以园养园”和可持续发展的目标。

4.2 生态效益

经过近10年的建设,科技园已基本建立起较为完善的水土流失综合防治体系,水土流失综合治理程度达87.6%,土壤侵蚀模数减小了80.0%,坡耕地全部得到整治,水土流失程度明显降低,园区面貌大为改观。目前,科技园植被覆盖率达81.2%,植被得到有效恢复,植物生态系统得到优化,生物多样性明显增加;土壤理化性状得到改良,土壤肥力明显增加,土地产出率和商品率明显提高;生态环境得到明显改观,水土保持措施与自然景观实现了有机结合,成为人与自然和谐相处的典范。

4.3 社会效益

自建园以来,我们以园区为平台,开展了10多项国家级、省部级科研和推广项目,其中“江西水土保持生态科技园的建设与实践”和“花岗岩侵蚀区水土保持植物优化组合技术区域试验与示范”先后获2007年、2008年大禹水利科学技术二等奖,“水土流失监测监控指标体系研究”获江西省科学技术进步三等奖。另外,有30多篇有关科技园科研试验的科技论文在国内外学术期刊上公开发表,以科技园为平台培养出来自北京林业大学、河海大学和江西农业大学等高校的20多名硕士、博士。科技园在2006年获得了江西省首

批全省青少年生态教育基地称号,2007年获得了水利部第一批水土保持科技示范园区命名。科技园接待了世界水土保持协会、全球水伙伴、华东水利科技协会等国际、国内组织和相关政府部门、科研院所、学术团体、大专院校、基层水保工作者及新闻媒体等方面的代表300余批共3 000多人次的参观考察,取得了巨大的社会效益。另外,依据科技园的建设和实践经验制定的《水利部国家级水土保持科技示范园区评定办法(试行)》已于2006年发布实施,很好地促进了我国水土保持科技示范园区的建设工作与评价体系的建立。同时,科技园模式影响了江西及我国南方地区一批水保科技园区的建设,产生了明显的示范和辐射作用。

总之,科技园的建设已经取得了良好的生态效益、经济效益和社会效益,真正起到了水土保持科学试验、技术应用、示范教学和生态建设的作用,已经成为国内一流的水土保持科学研究、人才培养、示范教学的平台。

参考文献

[1] 赵其国,谢为民,贺湘逸,等.江西红壤[M].南昌:江西科学技术出版社,1988.
[2] 左长清.江西省水土保持工作现状与战略措施[J].江西水利科技,1999,25(4):199-202.

赣南小流域综合治理成效与经验

张茨林[1]　万金才[2]

（1. 江西省水土保持科学研究所，南昌　330029；
2. 江西省水利厅水保处，南昌　330046）

1983年以来，赣南（赣州市）已对375条小流域实施了综合治理，治理程度达78.2%，林草植被覆盖率平均在80%以上，在取得显著成效的同时，积累了一套成功的经验。

1　综合治理成效

1.1　实现了从穷山恶水向青山绿水的转变

实施综合治理的小流域，水土保持措施发挥了显著的蓄水保土、防洪、抗旱等作用，很多地方山变绿了、水变清了。如兴国县全县山地植被覆盖率由重点治理前的28.8%上升到2002年的72.2%，水土流失面积由原来的1 899 km^2 减少到726 km^2，全县河床由原来的每年抬高4～7 cm变为每年下降5～9 cm。

1.2　实现了绿水青山与金山银山的统一

坚持治理与开发相结合、治山治水与治穷致富相结合，在综合治理的同时，因地制宜兴办各具特色的种养基地，全市综合开发治理的小流域内建设具有规模效益的果业基地340个，年产值在10亿元以上，为广大群众脱贫致富创造了条件。信丰县嘉定镇马路坑村，1993年列为治理开发试点以来，全村210户农户种植脐橙200 hm^2，2002年全村人均果业收入达5 000多元。

1.3　实现了经济效益、生态效益和社会效益的统一

综合治理不仅改善了生态环境、促进了农村经济的快速发展，而且发挥了良好的社会效益。一是干部群众的生态意识强了，二是农民就业的路子多了，三是农村贫困户少了，四是干群矛盾少了，五是社会治安事件少了。

2　综合治理的基本经验

2.1　强化水保意识

各县在小流域综合治理中，始终强调水保意识的重要性，开展形式多样的宣传教育，使各级领导干部和群众在治理水土流失等方面做到思想统一、步调一致。如信丰县一手抓小流域治理，一手抓水土流失警示教育，建立水土流失警示基地和生态教育长效机制，使全社会增强了水土流失忧患意识和治理水土流失的责任感。

2.2　制定优惠政策

为充分调动和保护全民治理水土流失的积极性，各县都制定了一系列优惠政策。如

安远县，在统一规划的基础上，坚持谁开发、谁受益原则，落实荒山承包权50年不变，支持机关干部职工和下岗工人及特困户在项目区植树种草，由县政府安排贴息贷款、免费提供树苗和草种并免征3年农业税。

2.3　多层次、多元化投入

一是将水保、以工代赈、国债、林业、扶贫、农业开发等项目资金集中使用，开展小流域综合治理。二是创办股份制经济实体。如瑞金市黄柏乡幼背岗小流域，1995年建立股份制综合治理基地，由小流域所在的3个村以土地入股，黄柏乡政府以劳力整地、投肥折资入股，市水保、财政、纪检、商业、供销、种子公司等部门直接投资入股，通过开发治理，年产脐橙200多万kg，产值700万元以上，养猪、养鱼等多种经营项目产值达380万元，在当地产生了较好的示范样板和综合效益。三是户包、联户承包治理。四是大户治理。主要是通过租赁、拍卖等手段，将宜林宜果荒山流转给大户，发挥大户在资金、市场等方面的优势，实现山地适度规模治理。五是招商治理。通过招商引资，广泛吸纳县（市）外资金对水土流失区进行综合治理。

2.4　实施分区治理

赣州市各地在小流域综合治理实践中，逐步摸索了一套对不同流失程度、不同类型的水土流失区进行对应治理的技术优化组合模式。对轻度流失区，主要以封禁管护、封山育林为主，辅以飞播造林，实施生态自我恢复。对中度流失区，主要以人工整地补植为主，改变林相，以促进植被生长。对强度流失区，采取工程措施、耕作措施与植物措施相结合的方式进行治理。对紫色页岩区，主要通过人工爆破建设水平梯田，种植花生、烤烟、桃、李等经济作物和果树加以利用。

2.5　加强部门间的协调与配合

赣州市各级政府非常重视水保生态建设，各县（市）和项目所在乡（镇）都成立了小流域综合治理领导小组，由政府“一把手”或分管领导任组长，计委、财政、农办、水保、林业、水利、农业、扶贫、果业等部门为小组成员单位和项目实施协作单位，形成了“政府导演、水保牵头、部门参加、各司其职、社会参与”的小流域综合治理格局。